那些年，
我们一起写过的逻辑
基于FPGA的MIPI设计实践

赵延宾 编著

人民邮电出版社

北 京

图书在版编目（ＣＩＰ）数据

那些年，我们一起写过的逻辑 ：基于FPGA的MIPI设
计实践 / 赵延宾编著. -- 北京 ： 人民邮电出版社，
2022.5（2023.10重印）
ISBN 978-7-115-58469-4

Ⅰ．①那… Ⅱ．①赵… Ⅲ．①可编程序逻辑器件－系
统设计 Ⅳ．①TP332.1

中国版本图书馆CIP数据核字(2021)第278299号

内 容 提 要

　　集成电路、FPGA 的发展，是与其市场应用相辅相成的。MIPI 是移动产业处理器接口（Mobile Industry Processor Interface）的简称，本书以 MIPI 应用为切入点，介绍了集成电路与 FPGA 的逻辑设计中的一些基本概念、设计思想和技巧。

　　本书共分 7 章，第 1 章为逻辑设计和 FPGA 设计相关的基础知识和概念介绍。第 2 章介绍 MIPI DSI 协议的相关内容。第 3 章介绍在 MIPI 行业中 FPGA 的应用实践，以京微齐力的大力神系列 FPGA 为例介绍其 MIPI 显示转换应用方案。第 4 章介绍京微齐力 FPGA 在 MIPI 行业中的应用，讲解一些编码风格和逻辑设计/FPGA 设计如何进行层次化设计。第 5 章以高云的 FPGA 为例，说明 FPGA 在 MIPI 行业应用的第二种方式，即 FPGA 内不需要集成 MIPI 相关硬核。第 6 章介绍了皇晶科技的逻辑分析仪产品的一些基本操作。第 7 章介绍了文本编辑器 UltraEdit 在设计编码中的一些操作。

　　本书适用于集成电路设计培训、FPGA 培训，可以作为移动通信领域开发人员研究 MIPI 的入门资料，也可以作为 MIPI 系统应用工程师的参考资料。

◆ 编　　著　赵延宾
　　责任编辑　李永涛
　　责任印制　王　郁　胡　南
◆ 人民邮电出版社出版发行　　北京市丰台区成寿寺路 11 号
　　邮编　100164　　电子邮件　315@ptpress.com.cn
　　网址　https://www.ptpress.com.cn
　　北京虎彩文化传播有限公司印刷
◆ 开本：700×1000　1/16
　　印张：18.5　　　　　　　　　　2022 年 5 月第 1 版
　　字数：294 千字　　　　　　　　2023 年 10 月北京第 3 次印刷

定价：99.90 元

读者服务热线：(010)81055410　印装质量热线：(010)81055316
反盗版热线：(010)81055315
广告经营许可证：京东市监广登字 20170147 号

作为集成电路技术顶峰的高端通用芯片之一的FPGA（Field Programmable Gate Array，现场可编程门阵列），于20世纪80年代初由美国Xilinx（赛灵思）公司发明。近40年来，先后有超过60家公司从事过FPGA技术与产品的研发，其中包括Intel、IBM、AMD、TI、GE、AT&T、摩托罗拉、朗讯、三星、东芝、飞利浦等实力雄厚的大公司，但绝大多数在耗费了上亿美元后折戟沉沙！

FPGA也是所有芯片领域中最难打破格局的产品之一。据统计，目前Xilinx和Intel（Altera）拥有超过6000项FPGA相关专利，对该行业的后进入者形成了难以跨越的技术壁垒。以国内为例，96%以上的FPGA芯片依赖进口，99%以上的高端FPGA芯片同样依赖进口，我国还未能实现FPGA芯片的大规模量产，也未能做到FPGA产业链的全覆盖。对于FPGA技术与产品，如果不能走出自主研发之路，那么我国在通信、电力、安防、工控及新一代信息技术发展等领域将受到严重影响。

目前，我国FPGA产业的发展大致经历了以下3个阶段。

第1个阶段（Pre-1.0时代——学习过程）：从20世纪90年代开始到2005年。我国经历了学习设计的过程，芯片设计/软件开发人员不足百人（基本以科研院所为主），无架构设计技术，工艺落后，无EDA软件，同时也无自己的研发人才。

第2个阶段（1.0时代——从无到有）：从2006年开始到2016年。我国FPGA企业陆续成立，开始正向自主设计，芯片设计/软件开发人员达百余人，有架构设计雏形，使用一般的工艺，开发基础的EDA软件，提供基础的应用软IP，开始培养国产FPGA芯片的研发人才。

第3个阶段（2.0时代——从有到好）：从2017年开始。国内厂商有较成熟的正向设计能力，芯片设计/软件开发人员达数百人，具备完善的架构设计能力，采用较先进的工艺，提供友好和较完整的EDA软件，具备一部分行业软IP及一站式解决方案，建立国产FPGA应用生态圈，研发人才达到千人以上的规模。

我国FPGA产业经历了"学习过程""从无到有""从有到好"的3个阶段之后，也让国人慢慢地开始接受国产FPGA芯片。当然，国产FPGA产业还有很长的路要走，比如，目前国产FPGA芯片在推向市场的过程中，还会面临系统移植、产品稳定性等问题，在FPGA技术战略规划上也与FPGA行业巨头存在距离。

2018年3月，Xilinx提出了未来新产品的战略规划ACAP（Adaptive Compute Acceleration Platform）。ACAP是一个高度集成的多核异构计算平台，能根据多种应用与工作负载的需求从硬件层对其进行修改，有在工作过程中进行动态调节的自适应能力，实现了CPU与GPU无法企及的性能与功耗优势。

2019年4月，Intel发布了新一代FPGA（Agilex）的规划，Agilex采用了Intel第二代HYPERFLEX架构。能够进行任意异构3D集成是Agilex的一个特点，这使Agilex可以根据需要任意集成，包括在芯片间3D封装互联的嵌入式多芯片互联桥接，包含收发器、自定义I/O和自定义计算芯片在内的芯片库及eASIC等。Intel将通过3D封装技术实现全新的异构计算平台。

两大行业巨头的新产品规划，不约而同地在计算架构上进行深度创新（实现自适应、可重构、可编程、高性能等特性），这将会成为未来芯片技术的主流方向之一。这些产品创新都是针对AIoT、5G等商业机会的一种新尝试。在大数据与人工智能迅速崛起的时代，基于自适应与可重构计算架构打造的全新计算平台能适用于广泛的AI加速应用，包括视频转码、数据库、数据压缩、搜索、AI推断、基因组学、机器视觉、计算存储及网络加速等。针对边缘、端—管及云计算等各类应用需求，研发人员能基于此平台芯片快速开发出高性价比的产品，这会是FPGA的发展机会和方向。

近几年，国内涌现了不少FPGA公司，也让越来越多的人开始了解国内FPGA技术与产品的发展，京微齐力就是其中一员。京微齐力的前身是京微雅格（雅格罗技），它是国内较早进入自主研发、规模生产、批量销售通用FPGA芯片、可编程SoC芯片及新一代异构可编程计算芯片的企业之一。经过15年的技术积累，京微齐力申请了超过200项专利和专有技术（含近50项PCT/美国专利），具备独立完整的自主知识产权，专利覆盖FPGA的核心技术领域。

京微齐力在异构可编程技术领域成功量产了多颗芯片，包括M5（8051+FPGA）、M7（ARM Cortex-M3+FPGA）、H2（8051+FPGA），产品在市场上得到了许多客户的认可。最新推出的大力神系列产品H1D03（8051+FPGA+MIPI D-PHY+MIPI DSI Controller），是在异构可编程方面的又一次尝试，除了引入8051内核之外，还加入了MIPI D-PHY（1.5Gbit/s）及MIPI DSI硬核控制器。一经推出，就得到了市场的广泛好评。

H1D03芯片有以下优势。

（1）集成了8051内核，片上SRAM共计48KB，还有通用的外设。在客户的应用当中，8051可以负责系统及通用外设的管理，FPGA负责高速并行数据的处理。8051的引入，一方面可以降低客户的总体成本，无须再外挂一片MCU；另一方面可以降低一些客户使用FPGA的门槛，只要会用单片机，就能轻松上手。除此之外，系统调试更加方便，很多时候，客户无须重新编译FPGA工程，只需编译8051的工程（Keil工程）即可，从而更加高效。

（2）集成了MIPI D-PHY硬核及MIPI DSI硬核控制器。有许多客户对MIPI接口并不熟悉，硬核的引入，一方面大大降低了客户使用MIPI接口的难度；另一方面，MIPI的速率较高（可达1.5Gbit/s），如果全部用FPGA逻辑处理协议，不仅对FPGA的逻辑速率有很高的要求，而且对逻辑设计及FPGA编译软件提出了更高的要求。引入MIPI DSI控制器，可以大大缩短客户的开发和调试周期。

（3）FPGA逻辑容量不大，但性能强劲。H1D03是基于6输入查找表（6-LUT）的架构，相比于4输入查找表，在同等逻辑规模下性能更高。以常用的MIPI 1.2Gbit/s速率应用为例，FPGA的逻辑性能至少要达到150MHz才能处理，而H1D03的FPGA逻辑即使在资源使用率达到80%时，也能达到该速率。

京微齐力作为一家本土的FPGA厂家，一直致力于为客户提供有差异化的产品和服务。异构可编程产品为这种差异化提供了可能，事实证明，这类产品在客户端也得到了广泛的认可。目前，公司已量产产品的逻辑容量不大，主要针对MIPI接口转换、视频处理、工业控制等领域寻找应用机会。公司后续也会持续推出大逻辑容量有差异化的FPGA产品，在通信、人工智能、数据中心等行业为客户提供更好的服务和解决方案。

展望未来，京微齐力将与国内同行携手并进，共同推动我国FPGA向第4个阶段发展（3.0时代——从好到强）。我们将在某些核心技术上拥有领先的正向设计能力，我们的芯片设计/软件开发人员将达到数千人，具备创新架构设计，采用最先进工艺，拥有领先的软件工具和全套EDA、完备的行业软IP及解决方案。同时，我们将建立面向不同行业完整的FPGA应用生态圈，国产FPGA开发的应用人才预计达数万人。

与本书作者结缘是在一个MIPI接口转换的项目上，作者是一位资深的FPGA开发者，同时也是一个国产FPGA的发烧友。他丰富的开发经验给我们留下了深刻的印象，他用过京微齐力的FPGA器件之后，还在"摩尔吧"开了免费的课程介绍京微齐力的器件及软件的用法（有兴趣的读者可以去了解一下）。

本书介绍了逻辑设计的一些基本原则，对于想要了解FPGA开发的人员很有帮助。本书对MIPI协议有比较详细的介绍，并且介绍了如何基于京微齐力及高云的器件来实现，如果你想要基于FPGA来做MIPI相关的一些解决方案，通读本书可以让你少走许多弯路。另外，如果你对国产FPGA感兴趣，想有更多的了解，本书也是非常不错的选择。

国产FPGA器件的推广和应用是一个大工程，特别需要像作者这样用过器件并且愿意将使用心得进行总结和分享的人。感谢作者的辛苦付出，也希望有更多的读者喜欢这本书！愿大家一起推动国产FPGA事业的发展。谢谢！

京微齐力（北京）科技有限公司CEO

前言

FPGA在近几年大有历久弥新的趋势。在一些领域，FPGA曾经大放异彩，如视频监控领域；在一些领域，FPGA依然占据着举足轻重的地位，如通信领域、数据处理领域等。由于其灵活性和高吞吐量的支持，在云计算、AI等新兴领域，FPGA更是成为各大厂之重器！然而，要顺利进行FPGA设计，却没有想象中那么容易。

几年前，笔者给别人定位一个系统故障时，最后查到竟然是由于他把进入FPGA的PCI时钟信号也用FPGA内的时钟打了两拍！跟他讨论这样处理的原因时，他还略显委屈地说："不是说进入FPGA的信号都要打两拍再用吗？"在笔者从业的经历中，类似的问题还出现过很多次。

进行FPGA设计，很多人存在一些认识误区，常见的就是把FPGA设计当作软件设计对待。像这里提到的，将进入FPGA的PCI时钟也打两拍再使用，显然就是认为做FPGA设计，只要了解一些"编码规范"，然后遵循业界流行的编码规范就行了。编码规范固然重要，但它只是表象。FPGA设计有其特殊性。从表面上看，进行FPGA设计，是在使用一种高级语言进行编码，然后编译，下载调试，这貌似就是软件设计流程。但FPGA设计本质上是进行硬件的设计，所以FPGA设计不是简单的HDL程序的编写。如本书正文提到的一样，HDL是硬件描述语言，不是硬件设计语言，因此必然要先有硬件结构，HDL的任务只是将这些硬件描述出来而已。

这就像我们使用的各种软件，要想用好一款软件，不是熟练掌握了软件的各个菜单就行。使用软件菜单只是技巧问题，而隐藏在这些菜单背后的知识，才应该是重点关注和掌握的。知识和技巧，就像皮和毛的关系——皮之不存，毛将焉附？在进行FPGA设计时，也必然要使用对应厂家提供的软件进行操作。不同厂家的软件界面大相径庭，但其核心思想却是相同的——体现的都是FPGA设计流程！

因此，笔者给FPGA初学者一点建议：如果你一开始就试图去掌握所使用的FPGA软件的操作流程，那么建议你就此按下暂停键，暂时脱离各种软件，首先学习FPGA设计流程，理解流程中各个步骤要解决的核心问题是什么。本书第1章所列的一些话题，应该会给你不小的惊喜！

对于FPGA设计，还有一种误区是认为FPGA非常专业，门槛非常高，进行FPGA设计是非常"高端大气上档次"的。这种认识，一部分可能是缘于FPGA的开发周期往往较长；还有一部分可能是因为一直以来FPGA的价格比较高。其实经过近几年的发展，尤其是国产FPGA的迅猛发展，FPGA产品的价格已经相当亲民。不管是本书中介绍的京微齐力的FPGA产品，还是高云半导体的FPGA产品，其价格都已经很有竞争力。

在FPGA领域，大家最常做的一件事是和MCU（Micro Control Unit，微控制单元）进行比较。FPGA的开发周期较长、价格较高，也是与MCU对比的结果。其实，FPGA也好，MCU也罢，在应用面前都只是一个实现工具而已。只有在具体应用时，才能更好地体现各自的优势。如在MIPI DSI或CSI应用中，既有FPGA的影子，也不乏MCU的行踪。所以在很多应用场景中，可以使用集成了MCU的FPGA进行开发。本书介绍的京微齐力的FPGA产品，就在FPGA中集成了MCU、MIPI DPHY、PSRAM等硬核资源，因此在MIPI应用中有着得天独厚的优势。

当然，本书选择以MIPI为载体，介绍FPGA设计的一些知识、技巧，除了上述因素外，还因为MIPI近几年虽然发展非常迅速，但是到目前为止，国内依然没有一本正式出版的介绍MIPI相关协议规范的书。于是笔者产生了将自己多年来对MIPI的一些理解，尤其是对MIPI DPHY的学习结果整理出版的想法，希望对翻阅本书的读者有所帮助。

本书介绍了京微齐力和高云FPGA的一些应用，可以作为FPGA初学者进一步学习的参考资料，也可以作为MIPI系统应用工程师的参考资料。

笔者对于MIPI的理解，仅仅停留在工程应用的层次，相对来说还很肤浅。对于MIPI协议规范的介绍，不够全面；对于FPGA设计，也还有很多地方掌握得不够透彻，所以本书中难免出现一些错误。欢迎广大读者对书中的错误进行反馈，可发送电子邮件至liyongtao@ptpress.com.cn，以帮助我们在改进这些错误的过程中继续努力！

赵延宾

2021年9月

目录
CONTENTS

第3章 京微齐力MIPI解决方案 155

第1章

逻辑设计概述

1.1 逻辑设计流程

我们生活在一个比较幸福的时代，做逻辑设计不再用一个晶体管一个晶体管地去搭建出某种组合，来实现我们需要的某种功能。而这些事情，正是我们的前辈们每天都必须要做的事情。当我们对着几页的设计框图头大的时候，我们的前辈们可能不得不每天面对成百上千页的原理图，逐个元件地进行分析。

随着电子计算机的发展，手工设计方式逐步退出了历史舞台，取而代之的是CAD和EDA。CAD和EDA不仅解决了设计效率的问题，还解决了一系列的问题。如对于图1-1所示的原理图，如果用手工设计的方式，必须等全部图纸设计结束并加工完成后，才能进行设计的调试和修改，这必然造成设计周期的延长。而且这个设计需要如此多的元件，那么其出故障的概率也将提高，并且器件性能的离散性提升，会导致系统整体性能的离散性也提升。

现在大家知道，只要定义了逻辑功能，写好设计代码后，就可以进行仿真，来确定所写的设计是否符合预期。然后利用综合工具把设计代码转换成门电路甚至晶体管级电路，而不需要再去一个晶体管一个晶体管地搭建需要的功能。

一旦设计好模块，如图1-1所示的模块，就可以把它集成到一个芯片中，这样随着PCB上器件数量的减少，系统可靠性和稳定性都可以获得大幅提升。对于已经设计好并做好充分验证的模块，也可以把它做成IP，从而衍生出现在逻辑设计的一个重要分支——IP设计。

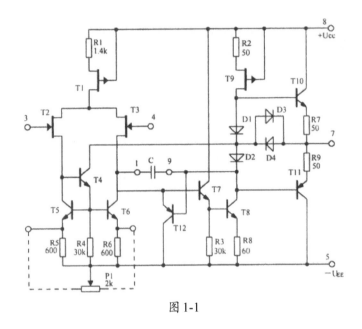

图 1-1

所以，CAD和EDA不仅提升了设计效率，而且改变了既有的设计流程。作为逻辑设计的两大重要战场，本章将以ASIC设计流程、FPGA设计流程为例来说明现代逻辑设计方面的问题。

1.1.1 ASIC逻辑设计流程

ASIC设计在最近20年的发展可以用突飞猛进来形容，但是基本流程依然如图1-2所示。在这个从概念到产品的过程中，可以分为架构设计、电路设计、版图设计、IC制造、封装、测试等步骤。这只是一个粗略的流程，其中任何一步其实都是很复杂的过程，比如芯片制造过程，又分成几十道工序；在电路设计阶段，也分为编码、验证、综合、时序分析等多个步骤。

ASIC设计可以分为全定制ASIC设计、cell-base两种基本流程，这两种流程也不尽相同。图1-3给出的是cell-base设计流程，这个流程图强调了其中的逻辑设计过程，它把逻辑设计过程划分为RTL编码和仿真、RTL综合、布局布线、版图、后端时序检查等步骤。在RTL编码和仿真阶段，需要搭建测试平台（Testbench）对设计进行仿真，以保证设计代码的正确性。在RTL综合阶段，需要从已有的工艺库中选择合适的功能单元来搭建所需要的逻辑功能。布局布线时也需要参考工艺库

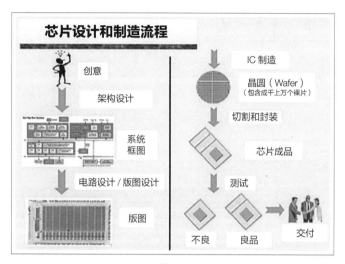

图 1-2

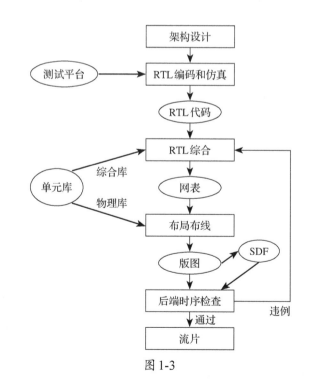

图 1-3

中对应单元的结构信息。在完成布局布线后，要从设计网表中提取设计单元以及布
线的延迟信息，以标准的延迟信息格式（SDF）表示出来，用以对设计进行时序仿

真。如果存在不满足设计需求的地方，需要进行设计回归，重新进行设计综合，甚至重新进行编码，以改进相关问题。直到全部功能和时序都没有问题后，再提交给加工厂进行生产。

如果是全定制的ASIC设计，综合和布局布线都不是基于现有工艺库，而是需要自行设计底层单元，或者需要自行设计关键的单元。

1.1.2 FPGA逻辑设计流程

FPGA的本质是一种可以重复编程的ASIC，所以，其设计流程几乎可以套用ASIC的设计流程，只是FPGA不再需要版图设计、IC制造、封装、测试等步骤。

图1-4展示了FPGA设计的基本流程，并展示了与ASIC相对应的设计流程的比较，可以看到FPGA设计流程只是ASIC设计流程的一个子集而已。

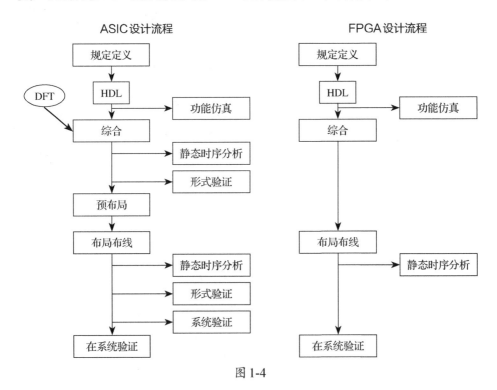

图 1-4

为了适应新的设计需求，在ASIC设计领域产生了很多设计、验证、测试技术，如扫描链设计、DFT设计、形式验证、静态时序分析等。FPGA设计沿用了ASIC设计中的大部分技术，但对其中一些技术进行了舍弃，从而简化了设计流程。如后仿真，这是ASIC设计的一个重要环节，但是在FPGA设计中几乎不再使用。这是因为后仿真通常很耗时且效率比较低，除非有特殊要求，在FPGA设计中常用静态时序分析来保证设计时序。再如形式验证，也是ASIC设计中的一个重要环节，但在FPGA设计中也几乎不用。

1.1.3 HDL的发展历史

无论ASIC设计还是FPGA设计，HDL都是设计流程中的重要阶段。大多数人习惯性地把HDL当作编写设计代码，即设计阶段。编码过程当然也是设计过程的一种体现形式，但是如果仔细观察会发现，HDL其实应该算作设计实现阶段。HDL是英文Hardware Description Language的简称，翻译为中文是硬件描述语言，既然是描述硬件的语言，那么就要先有硬件，再把硬件描述出来。

虽然具有更高抽象层次的HDL语言近年来层出不穷，但目前主流的HDL依然是Verilog HDL和VHDL。与其他任何事物一样，从这两个同质化的语言一出生起，关于它们的争论就随之而来。

从1980年开始，美国国防部开始进行VHDL的开发，1987年VHDL成为IEEE 1076-1987b标准，直到1993年发布的VHDL-93才成为一直沿用至今的基础版本。Verilog HDL则在1983年由GDA（GateWay Design Automation）公司的Phil Moorby开发，Phil Moorby也是后来Verilog-XL的主要开发者。随着Verilog-XL算法的成功，Verilog HDL语言得到迅速发展。1989年，Cadence公司收购了GDA公司，并在1990年成立了OVI（Open Verilog International）组织，负责促进Verilog HDL语言的发展。在1995年，Verilog HDL也成为IEEE标准，即Verilog HDL 1364-1995，这是一直沿用至今的Verilog HDL版本。2001年发布了Verilog HDL 1364-2001标准，对Verilog HDL 1364-1995进行了很多优化。

随着系统综合的发展，SystemVerilog、System C等多种更高抽象层次的硬件设计语言也日益发展起来。SystemVerilog结合了来自Verilog、VHDL、C++的概念，还有验证平台语言和断言语言，将硬件描述语言（HDL）与现代的高层级验证语言（HVL）结合起来。随着设计复杂度的提高，设计验证的时间在整个设计流程中所占的比例也越来越高，这也使SystemVerilog对于验证工程师具有相当大的吸引力。

System C是由Synopsys等多家公司开发的一种软/硬件协同设计语言。System C是在C++的基础上扩展了硬件类和仿真核形成的，由于结合了面向对象编程和硬件建模机制原理两方面的优点，System C可以在抽象层次的不同级进行系统设计。

从发展的眼光看，总有一天会出现一种更高级、有更高抽象层次的语言全面取代HDL，就像目前为了适应验证的需求，而产生了专门的验证语言一样。但是目前HDL仍然是逻辑设计的主流设计输入方式，Verilog HDL和VHDL各自有各自的用户群。由于笔者的水平有限，没有研究过VHDL，所以本书以Verilog HDL为例进行说明。

为了更好地进行芯片（ASIC）的设计，在ASIC的发展过程中，逐步形成5个层次的硬件抽象模型：系统级、算法级、RTL级、门级、开关级。在逻辑设计中，除了硬件抽象层次的问题，其实还有很多方面需要关注，如逻辑设计的设计领域、设计方法学、逻辑设计基本思想、常用技巧、编码规范等。

1.2 逻辑设计的抽象层次

如前所述，逻辑设计的抽象层次可以划分成系统级、算法级、RTL级、门级、开关级。在这5级中，系统级可以理解为对整个系统功能、性能的描述，而算法级则是系统划分后，对子系统的功能、性能描述，或者对关键设计、数据处理算法的描述。RTL级是从信号传输、存储的角度描述系统。门级，也被称为逻辑级，就是从基本逻辑门组合、连线的角度去描述系统。开关级，也被称为晶体管级，顾名思义，就是从晶体管的组合、连接角度描述整个系统。

显然，对同一个系统，描述的抽象层次越低，其描述复杂度越高。随着抽象层次的提高，描述越来越简化。比如对于CMOS工艺，一个反相器（非门）需要一个PMOS管与一个NMOS管。如果要描述一个两输入与门，从门级来说，如果用CMOS工艺，就需要把一个与非门与一个非门级联起来；而在开关级，则还需要描述这个与非门的MOS管组织和连接关系。更进一步，还需要描述其各个MOS管在版图中如何布局、布线等。所以，在设计层次中还可以添加一级：版图级。而在RTL级，则可能只需要Y=A&&B这样一条语句。

所以，随着技术的发展，逻辑设计人员可能越来越需要在更高的抽象层次进行工作。比如最早期的手工设计阶段，人们都是在开关级或门级进行设计，所以才会产生成千上万页的原理图纸。现在的逻辑设计人员多数是在RTL级进行工作，可以预见，在不久的将来，进行逻辑设计一定会向更高层次迈进。就像现在有人开玩笑的说法一样，也许只要说出或输入"我要一个CPU"，就有工具自动产生一个CPU的模块出来。这种设计方法其实已经初见规模，比如我们常说的IP，不就是直接把别人已经设计好的模块集成到我们的设计中吗？

当然，要能够在更高层次进行逻辑设计，需要综合工具的支持。

现在一提到综合，大家不约而同想到的可能是这个过程就是把我们编写的RTL代码转变成底层逻辑门网表的过程。其实，综合的含义可以更广泛，任何把高层次的设计向更低层次的设计转化的过程，都可以叫综合。所以，根据设计层次的不同，综合也可以划分为版图综合、门级综合、逻辑综合、RTL综合、系统综合等。

1.3 逻辑设计方法学

基于前述设计层次的理解，自然而然地产生了逻辑设计的两种设计方法学：自顶向下（Top-Down）的设计方法学和自底向上（Bottom-Up）的设计方法学。

自顶向下的设计方法学，顾名思义，就是首先从整体上考虑和规划系统的功能和性能，并划分子系统；划分子系统后再根据各个子系统的功能、性能指标，将其分解为规模更小、功能更单一的局部模块，并采用同样的方式将一些局部模块继续划分，直到每个子模块都可以映射到具体的物理实现，或者功能非常单一的模块、IP，如只由一个FIFO、一个比较器、一个完成组包构成的功能模块等。

反之，自底向上的设计方法学则是先考虑底层设计模块、物理实现。比如系统需要高性能，所以必须一开始就对底层晶体管的尺寸进行设计，对生产工艺进行选择，然后再在此基础上设计建立时间和保持时间更短的各种门逻辑、寄存器或触发器。根据这些底层功能单元，再继续搭建功能更复杂的功能子模块、子系统；最后再根据系统功能，集成各个子系统，形成系统顶层架构。

显然，这两种设计方法学并不是逻辑设计领域专有的方法学，也是我们日常处理很多事情的方法学。所以它们没有孰优孰劣的区别，在实际的逻辑设计中，经常是这两者被同时使用。

在分工越来越细的今天，系统复杂度也越来越高。通常来说，在一个系统中，首先需要采用自顶向下的设计方法学，划分好子系统，最重要的是定义好子系统间的接口规范，各个子系统基于接口规范再相对独立地进行设计；子系统划分到一定层次后，可以切换到自底向上的设计方法学，根据子系统的功能要求，搭建底层功能子模块。这种层次化、模块化的设计方法，是提升设计、验证、测试的效率，降低系统开发时间成本的有效手段。

1.4 逻辑设计的设计领域

逻辑设计层次关注在何种抽象层次上描述系统。而设计领域则关注采用何种方式描述系统。通常的划分是行为域、结构域和物理域，并用Y形图来分析这3个设计领域的区别和联系，如图1-5所示。

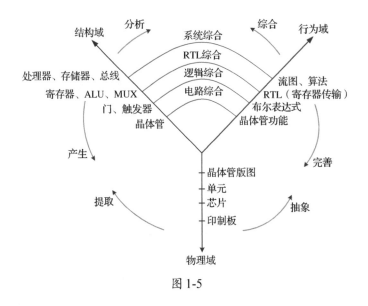

图 1-5

在行为域，只关注系统的功能和行为，也就是输出和输入的映射关系，关注系统能做什么，而不关注系统的内部结构，也就是不关注这些功能是怎么实现的。结构域重点关注系统的结构如何，是由哪些子系统或子模块构成的，其之间的连接关系如何等。物理域则关注各个单元如何布局，之间怎么实现互连等。

在行为域，相当于把系统当作一个黑匣子，我们仅关注其接口关系；在结构域，则是把系统当作一个白盒子，我们不仅能够看到其端口关系，还可以看到其内部结构。当然，其内部结构中还可以包含各个子系统。这些子系统的描述可能是在行为域，也可能是在结构域，或者在物理域。这就好像一个芯片的说明书体系：行为域就像数据手册，只告诉用户该产品完成什么功能，具备哪些性能指标，有哪些端口，各个端口的时序关系如何，从外部要如何操作才能使用这些端口等。结构域更像用户手册，描述芯片内部可以划分成哪些子系统，或者功能子模块，以及这些子系统、子模块之间有什么接口，在实现一些功能时各个子模块之间如何进行互操作。物理域，就相当于技术手册、应用笔记，常常为了让用户坚信该产品的某些性能，而给出产品内部结构细节，或者一些关键技术的实现细节。

在行为域，要描述一个逻辑系统，采用的是数据流图、布尔表达式等手段，比如大家常用的有限状态机（FSM，Finite State Machine）。在结构域，则重点描述系统包含哪些子系统，其间数据如何交互，比如系统由处理器、存储器、控制器组成，控制器包括哪些寄存器，这些寄存器如何操作等。而在物理域，描述系统的物理构成，比如这些寄存器由何种触发器构成，它被放在芯片版图的哪个位置，面积多大等。

那么，我们写的RTL代码是在哪个设计领域呢？除非特殊情况，我们很少在物理域描述一个系统。因此，我们写的RTL代码通常是行为域和结构域的结合体。比如我们用一个状态机来描述一个存储器和控制器，状态机是行为域典型的表现形式；但是该存储器与控制器及系统其他部件之间的关系，我们通常在结构域描述。我们写的RTL代码，通过综合工具综合可得到结构域的系统描述。如果我们写的是门级的代码，那么也可以通过综合工具得到结构域系统的描述形式。如图1-5所示，由于所处的设计层次不同，对应的综合又分别被称为系统综合、寄存器转移（RTL）综合、逻辑综合、电路综合等。

这也是我们需要了解逻辑设计层次和设计领域的一个重要原因：由于我们设计的最终目标是要得到物理领域的设计描述，当我们处于不同设计层次时，我们将依赖于不同的综合工具来将我们的设计转换为门级设计、晶体管级设计，直至最底层的版图物理描述。因此，我们需要根据实际情况选择合适的综合工具，然后针对其特性编写适合该工具的设计代码。从这个角度也说明编码风格相当重要。一个模块的代码，在一种综合工具上运行，能够得到符合设计预期的物理描述，但是如果编码风格不够好，则并不一定保证在使用另一种综合工具时还能够得到完全符合预期的结果。

1.5 逻辑设计基本思想

几年前，笔者从一家著名通信公司的 IC 设计部门离开，如今对曾经发生的很多事情都忘得差不多了，唯独对最初的逻辑设计培训中"3 个 Think of"的内容记忆犹新。当时，在讲到逻辑设计的基本思想时，"3 个 Think of"占据了笔者的整个脑海。

- Think of Hardware：硬件设计思想。
- Think of RTL：可综合思想。
- Think of Synchronous：同步思想。

这其实是逻辑设计的精髓所在！

很多种情况下，当我们看到一些模块的编码后，会情不自禁地问："这个模块是软件人员写的吧？"这表明该模块中，很明显缺乏上述 3 个思想中的至少一个。

1.5.1 硬件设计思想（Think of Hardware）

回到 HDL 本身，其本义不是硬件设计语言（Hardware Design Language），而是硬件描述语言（Hardware Description Language）。所以，当我们编写逻辑设计代码时，必须要记住这只是在描述某种硬件结构，也就是说，一定要想到这段代码将对应什么样的硬件结构。

如果对一段 RTL 代码产生"这个模块是软件人员写的吧"的疑问，那么这段代码多半缺乏"Think of Hardware"的硬件设计思想。可以这样说，从没写过 HDL 代码的软件人员写的 HDL 代码，其最大的特征在于：只是把 HDL 当作一种纯粹的高级语言对待。参考学习 C 语言的"Hello World!"程序，也可以写出 Verilog HDL 的"Hello World!"程序代码，见【练习 1-1】。

【练习1-1】：Verilog HDL 的"Hello World!"模块代码

```
module hello;

    initial begin
            $display("Hello World!");
    end

endmodule
```

这段代码，对于学习 Verilog HDL 固然有一定用处，它至少说明再简单的一个 Verilog HDL 模块，也必须以 module 开始，以 endmodule 结束（注释行除外）。但是对于实际的逻辑设计，这段代码则没有任何用处，因为无法找到合适的实际硬件来与之对应！

那么"Hello World!"这一串字符，将如何显示出来呢？回忆一下学习 C 语言的时候，需要在 C 编译器中编译模块，才能在屏幕上输出"Hello World!"。对于【练习1-1】，也只能在 Verilog HDL 仿真器中看到"Hello World!"的输出。

在 Verilog HDL 的标准中，专门有一个文档说明 Verilog 的 RTL 可综合特性。也就是整个 Verilog HDL 标准中，只有其中一个子集能够有适当硬件与之对应，可以用来进行逻辑设计，其他的一些则是用于设计验证和仿真的。

再来看另外一个设计。

【练习1-2】：实现"线与"逻辑

```
module wire_and(
        input clk,
        input a,
        input b,
        output reg c
        );

    always @(posedge clk)
        c <= a;

    always @(posedge clk)
        c <= b;

    endmodule
```

这在Verilog HDL语法上是没有问题的，但是在把它综合成门电路时却会存在问题。在单板硬件中，我们常常见到将两个芯片的输出管脚直接连在一起，以实现"线与"功能的做法：两个驱动源中，只要有一个为低，那么该点就为低电平。为了实现这个目标，通常需要两个芯片的输出满足一定条件，比如芯片输出应该是OC或OD输出形式。除此之外，还需要在单板上添加适当的匹配网络，比如进行上拉。而为了实现"线或"的功能，则需要进行下拉。

还有一种情况就是，两个驱动源都能实现三态输出，这对应单板上的总线结构，大家共享同一条总线。但是一定是时分复用地使用该总线，不能同时存在两个驱动源驱动总线，否则会造成总线冲突。所以在芯片内部，应该有一个控制该芯片是否驱动输出的三态控制信号，显然该控制信号需要根据系统中央控制器来进行统筹规划，如果各个芯片各自为政，那么最后一定无法实现需要的总线功能。

无论是OC、OD输出还是总线结构，通常来说，在芯片内部或FPGA内部，都没有类似的结构。所以，当综合工具把【练习1-2】这段代码综合成底层门电路时，就存在"猜测"的成分了。假如我们自己是综合工具，也就只能发挥主观能动性，进行自主创造性活动了，可能的想法也许会有以下几种。

（1）c应该是a与b相与的功能。

（2）c应该是a与b相或的功能。

这两种情况，相当于把原设计意图理解为实现"线与""线或"功能。

（3）c应该是在a与b中选择一个输出的功能。

这相当于把原设计意图理解为需要实现三态总线。为了实现二选一的功能，一定还需要一个选择信号。

（4）终止综合过程，报告设计者这里的代码存在问题。

因此，在通常的一些编码风格中，都会有一条"同一个信号只能在同一个always块中赋值"的编码规范。【练习1-2】这段代码就可以理解为不符合这一编码风格，但是其本质是，没有硬件结构与之相对应。

从"Think of Hardware"这个角度出发，一个系统最好是能够在结构域中来进行描述。这是因为在结构域的不同层次，如图1-5所示，其描述系统的单元都是硬件单元，比如高层次的处理器、存储器，低层次的MUX、各种门等。所以对于一个系统，可以在结构域逐个层次地划分子系统，这样每一个子系统都对应特定的本书没有专门讲编码风格，其实编码风格是逻辑设计中很重要的一个因素。编码风格是任何软件设计都在强调的一个问题。

换一个角度看编码风格问题。由于任何软件设计的编码都需要编译工具转化为机器语言，所以最核心的问题是"精准"（specific）。越精准的描述，其系统鲁棒性越高；反之，越模棱两可的描述，系统稳定性越低，可移植性越差。这和日常的人际沟通略微不同，软件设计最忌讳"暗示"。所以，进行软件设计的人员，常常会有某些明显的特质，比如看待任何事情都"非0即1"。

硬件系统，然后再在一定层次上进行行为级描述。无论是 Verilog HDL 还是 VHDL，都是模块化的设计语言，完全支持这种设计方式。

同样，站在"Think of Hardware"这个角度，用状态机的方式来进行逻辑设计，也不是最好的选择，尤其是对于那些需要采用类似于"流水线"结构的、需要信号间有紧凑且严格的时序关系的设计。换个角度看，状态机是行为域最典型的描述方式，它对于简化系统设计大有帮助。因此，状态机是最符合"软件设计者"思路的表现形式，它对于信号间的相互转换关系反应最为直接。通常，从数据流角度看，一个数字系统可以划分为数据通路和控制器两大部分，状态机只适用于控制器部分。一个系统本身可以被视为一个大的状态机，然后每一个状态再细化为更小的状态机，一层一层地划分，直到划分为便于实现的小颗粒状态机。正因为状态机更多的是在行为域考虑问题，所以在 RTL 中编写状态机时，常常要求用"三段式"这一良好编码风格来描写，以保证更高的可维护性。也可以这样说，三段式 FSM 的编码方式，更符合下一节要描述的"Think of RTL"思想。

1.5.2 可综合思想（Think of RTL）

在说明逻辑设计的 RTL 概念时，最常使用的就是图 1-6 所示的图：在 RTL 级，体现的是数据如何存储、信号如何传递。

在逻辑电路中，组合逻辑（图 1-6 中的"T"部分）负责信号的处理和传输，时序逻辑（或者说寄存器，图 1-6 中的"R"部分）负责信号的存储。从这个角度来看，可综合思想就是在进行逻辑设计时，要想到哪些用组合逻辑实现，哪些用时序逻辑实现。需要强调的是，这里的"寄存器"不是指Verilog中的寄存器数据类型，而是时序单元中的寄存器存储单元。

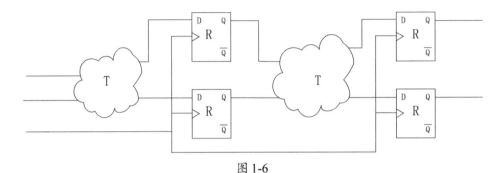

图 1-6

换个角度来说，任何一个设计，在RTL级编写设计代码，最后都可以把代码划分为两部分：寄存器和组合逻辑。为了体现RTL的结构，【练习1-3】给出了两种风格的代码，实现的是同样的功能：在sel[1:0]两个比特为2'b00、2'b01、2'b10、2'b11时分别选择a_in、b_in、全1、全0输出。a_in、b_in都是4比特变量，如图1-7所示，左图便是设计的功能示意图。

【练习1-3】左侧的代码是通常情况下的RTL代码，右侧第二种风格的代码只不过是为了刻意体现RTL，才把其中的组合逻辑部分提取出来。由于添加了一个临时变量d_comb，整个模块就被清晰地划分为两大块：寄存器和描述MUX的组合逻辑。如图1-7所示，右图便是这种编码风格下的结构框图示意图。

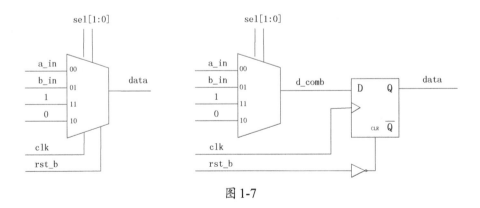

图 1-7

【练习1-3】：Think Of RTL

通常写法	刻意体现"RTL"的写法
```module mux4to1 (input clk, input rst_b, input wire [1:0] sel, input wire [3:0] a_in, input wire [3:0] b_in, output reg [3:0] data);```	```module mux4to1 (input clk, input rst_b, input wire [1:0] sel, input wire [3:0] a_in, input wire [3:0] b_in, output reg [3:0] data);```

```
通常写法                                  刻意体现"RTL"的写法

module mux4to1 (                          module mux4to1 (
    input clk,                                input clk,
    input rst_b,                              input rst_b,
    input wire [1:0] sel,                     input wire [1:0] sel,
    input wire [3:0] a_in,                    input wire [3:0] a_in,
    input wire [3:0] b_in,                    input wire [3:0] b_in,
    output reg [3:0] data                     output reg [3:0] data
    );                                        );

                                          reg [3:0] d_comb;
                                          always @ (*)
                                              if (sel[1:0] == 2'b00)
                                                  d_comb = a_in;
                                              else if(sel[1:0] == 2'b01)
                                                  d_comb = b_in;
                                              else if(sel[1:0] == 2'b11)
                                                  d_comb = 4'd15;
always @ (posedge clk,negedge rst_b)          else
    if (!rst_b)                                   d_comb = 4'd0;
        data <= 4'd0;
    else if (sel[1:0]==2'b00)             always @ (posedge clk,negedge
        data <= a_in;                     rst_b)
    else if (sel[1:0]==2'b01)                 if (!rst_b)
        data <= b_in;                             data <= 4'd0;
    else if (sel[1:0]==2'b11)                 else
        data <= 4'd15;                            data <= d_comb;
    else
        data <= 4'd0;

endmodule
                                          endmodule
```

采用第二种方式描述设计有什么好处呢？

第一，方便分析设计上电复位后的状态。很多情况下都需要知道上电复位后，芯片端口甚至内部到底处于什么状态。有很多人在进行分析时，常常陷入内部的组合逻辑功能分析中，因为复位信号也是会驱动组合逻辑的。其实，这里有个误区。由于组合逻辑的输出是"实时"反映输入状态变化的，所以复位后芯片的状态也是用内部寄存器的状态来确定的；而组合逻辑中，也很少有复位信号参与功能处理。这种描述方式下，可以清晰地看到组合逻辑的功能部分根本不需要复位信号，也能更加清晰地看出设计中各个寄存器复位后的状态。

第二，把组合逻辑分离出来后，对于优化设计也很有好处。各种设计中，或多或少会存在一定程度的时序问题。为了解决时序问题，很多综合工具会使用一种称为"Retiming"的优化算法。Retiming 算法的本质，是在多个寄存器之间平衡组合逻辑的复杂度的过程，图 1-8 所示是 Retiming 算法在 FPGA 中应用的原理示意图。

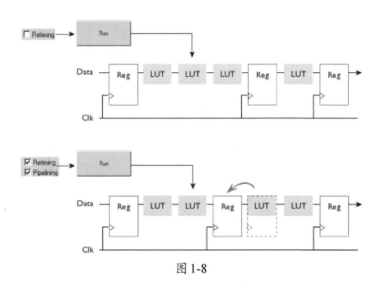

图 1-8

如果原来的设计在某两级寄存器间存在复杂的组合逻辑，数据处理路径延迟较大，就容易形成关键时序路径；而如果与该关键时序路径前后相邻的两级寄存器间的组合逻辑非常简单，Retiming 算法就可以在不修改源代码的前提下，在这些组合逻辑门电路（或者 FPGA 的查找表 LUT）间自动地移动寄存器的位置（其实是移动一部分组合逻辑电路），使任意两级寄存器间的组合逻辑复杂度更加均衡。当然，这样做的前提是不改变整个设计的功能；在实现上就是进行 Retiming 算法的一定范围内的子系统、子模块功能不变。

比如图 1-8 所示的例子，一共用了三级寄存器和一些组合逻辑。如果把它们当作一个子系统，它一共有 n 个输入，m 个输出，那么站在这 n 个输入、m 个输出端口的角度，Retiming 前后的行为功能是相同的。Retiming 算法实现的正确性，是通过一定范围内的电路的形式验证来保证的。

除了像 Retiming 这样的算法优化设计性能外，还有一种常用的方法是复制一些信号的驱动逻辑以降低其负载，从而提高设计性能，改进时序。采用第二种方式描述，可以更好地控制是只复制寄存器，还是连之前的组合逻辑也一起复制。

在每个人的眼里，寄存器都是可以保持当前状态值的。很多设计中对寄存器建模，存在嵌套的if...else...结构时，最后一级的else语句是可以省略的。在【练习1-3】中，寄存器之前的MUX正好是4个不同的数据选择，所以最后一级else有赋值语句：

```
data <= 4'd0;
```

也就是说，在sel[1:0]为2'b10时，data值应为全0。

如果设计意图是在sel[1:0]为2'b10时，data值保持之前值不变，那么，在对这个新设计需求进行建模时，与【练习1-3】相比，只需要把if...else...嵌套语句的最后一级else改为注释即可，代码见【练习1-4】。

【练习1-4】：寄存器的"保持"功能

```
module mux4to1_hold(
        input clk,
        input rst_b,
        input wire [1:0] sel,
        input wire [3:0] a_in,
        input wire [3:0] b_in,
        output reg [3:0] data
        );
    always @ (posedge clk, negedge rst_b)
        if (!rst_b)
            data <= 4'd0;
        else if (sel[1:0] == 2'b00)
            data <= a_in;
        else if (sel[1:0] == 2'b01)
            data <= b_in;
        else if (sel[1:0] == 2'b11)
            data <= 4'd15;
        //else
        //      data <= 4'd0;

    endmodule
```

从触发器的结构可以看出来，一个D触发器就可以构成一比特的寄存器。但它并不具备保持既有数据的功能，在CK的每个时钟沿，都是把D端口的数据采样并保存，只能保持到下一个时钟沿。那么寄存器的"保持"功能是如何实现的呢？也就是说，【练习1-4】的综合结果到底是怎么样的？它和【练习1-3】的有什么差别呢？

图1-9、图1-10所示分别为【练习1-3】【练习1-4】在FPGA中的综合结果。综合使用了Lattice的ECP3器件，使用的软件是Lattice的Diamond 1.4，对应的综合工具为集成在Diamond 1.4中的Synplify Pro F-2011.09L。显然，这两个综合结果存在较大差异。分析其组合逻辑部分实现功能，也就是从寄存器的D输入端输入的布尔表达式，分别如下。

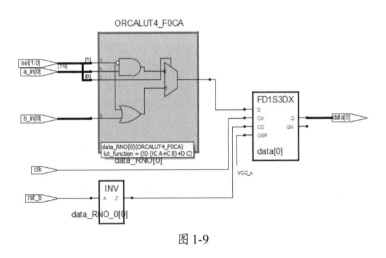

图1-9

【练习1-3】：

$$F43=\overline{sel[0]} \cdot \left(\overline{sel[1]} \cdot a\_in\right)+sel[0] \cdot (sel[1]+b\_in)$$

【练习1-4】：

$$F44=\overline{sel[0]} \cdot a\_in+sel[0] \cdot (sel[1]+b\_in)$$

也就是说，在sel[1:0]为2'b10时，F43输出的是0，而F44输出的是a_in。F44的功能似乎不正确，因为设计意图是在sel[1:0]为2'b10时，寄存器保持原来的值不变，而不是应该输入a_in。那么，图1-10中【练习1-4】的综合结果是否正确呢？

仔细分析可以看到，【练习1-3】和【练习1-4】的综合结果使用了不同类型的寄存器：【练习1-3】使用的是FD1S3DX，【练习1-4】使用的是FD1P3DX。

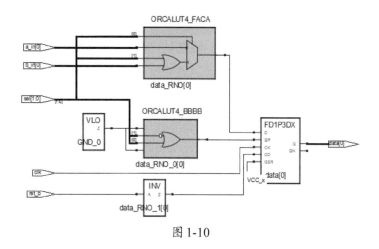

图 1-10

图1-11、图1-12所示分别是这两种寄存器的内部结构图。原来FD1S3DX是一个标准的D触发器，而FD1P3DX内部在FD1S3DX的基础上多了一个MUX，该MUX的功能就是在SP这个端口输入的信号为0时，选择寄存器自己的输出反馈回来的信号到寄存器的D端；只有在SP这个端口输入的信号为1时，MUX才选择D端口输入的信号。

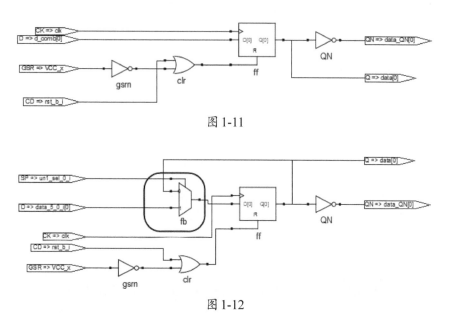

图 1-11

图 1-12

所以FD1P3DX要从D输入端口采集数据，还需要SP这个端口输入信号为高电平才行。图1-10中，寄存器FD1P3DX的SP输入端的逻辑功能为Fsp=$\overline{sel[0]+sel[0]}$，所以在sel[1:0]为2'b10时，Fsp值为0，即使从D输入端输入了数据a_in，FD1P3DX也不会采集该数据，而是由内部的反馈回路来保持上一拍的数据。

所以，这里也可以更加明确地区分触发器和寄存器的差别了：触发器在每个时钟沿都会从输入端采集数据并更新触发器状态；而寄存器则只在满足设定条件的时钟沿从数据输入端采集数据，在设定条件不满足的时钟沿，寄存器就保持当前状态。

如果把【练习1-4】改写为刻意体现RTL的编码，会是什么样的呢？

动手练习 请写出【练习1-4】"刻意"体现RTL的代码，也就是把组合逻辑部分提取出来。

这样的代码，综合结果会是什么样的呢？仍然采用Lattice的ECP3器件，使用的软件是Lattice的Diamond 1.4，还会得到图1-10所示的结果。

这里就会产生另外一个问题：在采用RTL思想把组合逻辑与寄存器分离后，大家都是用相同的语句对data这个信号赋值的，如下所示。

```
always @ (posedge clk, negedge rst_b)
    if (!rst_b)
        data <= 4'd0;
    else
        data <= d_comb;
```

为什么data的综合结果会不同呢？

根本原因在于，综合软件在综合的时候，使用的工艺库文件中包含多种寄存器模型，综合工具能够根据实际设计来选择合适的库单元，进行综合结果的优化。即使在把【练习1-4】的组合逻辑提取出来后，从表面上看，data也只是一个D触发器，每个时钟沿把d_comb的值写入D触发器中。但是，由于在d_comb中存在data的反馈回路，所以综合工具自动采用了FD1P3DX这种单元，以此来减小设计的面积。

对于【练习1-4】，如果存在设计需求，需要把data综合成D触发器构成的寄存器，也就是采用FD1S3DX，这可以在代码中添加适当的"编译指令"（Directive），用来告诉综合器对于指定寄存器采用何种库单元，或者直接在代码中例化FD1S3DX这个底层库单元。还有一种方式是对组合逻辑部分添加编译指令，让综合工具保持代码中对d_comb的既有设计结构，即不允许综合工具进行优化。

对于综合工具synplify pro，需要使用的编译指令是syn_keep。为了方便描述，我们把它当作新的练习，见【练习1-5】。

【练习1-5】：保持代码中的组合逻辑结构

```
module mux4to1 (
        input clk,
        input rst_b,
        input wire [1:0] sel,
        input wire [3:0] a_in,
        input wire [3:0] b_in,
        output reg [3:0] data
        );


    reg [3:0] d_comb /* synthesis syn_keep = 1 */ ;
    always @ (*)
        if (sel[1:0] == 2'b00)
            d_comb = a_in;
        else if (sel[1:0] == 2'b01)
            d_comb = b_in;
        else if (sel[1:0] == 2'b11)
            d_comb = 4'd15;
        else
            d_comb = data;

    always @ (posedge clk, negedge rst_b)
        if (!rst_b)
            data <= 4'd0;
        else
            data <= d_comb;
endmodule
```

仍然采用Lattice的ECP3器件，使用Lattice的Diamond 1.4软件进行综合，得到图1-13所示的综合结果，显然，它采用了FD1S3DX作为data的寄存器单元。

比较图1-13和图1-10，乍一看结构上存在较大差异，但本质上却是相同的。图1-14所示是两个综合结果的比较：图1-13中的d_comb_5_3_d[0]单元就是图1-10中的data_RNO[0]单元；而d_comb_5_3[0]单元中的或门和MUX则被拆分为图1-10的data_RDO_0[0]和FD1P3DX中的fb这个MUX。所以差别只是在图1-13中，data数据在寄存器外完成选择然后送入寄存器的D输入端；而在图1-10中，该数据选择在寄存器内部完成，sel两个比特信号完成或的操作后从寄存器的SP端口输入，连接到寄存器内部的MUX的选择使能端，完成数据的选择。

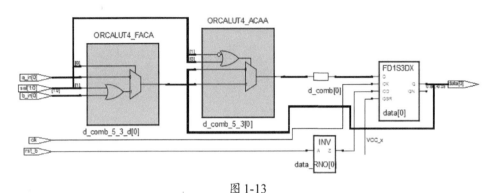

图 1-13

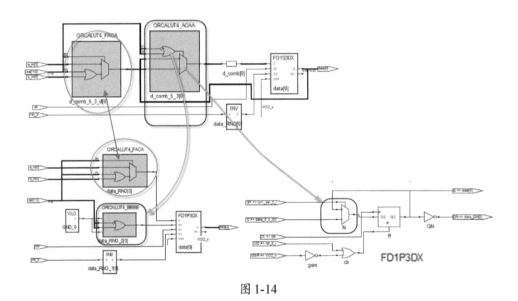

图 1-14

虽然图1-10实现的是与图1-13完全一致的逻辑功能，但无论是在设计面积还是设计速度上，它们还是会存在一些差异。在设计面积上，上述练习都在寄存器外使用了两个查找表（LUT），虽然对于面积优化似乎没有贡献，但对于一些更通用的设计，尤其是FPGA设计（其基本逻辑单元是4输入或6输入的查找表），由于把一个MUX移到了寄存器内部，就有可能因此节省寄存器外的一个查找表，从而节省逻辑资源。而在设计速度上，比较图 1-13 和图 1-10，从表面上看，虽然它们的"最长的路径"都是从 b_in 开始，经过一个查找表（内部实现或门、MUX 功能），然后经过一个 MUX 进入 D 触发器，但是在图 1-13 中，最后一级 MUX 在寄存器外用查找表实现，其输入来自另外一个查找表，其输出要连接到寄存器的 D 输入端。所以除了存在处理延迟外，还必须有两段布线的延迟，其关键路径的延迟可以划分为如下几部分。

图 1-13：

　　　LUT 延迟 + 布线 1 延迟 +LUT 延迟 + 布线 2 延迟→D 触发器输入端

而在图 1-10 的设计中，由于最后一级 MUX 在寄存器内，其本身的延迟会比 LUT 延迟小，而且由于在布局上已经固定，从 MUX 的输出到 D 触发器输入端的延迟也很小，并且是个固定值。从延迟划分上看，其关键路径的延迟划分为如下几部分。

图 1-10：

　　　LUT 延迟 + 布线 1 延迟→寄存器输入端 + 内部 MUX 延迟

显然，这样的好处就是减小了关键路径的延迟，从而使设计更有可能获得更好的设计速度性能。

由此可见，综合工具把【练习 1-4】综合为图 1-10 所示的结果，是有它的道理的。但是在什么情况下需要使用【练习 1-5】的写法，也就是需要保持住代码中原有的组合逻辑呢？

这也是在特定的设计优化需求下，会产生的类似的要求。比如在一个设计中，一个寄存器的负载大，如【练习 1-5】中的 data 太多，从而造成布线延迟大，形成设计中的关键时序路径。一种时序优化方法就是把 data 这个寄存器结构复制多份，不同的子模块的负载用 data 不同的复制信号。这时就可以采用【练习 1-5】中的 /*synthesis syn_keep=1*/ 编译指令来保持组合逻辑，用其驱动多个寄存器，并对每一个备份寄存器都添加适当的编译指令，保证每个寄存器不被综合工具优化，这样就可以降低这个寄存器的负载。

从这里可以看出，Think of RTL 这一思想本质上还是要在逻辑设计时考虑硬件，似乎与 Think of Hardware 思想重复。但是，Think of Hardware 硬件思想更加强调硬件，更强调结构域的通用硬件，不涉及设计层次；而 Think of RTL 可综合思想则更强调在 RTL 这一设计层次中考虑硬件，考虑写出的设计可综合，或者说更趋向于强调在行为域进行逻辑设计时，应该首先考虑该行为描述可被综合工具综合为适当的硬件结构。

问题思考

这一部分的描述相当烦琐，估计很多读者看了一小段就开始头大，并且会直接跳过该节内容。为此笔者在这里对这一节内容做一点其他说明。

在很多人看来，FPGA设计甚至逻辑设计没有什么难点，只要照着一些代码案例，写完Verilog/VHDL模块就可以了，剩下的事情由综合工具搞定。其实事情远非这么简单！一方面，确实有一些很好的综合工具能帮我们实现代码转换，但是不同的综合工具，对编码风格会有不同的要求。所以设计者首先应该对综合工具本身有深入了解，才能写出效率更高的代码。另一方面，设计者还必须对FPGA底层的一些结构有一定了解。比如图1-14给出的两个综合结果，通过选择不同的底层单元，不仅能减少资源消耗，而且可以提高设计性能。

1.5.3 同步思想（Think of Synchronous）

根据是否需要时钟，可以将逻辑电路划分为同步逻辑和异步逻辑。因为利用时钟作为系统各个子系统工作的同步信号，所以同步逻辑的控制更加方便，绝大多数设计都采用同步设计方案。当然，随着设计规模日益扩大，系统复杂性日益增加，现在很少有设计只有单一时钟，绝大部分都是多时钟系统。因此必然存在一些信号必须从一个时钟域进入另外一个时钟域进行处理的情况。当一个信号从一个时钟域进入另一个时钟域时，它就变成了异步信号，必须在接收该信号的时钟域中对该信号进行同步处理。这种完成信号同步的装置可以统称为同步器。

为什么逻辑设计需要同步思想？为了说明这个问题，可以采用"反向思维"来考虑，即采用同步设计，会有什么问题。总的来说，不使用同步思想，甚至异步信号处理不恰当，会造成亚稳态的产生和传播，导致系统功能异常！

亚稳态（Metastability）是指触发器在指定时间内无法进入一种确定状态。在这种情况下，既不能预知该触发器输出的电压值是多少，又不能确定该触发器最后会输出高电平还是低电平。当然，触发器最后总是要达到输出高电平或输出低电平的稳态，但触发器进入亚稳态后，触发器的输出是介于高低电平之间的一个中间电平，并且可能会出现振荡现象，还会把这种中间电平状态向下一级寄存器传播。亚界用平均无故障时间（MTBF，Mean Time Between Failures）来描述一个触发器的亚稳态特性，并且每一类触发器都会提供建立时间和保持时间要求，以便用户掌握可能诱发亚稳态的时间窗口。建立时间是指时钟沿前信号必须稳定的时间，保持时间是指时钟沿后信号还必须保持的时间，如果输入信号满足建立保持时间要求，那么出现亚稳态的概率是很小的。关于亚稳态，还有一个基本结论，就是亚稳态永远无法完全规避，只能尽量降低其出现概率，或者在其出现后避免其在系统中的传播。

同步的目的是，即使新时钟域中第一级寄存器出现了亚稳态，也能保证其后续逻辑中不再出现亚稳态，也就是阻止亚稳态在新时钟域中的传播。

最简单的同步器是两个寄存器直接级联，中间不能有任何组合逻辑，如图1-15所示。不仅同步器的两个寄存器之间不能使用任何组合逻辑，而且源时钟域输出信号的寄存器与同步器之间也不能出现任何组合逻辑。这种结构，能够保证即使同步器第一级寄存器出现了亚稳态，在第二级寄存器对第一级寄存器的输出进行采样前，第一级寄存器也已经退出了亚稳态，进入了稳定状态。为了达到这个目的，还必须让同步器的两个寄存器挨得尽量近，这样才可以保证两个寄存器的时钟偏斜最小。

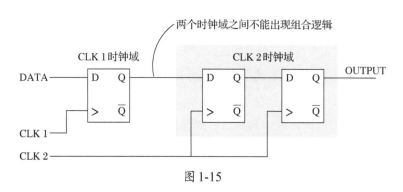

图 1-15

一些IC厂商提供了专门的同步器单元。在这种单元中，第一级寄存器通常是采用一些特殊结构的寄存器，比如具有更高增益，尺寸更大，从而使其建立保持时间更短，能够在输入是亚稳态时防止输出的振荡，进而避免亚稳态的传播。在使用同步器同步信号时，一定要保证从源时钟域输出信号后直接进入同步器，而不要经过任何组合逻辑，这一要求非常重要。因为同步器的第一级寄存器对毛刺非常敏感，如果输出信号与同步器之间存在组合逻辑，则容易产生毛刺。在适当时间，毛刺足够长时，将变成满足同步器第一级寄存器的建立保持时间的信号，这将导致同步器把它当作稳定信号同步，从而引起新时钟域内的逻辑错误。同步后的信号在新时钟域内需要两个时钟周期后才有效，所以同步器会引入一个或两个时钟周期的信号延迟。

图1-15所示只是一种简单的同步器结构，针对不同应用，还有很多种不同的同步器结构。总的来说，存在3大类同步器：电平（Level）同步器、沿检测（Edge-detecting）同步器、脉冲（Pulse）同步器，图1-16所示为这3类同步器对信号的处理结果示意图。

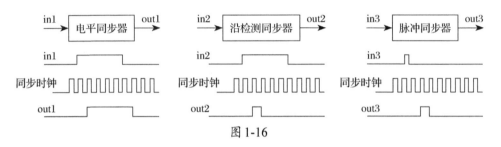

图1-16

电平同步器，是指穿越时钟域的信号保持目标时钟域至少两个时钟周期宽度的高电平或低电平。它有一个特点，即信号在再次有效前，必须先变成无效状态。每次信号变为有效后，无论该有效信号维持多久，同步器只把它当作一个单一事件。

电平同步器是各种同步器的核心，用图1-15所示的基本同步器结构即可实现。

沿检测同步器的主要目的是把跨时钟域信号的上升沿或下降沿事件传输到目标时钟域，并且在目标时钟域中该沿只需要保持一个时钟周期即可，其输入、输出信号关系可以参考图1-16。可以看出，这种结构可以理解为在输入信号的上升沿位置，在目标时钟域给出相应的指示信号。从结构上考虑，图1-17所示是一个上升沿检测同步器，它是在基本同步器后面加上一个寄存器和一个与门逻辑。它可以在检测到输入同步器的信号的上升沿后，在目标时钟域内产生一个单时钟周期宽度的高电平脉冲。

要实现下降沿同步器，或者双沿同步器，只需要替换图1-17所示结构中最后一级寄存器后面的处理逻辑即可：交换与门的两个输入A、B信号的位置，就可以得到一个下降沿检测同步器；把其换成异或门，则可以实现双沿检测同步器。

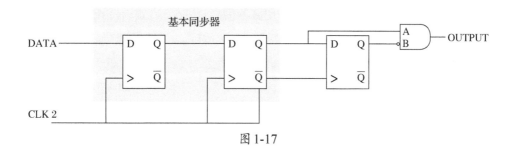

图 1-17

当然，也可以先在源时钟域内产生信号的上升沿或下降沿指示信号，再使用同步器同步到目标时钟域，参考图1-16所示的脉冲同步器。脉冲同步器指的是在源时钟域只有一个时钟周期的信号的同步器。

在同步一个脉冲信号到更快时钟域时，这种沿检测同步器可以很好地工作。使用中的一个限制就是输入信号的脉冲宽度必须比目标时钟域的一个时钟周期与同步器第一级寄存器的保持时间之和的宽度还要宽，最安全的脉冲宽度是目标时钟域的两个时钟周期宽度。如果一个信号，其脉冲宽度只有一个时钟周期宽，要同步到更慢时钟域时，需要对输入信号进行额外处理。图1-16所示的脉冲同步器波形，如果不对in3进行处理，而直接使用基本同步器，由于in3的有效高电平只在目标时钟的两个上升沿之间有效，一定会被基本同步器漏采样。

这种情况下，处理思路是将in3的脉冲宽度扩展到目标时钟域两个时钟周期以上。一种基本处理方法是根据原时钟域与目标时钟域的时钟频率关系，对in3进行对应的延迟，然后将各级延迟信号进行与操作。还有一种处理方法是采用图1-18所示的结构，将该脉冲信号转化为一个翻转信号，即扩展该脉冲宽度直到下一个脉冲到来再翻转信号。

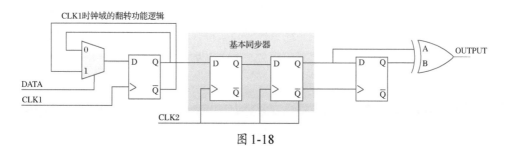

图 1-18

这样，在源时钟域内的单时钟周期脉冲信号DATA，就被转变成了对应脉冲位置处存在上升沿或下降沿的电平翻转信号TOGGLE。然后再把TOGGLE信号输入双沿检测同步器，这样，在源时钟域的单周期脉冲信号位置附近，在目标时钟域内也就能输出一个单周期脉冲信号。图1-19所示为这种脉冲同步器的输入信号DATA、输出信号OUTPUT，以及翻转功能处理逻辑输出的TOGGLE信号的波形关系示意图。

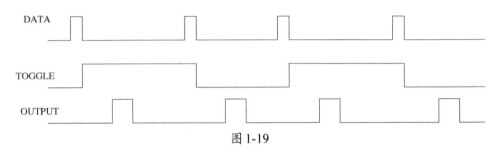

图 1-19

这种同步器的基本功能是把源时钟域的单周期脉冲信号，转化为目标时钟域内的单周期脉冲信号。使用这种同步器有一个限制，即对输入脉冲的最小间距有要求：源时钟域内，两个脉冲信号之间的最小间距不能小于目标时钟域两个时钟周期。如果输入脉冲间隔太短，同步器输出的脉冲宽度会大于一个时钟周期；而如果源时钟的周期是目标时钟域周期的两倍以上，该问题更加严重，它会使同步器工作异常，检测不到任何脉冲。

所以不同类型的同步器，在实现特定功能时，对输入信号也有特定要求。

这些同步器都是对于同步单比特信号而言的。如果需要同步一个多比特的信号，它们则不一定能够正常工作。通常的情况是，由于多比特信号传递到目标时钟域时，各个比特的翻转时间不能完全同步，如果依然采用每个比特独立使用基本同步器同步的方式，会造成同步后，在目标时钟域得到的数据不一定与源时钟域相同的情况。最典型的例子就是一个3比特宽度的计数器值，在源时钟域中是从3'b111跳转到3'b000，同步到另外一个时钟域后，如果目标时钟域的时钟沿正好在计数器从3'b111跳转到3'b000的时刻，那么在目标时钟域，该计数器有可能会是0到7中的任何一个值！所以，对于这种多比特信号，需要更稳妥的方式来同步。

如果是多比特的控制信号，并且信号变化有规律可循，可以把控制信号重新进行编码，比如采用格雷码编码，使多比特信号在变化时最多只会有一个比特发生变化，这样就可以采用简单同步器对这个多比特的控制信号进行同步。但是能够满足这个条件的控制信号在实际系统中少之又少，更不用说数据总线或地址总线这种多比特数据，两个数据间没有任何规律可循，根本不可能找到一种编码方式让它们最多只有一个比特进行翻转。常用的多比特信号跨时钟域同步的方式，是采用握手（Handshaking）机制或利用FIFO。

握手机制可以分为两大类：完全握手（full-handshake）和部分握手（partial-handshake）。由于部分握手机制只是完全握手机制的简化，本节只介绍完全握手机制。

完全握手机制本质上是一种请求应答系统。使用完全握手机制时，两个时钟域都要等对方响应后才能释放相应的握手信号。通常把发起数据传输的一侧称为源端，它发出的信号称为请求（request）信号；把接收数据的一侧称为目的端，它发出的信号称为应答（acknowledgement）信号。如图1-20所示，首先，源端电路A使能请求信号（①），表示数据已准备好，请求发送数据；目的端电路B在检测到该请求信号有效后，使能应答信号（③）；电路A在检测到电路B的应答信号有效后，再释放请求信号（⑤）；之后电路B在检测到电路A的请求信号无效后，释放应答信号（⑦）。在步骤①，源端待传输的数据已经准备好，电路B在步骤③后，检测源电路A段的有效请求信号，由于已经经过了很多个时钟周期，即使之前该数据存在亚稳态，这时也已经稳定，所以可以直接用目标时钟域采样处理，不再需要同步器同步。

在这种通信机制中，电路A在检测到电路的应答信号无效前，不能释放请求信号，因此也无法发起新的请求。这种完全握手机制，是最稳健的数据同步方式。但是其缺点是效率低，传输一个数据需要多个时钟周期；应答信号、响应信号都需要经过同步器才能进入目标时钟域进行处理，并且由于同步器的延迟不确定（一个时钟周期或两个时钟周期），所以也无法预估准确的延迟时间。

在完全握手过程中，无论是电路B检测电路A的请求信号状态，还是电路A检测电路B的应答信号状态，都需要先把对应信号通过电平同步器进行同步。一个电平同步器对信号的延迟是一个或两个时钟周期，所以，完成完全握手机制，在电路A中最多情况下需要五个时钟周期，而在电路B中最多会需要六个时钟周期。图1-20清晰地说明了完全握手机制的操作过程，以及其中的信号传输延迟。图1-21

是这个过程的请求信号和应答信号的波形示意图。

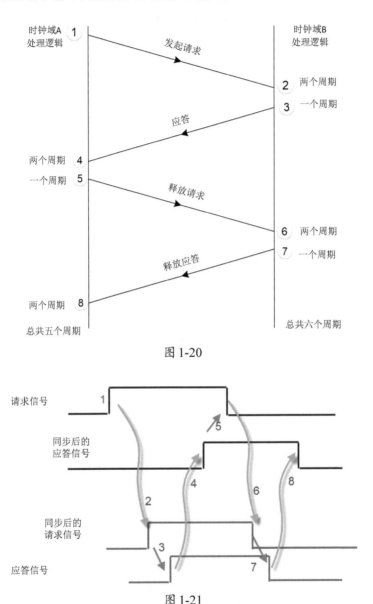

图 1-20

图 1-21

而部分握手机制，针对的是实际应用，裁剪上述完全握手机制中的部分步骤，从而节省握手时间。完全握手机制本质上是一种闭环控制系统，部分握手机制则可以简化为开环控制模式。比如在电路B中产生应答信号时，根据电路A、B的时钟周期差异，只产生宽度在电路A中两个时钟周期以上的应答信号；进一步，在电路A中产生请求信号时，请求信号的宽度也是电路B的两个时钟周期以上信号（或者为稳健起见，宽度为4个周期），这保证电路B一定能采样到该请求信号。在这种情况下，电路B可以不再反馈应答信号，在检测到请求信号后直接处理采样传输过来的数据总线即可。

显然后面这两种握手机制，必须使用脉冲同步器及沿检测同步器，因此也要注意这两种握手机制的应用条件。总而言之，各种握手机制既有其自身的优势，也有其缺点，或者需要特定的前提条件，需要根据设计实际情况来选择应用。

使用基本同步器同步异步信号时，无法预期同步操作会造成一个周期还是两个周期的延迟，所以在进行异步信号同步时，还需要注意一点，在目标时钟域内，不能在多个地方对同一个信号使用同步器。如果目标时钟域多个地方需要使用该异步信号，应该先使用一个同步器完成信号同步，然后再驱动多个功能模块。如果在多个地方对同一个信号进行同步，在目标时钟域中，由于两个同步器的延迟不同，可能会使两个同步器的输出信号不一致，也就是不同同步器之间形成竞争（race condition）。

同样的道理，对于像数据总线或地址总线这样的多比特信号，它们需要在目标时钟域中同时有效，如果对每个比特都使用各自的同步器，同样也会由于存在竞争，而使被同步到目标时钟域后的信号存在部分比特信号先有效、部分比特信号后有效的情况，这也会造成系统的故障。可以采用图1-22所示的结构来同步这类信号，这种结构包括一个保持寄存器和一种握手机制，握手机制用于通知接收时钟域何时可以采样数据，并且源时钟域何时可以更新保持寄存器内的内容。

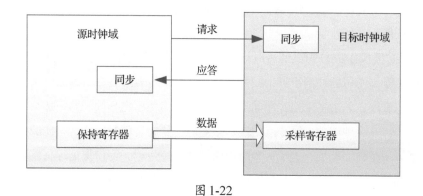

图 1-22

在源时钟域，保持寄存器锁存需要同步的信号时发起请求，目标时钟域采样寄存器接收数据时使能应答信号。

显然这种同步方式，本质上是只同步握手信号，而不是同步数据本身。换个角度看，可以认为前面介绍的握手机制，本身就是为了数据同步，在整个握手过程中，各个数据比特位都应该保持相同值不改变；并且由于前述分析的握手机制过程中的同步处理，需要保持的时钟周期数据还需要足够长！

但有些时候，数据在同步时无法等待握手所需要的最短时间。一种场景是发送数据必须以突发的形式存在，发送数据的速度比接收时钟域速度高，数据在一定时间段会连续每一个周期都有效。这样只有一个保持寄存器就不够用。这种情况下，就需要使用FIFO来进行数据同步。需要使用FIFO的另外一种场景是接收侧将用更快的频率采样数据，但是总的数据带宽却比发送侧还低。这时就必须在发送侧先准备好一定数据量，再发起数据请求。总的来说，使用FIFO时，要么是为了速度的匹配，要么是为了数据带宽的匹配，或者兼而有之。在速度匹配应用中，FIFO的读、写两个端口使用各自的时钟。信号同步逻辑放在指针逻辑中完成，当然FIFO的同步逻辑比握手方式要复杂得多。

设计指针逻辑有很多种方式。第一种方式是在读、写时钟域时分别用计数器来跟踪FIFO的有效数据情况，进而同步读、写使能信号。读时钟域的计数器，反映有效数据的数量，即还有多少有效数据供读取；写时钟域的计数器，反映还有多少可以存储数据的有效空间。读、写计数器都是与各自端口的时钟同步的。在复位时，由于没有数据可供读取，所以读计数器值为0；而写计数器值为FIFO的最大有效空间值，表示FIFO的全部空间都是可供存储数据的。一次写操作让写计数器减1，写操作使能信号同步到读时钟域，让读操作计数器加1；而一次读操作让读计数器减1，同时读操作信号同步到写时钟域让写计数器加1。显然这里对读、写使能信号的同步需要使用脉冲同步器，因为读、写使能信号表示各自时钟域发生了读操作或写操作事件，如果不采用脉冲同步器，比如改为使用电平同步器，那么在具有更高频率的快速时钟域内，同步后的读、写使能信号的有效时间宽度将比源时钟域中具有更多的时钟周期数。由于一个时钟周期内的有效读、写使能信号将使对应的计数器累加1，所以在更高频率时钟同步后，计数器累加的次数将超过1。只有使用脉冲同步器，才能保证同步后的读、写使能信号周期数与源时钟域完全相同。

这种设计方式需要满足脉冲同步器的使用要求，脉冲间隔必须至少为两个快速时钟周期，所以这种设计方式不能让FIFO在每个时钟周期都进行读、写操作。平均来说，数据速率就是读、写时钟中较慢时钟的一半。这种设计的另一个不足是它使用计数器而不是读、写指针来确定FIFO状态。对于大型FIFO，也就需要较大的计数器。

但是它的好处就是只需要同步读、写使能，同步结构简单。并且它在FIFO的读、写操作两个时钟域都有各自对应的计数器来评估FIFO的状态，设计者可以持续多次地进行读操作或写操作，而不用担心FIFO的溢出或下溢的情况。这种FIFO状态设计技术，在读时钟域和写时钟域都采用保守的状态，也就是至少提前一个时钟周期来评估FIFO的状态。在FIFO的全部空间都存储了数据后，FIFO指示为满；之后即使在读使能触发后，也继续指示FIFO为满，因为读使能的同步需要时间，从而使写计数器的递减也延迟。对于空的状态也是这样，因为同步写使能也需要时间。这种设计技术，还有一个需要考虑的是在正确的时间检测空满状态。如果FIFO还有一个地址空间，而这时写使能触发，FIFO必须设置为满状态。这样，FIFO其实是提前指示进入满状态，它允许数据有足够时间写入FIFO，并且阻止新的数据写入FIFO以使FIFO溢出。而在读时钟域，空指示的检测也需要提前，在还有一个数据可供读取时，如果读使能有效，也应该使能空指示，以防止对一个已经为空的FIFO继续进行读操作。

可以用读、写指针比较的方式来规避这种设计技术的一些缺陷。异步设计中的读指针设计更具挑战性。由于每个指针存在于不同的时钟域中，并且同步一个总线数据时需要在同步握手信号过程中保持数据不变，如果使用这种技术同步指针，会花费比较多的时钟周期，处理速度变慢。解决之道是使用格雷码，而不是使用自然码作为读写指针。格雷码的特点是数值加1时，所有比特中只会有一个比特发生变化。这样就可以直接对格雷码各个比特同时独立进行同步，而不用担心各个比特间产生竞争。使用格雷码指针的不足之处，在于必须在同步前将指针编码转换为格雷码，并且这会违背前面提到的同步信号的一个基本原则：同步信号的来源应该是触发器。

格雷码也存在多种形式。其中一种格雷码可以方便地由自然码转换得到，只需逐个比特进行异或操作即可。如果 n 比特二进制自然码记为 $B_{n-1}B_{n-2}\cdots B_i\cdots B_1B_0$，对

应的 n 比特格雷码记为 $G_{n-1}G_{n-2}\cdots G_i \cdots G_1 G_0$，那么二进制自然码转换为格雷码可以用如下方式：

$G_{n-1}=B_{n-1}$，即最高位保留；$G_i=B_{i+1}\oplus B_i$，$i=n-2$，$n-3$，$\cdots 2,1,0$，即其他各位的格雷码比特值是对应位置的二进制比特值与对应位置高一位的二进制比特值相异或的值。

因为一个比特值与0异或还是它本身，所以，可以把"最高位保留"这条规则转化为：

$G_{n-1}=0\oplus B_{n-1}$，即格雷码的最高位是二进制自然码的最高位和0的异或值。

图1-23所示为这个过程对应的操作示意图，其中最高位的操作其实等价于直接对应的操作。

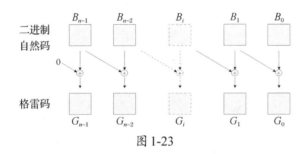

图 1-23

而把格雷码转换为二进制自然码，也是逐位进行异或操作。操作如下：

$B_{n-1}=G_{n-1}$，即最高位保留；$B_i=G_i\oplus B_{i+1}$，$i=n-2$，$n-3$，$\cdots 2,1,0$，即其他各位的二进制自然码比特值是对应位置的格雷码比特值与对应位置高一位的二进制比特值相异或的值。

同样地，一个比特值与0异或还是它本身，所以，可以把"最高位保留"这条规则转化为：

$B_{n-1}=G_{n-1}\oplus 0$，即二进制自然码的最高位是格雷码的最高位和0的异或值，如图1-24所示。

直接用格雷码实现计数器比较困难，所以，通常使用格雷码时，是采用一个自然码计数器，其前后分别加一个转换器的结构，如图1-25所示。由于格雷码和自然码之间只需要一系列异或操作就可以实现转换，所以其逻辑复杂度并不高。

使用格雷码指针逻辑后，每个时钟周期都可以读、写FIFO，这也意味着FIFO

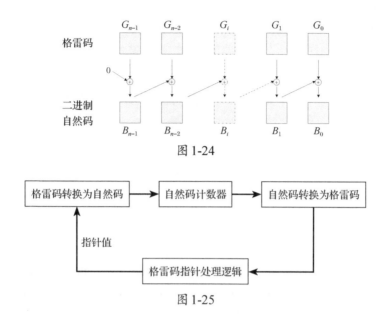

图 1-24

图 1-25

状态必须包括将空和将满指示。将空状态表明还有一个数据可供读取，将满状态表明还有一个空间可供写入数据。同样地，因为读、写使能的同步都需要时间，在读时钟域和写时钟域都采用保守的状态检测机制，也就是至少提前一个时钟周期来评估 FIFO 的状态。

总而言之，设计中存在跨时钟域数据通信时，就存在通信失败的风险，在设计过程中考虑使用一些技术，可以降低这种通信失败的风险。严格意义上说，对于异步时钟信号，接收时钟域的第一级寄存器一定会存在亚稳态，也就是将导致电路不可预知的行为。信号同步只是为了降低亚稳态在电路中传播的概率。亚稳态是无法消除的，亚稳态的传播也是无法消除的。我们所做的努力，仅仅是最大限度地降低亚稳态传播的概率，努力把亚稳态传播的概率降到实际系统能够承受的范围。

1.5.4 逻辑设计其他设计思想

上述 3 条 Think of 的思想，主要集中在逻辑设计本身"内功"的修炼。由于逻辑设计在产品的整个生命周期中只能算是很小的一段，所以在逻辑设计中，也还有很多别的设计思想需要遵循，比如可测试性设计（DFT，Design for Testability）。

随着集成电路技术的发展，DFT变得越来越重要。随着IC集成度和规模的提高，测试时间、测试成本在整个IC总成本的比重也越来越大，如何降低芯片测试成本成了芯片竞争力的重要问题。除了采用更先进的测试方法外，还可以在原始设计中，加入一些额外的硬件逻辑，这些逻辑能够降低原始逻辑的测试成本。这就是可测试性设计的基本思想。

可测试性设计主要是针对IC设计的测试环节产生的设计思想，可分为两个方面，一方面是增加设计的可控制性，另一方面是增加设计的可观测性，其实现方式包括边界扫描测试、内建自测试、扫描测试等。在FPGA设计中，由于FPGA本身已经是IC成品，设计FPGA时已经考虑了这些内容。所谓"进行FPGA设计"，其实是在使用FPGA的资源，所以在FPGA设计领域，基本上不用考虑DFT。

当然，在FPGA设计领域，也可以参考DFT的思想：在FPGA设计逻辑中，加入一些测试逻辑，这样在系统集成后如果出现功能异常，可以通过这些测试逻辑来更有效地隔离问题发生的地方，我们不妨称这种思想为可调试性思想。

1.6 FPGA设计指导原则

与"3个Think of"类似，另一篇内部"武功秘籍"《FPGA设计指导原则》，对于笔者的修炼有如指路明灯，对于提升笔者的"武力值"大有帮助，大大缩短了笔者的修炼时间。

在《FPGA设计指导原则》中，提出了逻辑设计的4个基本原则。
- 基本原则之一：面积和速度的平衡和互换原则。
- 基本原则之二：硬件原则。
- 基本原则之三：系统原则。
- 基本原则之四：同步设计原则。

诠释这些设计原则，或者说在这些原则的应用过程中，又产生了一些常用设计思想和技巧，即乒乓操作、串并转换、流水线操作、数据接口同步化等。这4个基本原则，以及涉及的设计思想和技巧，显然也就是进行逻辑设计的一些基本原则和技巧。本节标题原定的是"逻辑设计基本原则"，但因本节主要内容基于《FPGA设计指导原则》的内容，所以为了尊重原创作者，把标题修改为"FPGA设计指导原则"。本章前面已经对其中一些内容进行了描述，所以本节将重点放在面积和速度的平衡和互换原则上。

1.6.1 面积和速度的平衡和互换原则

硬件原则和同步设计原则，正好印证前述的 Think of Hardware、Think of Synchronous。这种印证所带来的愉悦，对处于修炼征途上的笔者来说，决不亚于一个痴迷于武道的武者在两本高深秘籍中发现了同一种修炼秘法的愉悦程度！

系统原则的含义，是一个硬件系统、一块单板如何进行模块划分，什么样的算法和功能适合用逻辑、FPGA 实现，什么样的算法和功能适合放在 DSP 或 CPU 中实现。具体到逻辑设计、FPGA 设计上，就是要求对设计全局有宏观上的合理安排，比如时钟域、模块复用、各种设计约束、面积、速度等问题。要知道在系统上复用模块节省的面积远比在代码上"小打小闹"来的实惠得多。

模块化设计方法是对系统原则的引申，是系统原则很好的一个体现。目前很多 EDA 厂商都提供了模块化设计管理工具，当然模块化不仅仅是一种设计工具，它更是一种设计思路、设计方法，它是由顶向下、模块划分、分工协作设计思路的集中体现。

面积与速度是一对对立统一的矛盾体。面积是指一个设计消耗的逻辑资源数量，对于 FPGA 来说就是消耗的触发器和查找表的数量；对于 ASIC 来说，就是消耗的逻辑门数，以及最后占用的硅片的面积。速度是指设计稳定运行所能达到的最高频率。这个频率与设计的时序状况，比如设定的时钟周期、管脚到管脚的延迟、输入管脚建立保持时间、输出延迟等众多时序特征量密切相关。关于面积和速度的要求，不应该简单理解为工程师水平的提高或设计完美性的追求，而应该认识到它们是和产品的质量与成本直接相关的。一方面，如果一个设计的时序裕量更大，运行频率更高，意味着设计的健壮性更强，整个系统的质量更有保证；另一方面，设计所消耗的面积更小，则意味着单位芯片上实现的功能更多，需要的芯片数量更少，整个系统的成本也随之大幅度削减。

一个逻辑设计的面积和速度，就像孟子眼中的鱼和熊掌一样，不可兼得。要求一个设计同时具有面积最小、运行频率最高的特点，是不现实的。更科学的设计目标应该是在满足设计时序要求的前提下，占用最小的芯片面积；或者在所规定的芯片面积范围内，使设计的时序裕量足够大，运行频率更高。这两种目标充分体现了面积和速度的平衡思想。所以面积和速度的地位是不一样的。相比之下，满足时序、工作频率的要求更重要一些。当两者冲突时，应该采用速度优先的准则。从理论上讲，一个设计如果时序裕量较大，所运行的频率远远高于设计要求，那么就能通过功能模块复用的方式减少整个设计消耗的芯片面积，这就是用速度的优势换取面积的节约；反之，如果一个设计的时序要求很高，普通方法达不到设计频率，那么一般可以通过将数据流串并转换，并行复制多个操作模块，对整个设计采用"乒乓操作"和"串并转换"的思想进行操作，在芯片输出模块再对数据进行"并串转换"。从宏观上看，整个芯片满足了处理速度的要求，相当于用面积复制换取速度提高。

1.6.2 乒乓操作和串并转换

乒乓操作的过程如图1-26所示。输入数据流通过"输入数据流选择单元"将数据流等时分配到两个数据缓冲区：数据缓冲模块1、数据缓冲模块2。这两个数据缓冲模块可以为任何存储模块，比较常用的存储单元为双口RAM（DPRAM）、单口RAM（SPRAM）、FIFO等，同时还包括对数据进行处理的逻辑模块。两个模块分时接收和处理数据，处理后的数据经过"输出数据流选择单元"选择输出再进行进一步的处理。

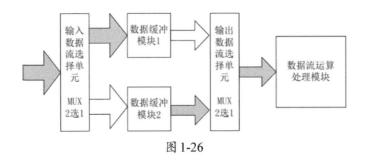

图 1-26

通过乒乓操作实现低速模块处理高速数据的实质，是通过缓存单元实现了数据流的串并转换，并行用两个模块来处理分流的数据，是面积与速度互换原则的体现。所以，可以说乒乓操作只是串并转换的一种形式，串并转换也是数据流处理的常用手段，是面积与速度互换思想的直接体现。

1.6.3 流水线操作

一提到流水线操作，大家最先想到的肯定是计算机领域中的流水线。计算机一条指令的执行可以分为取指令、分析指令、执行指令、取下一条指令等几个过程，这些过程还可以继续细化，如图1-27所示，分为5个小步骤：取指令、访问寄存器（取数据）、ALU执行、访问数据、访问寄存器（存入数据）。在计算机系统中，这5步按顺序执行，这5步执行完成后，再执行下一条指令，重复这5步。还有一种方法就是采用流水线，在执行第一条指令的寄存器访问时，就可以去取第二条指令了；当第一条指令在ALU中执行指令操作时，第二条指令开始从寄存器读取数据，而同时可以取第三条指令。

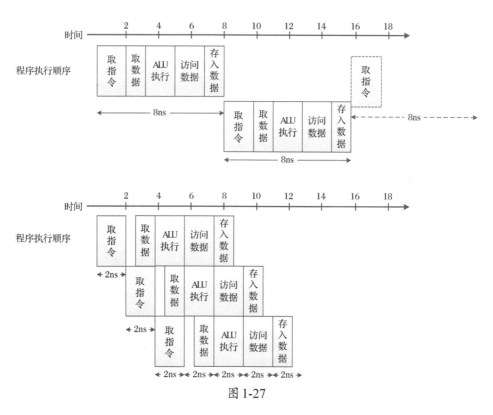

图 1-27

显然，在这种流水线操作方式下，多条指令总的执行时间得到了缩短。指令一条条按顺序执行，比如按照图1-27所示的周期数据，一条指令需要8ns，执行3条上述指令，一共需要8ns×3=24ns，而如果采用流水操作，则只需要12ns。所以采用流水线结构，能够大幅提升计算机处理性能。

其实流水线操作最先出现在工业中。1769年，英国人乔赛亚·韦奇伍德开办埃特鲁利亚陶瓷工厂，在场内实行精细的劳动分工，他把原来由一个人从头到尾完成的制陶流程分成几十道专门工序，分别由专人完成。这样一来，原来意义上的"制陶工"就不复存在了，存在的只是挖泥工、运泥工、扮土工、制坯工等。制陶工匠变成了制陶工场的工人，他们必须按固定的工作节奏劳动，服从统一的劳动管理。

把流水线思想移植到逻辑设计领域，就转化为一种数据处理的流程和设计思想，它成为高速设计中的一个常用设计手段。如果某个设计的处理流程分为若干步骤，而且整个数据处理是"单流向"的，即没有反馈或迭代运算，前一个步骤的输出是下一个步骤的输入，则可以考虑采用流水线设计方法来提高系统的工作频率。如图1-28所示，把一个设计划分为n个步骤，并单流向串联起来。流水线操作的最大特点和要求是，数据流在各个步骤的处理从时间上看是连续的，如果将每个操作步骤假设为通过一个D触发器（就是用寄存器打一个节拍），那么流水线操作就类似一个移位寄存器组，数据流依次流经D触发器，完成每个步骤的操作。

图 1-28

流水线设计时序如图1-29所示。

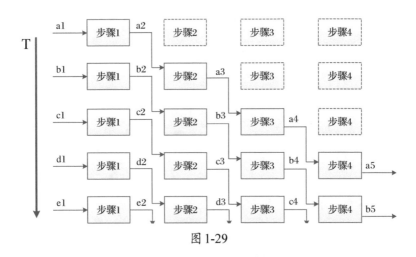

图 1-29

　　流水线设计的一个关键，在于每个操作步骤的划分必须合理。如果前级操作时间恰好等于后级操作时间，设计最为简单，前级的输出直接汇入后级的输入即可；如果前级操作时间大于后级操作时间，则需要对前级的输出数据适当缓存之后才能汇入后级输入端；如果前级操作时间小于后级操作时间，则必须通过复制逻辑，将数据流分流，或者在前级对数据采用存储、后处理方式，否则会造成后级数据溢出。

　　随着系统复杂度的提高，逻辑设计中需要考虑的问题也越来越多，同时也越来越需要考虑更加底层的物理实现问题。比如为了获得更低的功耗，有专门的低功耗设计技术，包括在高层次进行电源管理，关闭不需要的子系统或子模块的电源，采用门控时钟，针对不同的需求使用不同尺寸的晶体管，对整个设计划分不同的电源域等。但是总体来说，目前的逻辑设计还主要集中在RTL级，上述的设计指导原则，对绝大多数的设计是适用的。

1.7 逻辑设计约束

　　一提到设计约束，多数逻辑设计者就自然而然地想到了FPGA设计中，要对时钟进行频率约束。的确，给一个逻辑设计添加时钟频率约束是至关重要的。但是逻辑设计约束，不仅仅是时钟频率约束，至少还包括多周期约束、最大延迟约束、输入管脚的建立保持时间约束、输出管脚的输出延迟约束等多种约束形式。

　　时序约束无疑是设计约束中最重要的一部分，但是从广义角度来说，任何影响设计过程的因素都可以称之为设计约束。比如产品周期，我们能说它不是设计约束吗？如果一个产品必须在半年内问世，那么这必将影响到团队规模、设计内容、调试过程、验证程度等多个设计过程。再比如产品成本要求，也可以算是一种设计约束。可以说正是产品成本要求，才导致了我们对一个设计有面积及速度的要求。如果一个产品没有成本要求，那么我们的设计过程也就省却了绝大多数的烦恼！所以，这些都可以归纳为设计约束，只不过这些约束的抽象层次比较高，可以称之为产品约束。从这个角度看，各种产品需求其实也是一种设计约束。从各种产品需求，或者说产品约束出发，再逐步细化为各种设计需求，这些设计需求产生特定的设计约束。也就是说，这些产品约束，才是后续的逻辑设计约束的源头所在！比如一个产品需要使用GbE接口，需要用逻辑来实现PHY的部分功能。为了实现PHY的这些功能，可能大部分逻辑需要运行在125MHz的频率上。所以，"使用GbE接口"是一个产品约束，从这个约束出发，得到的"逻辑需要运行在125MHz的频率上"，也就是需要添加125MHz的时序约束，用来保证设计最后能够运行的最低频率在125MHz之上。这种时序约束，是对设计运行速度的要求，也就是最常提到的时序约束。与之对应的，是对设计面积的约束，可以统称为面积约束。

从表现形式上看，约束也有多种表现形式。有些约束是我们常见的形式，就是罗列在一个约束文件中，这可以看作狭义上约束的定义。比如综合工具Synplify/Synplify pro的设计约束，是一个后缀名为.sdc的文件；FPGA厂商Lattice的软件中的设计约束是一个后缀名为.lpf的文件；另一家FPGA供应商Xilinx的设计约束是一个后缀名为.xcf的文件。而有些约束已经集成到相应的软件中，设计者在软件中通过使能软件的特定选项来使用这些约束。还有一些约束则由设计者自行编写到设计文件中，以控制设计流程的各个阶段。

如果从逻辑领域来看，各种约束可以划分为物理约束和逻辑约束两大类。针对物理域的相关操作的约束，可以归类为物理约束。比如在ASIC设计中对某个晶体管尺寸的约束，FPGA设计中的映射（Mapping）约束、布局布线约束等。逻辑约束则是在设计进入物理域之前对设计的约束，或者说在RTL层次对设计的约束。逻辑综合是物理约束和逻辑约束的分水岭，所以，可以认为综合约束中既有逻辑约束，也有物理约束。逻辑综合就是把RTL设计转化为物理域设计的一个过程。通常来说，一个逻辑约束，最后都会转化为相应的物理约束。

比如在一个设计中，存在一些异步信号的电平同步器。如前所述，为了更好地避免亚稳态的传播，这些由两个寄存器组成的电平同步器、两个寄存器的位置需要尽量靠近。这个目标，最后一定需要通过物理约束来实现：对设计中这两个寄存器对应的底层单元的布局物理位置进行约束。但是在RTL阶段，设计者也可以通过逻辑约束来对相应的寄存器建模模块进行约束，或者对模块内的指定设计单元进行约束，让指定单元在最后的布局位置上满足特定的相对关系。这种相对位置约束，无论是ASIC设计，还是FPGA设计，都是较为常见的需求，各个厂家也都提供相应的设计流程和设计约束。熟悉FPGA设计流程的读者，可以尝试回忆一下各个厂家的相应约束，以及如何使用这些实现这种相对位置约束。

之所以会产生各种各样的约束，正是由于不同设计者会有各种各样的设计需求，需要实现各种迥异的设计目标。为了满足这些设计需求，无论是对FPGA设计，还是对ASIC设计，不同的厂家又会采用不同的实现方式，所以通常很难用一个标准给各种约束进行准确的划分。通常，我们可以按照设计流程来对各种约束进行划分，这样做至少有一个好处，就是当一个设计处于某个设计流程、某个设计阶段时，可以更加明确当前阶段需要注意哪些设计约束，以及需要检查哪些设计结果。对于FPGA逻辑设计来说，设计约束可以归纳为以下几类。

- 属性（Attributes）和编译指令（Compile Directive）。
- 逻辑约束（Logical Constraints）。
- 综合约束（Synthesis Constraints）。
- 映射约束（Mapping Constraints）。
- 布局布线约束（P&R Constraints）。
- 时序约束（Timing Constraints）。
- 配置约束（Configuration Constraints）。

显然这种分类结果也是比较粗糙的，其边界也是非常模糊的。比如映射约束、布局布线约束都是物理约束。而时序约束，既在综合约束中存在，也在布局布线约束中存在。综合约束中的时序约束，允许综合工具对设计的不同时钟域分别对待，从而产生不同的设计网表。相同的RTL代码，综合约束中使用不同的时序约束，产生的设计网表将大相径庭！而布局布线中的时序约束，将告诉布局布线工具该如何处理设计中的设计单元和连线。不适当的布局布线时序约束，有可能造成设计的功能失败。比如在综合阶段，对一个时钟的约束是100MHz，综合结果也非常理想，但是布局布线阶段没有添加合适的时序约束，甚至没有添加时序约束，最后的布局布线结果可能会使该时钟域的最低运行频率只能达到10MHz，甚至更低。

1.7.1 属性和编译指令

属性和编译指令，在之前的介绍中其实已经使用到了。我们想要保持我们预期的d_comb的组合逻辑不被后续流程优化掉时，采用如下的RTL代码。

```
reg [3:0] d_comb /* synthesis syn_keep = 1 */ ;
```

/* synthesis syn_keep = 1 */就是一种编译指令。

总的来说，属性和编译指令，都是设计者通过对设计底层单元的控制，来实现对整个设计控制的一种方式。很多场合下，一些人通常是不区分属性和编译指令的，但它们是存在差异的。相同的是，通常它们都是由设计者编写在RTL代码中的，都采用注释的方式实现，这是它们表现形式的相同点。属性也可以用约束文件的方式来添加。由于属性和编译指令最先是伴随着综合工具的发展而出现的，所以在综合工具中，属性通常是指用来控制综合中的映射（mapping，注意不是FPGA设计流程中的mapping）这一步的一些约束，而编译指令则是控制编译优化过程的一些约束。

还有一种区分法：属性对特定底层单元的属性进行界定，而编译指令则告诉综合工具如何对待和处理指定的设计单元或设计模块。这种区分方法相当于把属性的范围缩小，而扩大了编译指令包含的范畴。比如上述的 /* synthesis syn_keep = 1 */，也有人把它称为属性，严格来说它应该算是编译指令，因为它是用来告诉综合工具，在编译时，c_comb这个单元是不能被优化掉的。

一、编译指令（Compile Directive）

在综合工具中，会对一些设计进行针对面积或针对设计时序的优化。这里举两个常见优化情况的例子。

比如，一个寄存器reg1在整个设计中都没有负载，而它的输入是由寄存器reg2直接驱动的，也就是说reg2除了reg1这个负载外，也没有别的负载存在。从整个设计系统来看，reg1这个设计单元也是没有必要存在的，那么综合工具就会把reg1删除。这样reg2也变成了没有负载的单元，综合工具也会把它删除。

还有一种情况，比如在一个系统中，从模块A输出了一个信号sign1，输入了B、C、D等多个模块。由于这些模块由不同的人进行设计，所以B、C、D模块都用寄存器对sign1这个信号寄存了一拍，再提供给后续处理流程使用——这也是通常推荐的做法，这样可以有效地提高模块集成后的设计速度。所以集成模块综合时，就会看到sign1后面驱动了3个寄存器。当模块集成后，如果B、C、D这3个模块使用的都是同一个时钟，从系统上看，它们都是实现延迟一拍的功能，只需要一个寄存器就够了，其余两个是多余的。所以通常情况下，综合工具会删除其中的两个寄存器单元，以节省整个设计的面积。

针对这两种情况，设计者都可能有各自的理由需要保持原来的设计意图。对于第一种情况，reg1、reg2这两个单元，可能是为后续功能预留的。后续设计功能升级后，它们就存在负载了，所以设计者希望综合工具保留这两个单元。对于第二种情况，如果B、C、D模块各自把sign1寄存一拍后，各自的负载还相当多，设计者为了保证设计时序性能，会希望无论如何这些模块中的寄存器单元不要被优化掉。这两种需求，都可以用类似于 /* synthesis syn_keep = 1 */的特定编译指令来实现。

还有很多逻辑设计者喜欢使用的编译指令，比如parallel_case、full_case等。

通常的Verilog HDL RTL编码风格对case语句、if...else if...else语句，都提出了特定要求。对于case语句，一定要加default分支；对于if...else if...else 语句，最后一个else分支也必须写上。尤其是在对组合逻辑建模时，case语句不加default，或者if...else if...else 语句最后一个else分支遗漏，都容易在设计中引入latch这种存储单元。但是使用full_case编译指令后，可以改变这种综合结果；而使用parallel_case编译指令，则可以改变case语句的优先级顺序。

在【练习1-6】中，casez语句对一个多路选择器建模。由于选择信号select有4比特宽，对应一个16选1的选择器，而casez中的4个分支虽然已经列出了15种可能情况，但是select值为全0的时候，out值并没有规定，所以这个练习会综合成一个锁存器：综合器在综合这个设计时，从当前代码中无法找到在select值为全0时，out应该输出什么值的信息，所以选择保留原来已有的out值。

【练习1-6】：default分支遗漏的casez语句

```
module mux_case_attribute (out, a, b, c, d, select);
    output out;
    input a, b, c, d;
    input [3:0] select;
    reg out;

    always @ (select or a or b or c or d)
        begin
            casez (select)
                4'b???1: out = a;
                4'b??1?: out = b;
                4'b?1??: out = c;
                4'b1???: out = d;
            endcase
```

```
        end
endmodule
```

图1-30所示是【练习1-6】的综合结果的RTL视图，也就是只对RTL进行了编译和解析，没有进行进一步的工艺映射和优化操作。最后的输出out单元用了一个lat单元，它只有在端口c的值为1时，才能把D端口的数据输出到Q端。分析这个综合结果，out单元的c端由svbl_68\.un1_select_1单元驱动，可以看到，只有在select值为全0时，svbl_68\.un1_select_1单元才输出0，这时lat锁存已有数据；在select中任意比特为1时，out单元才把从out_1单元输出的数据驱动到Q端。

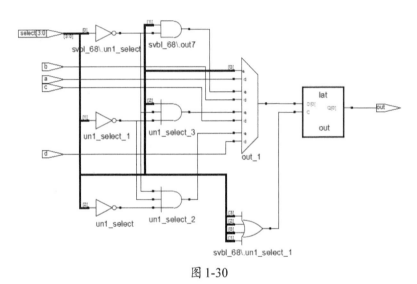

图1-30

图1-31所示是进行进一步的工艺映射和优化后的综合结果示意图。使用的依然是Lattice的ECP3器件。根据这张图可以更好地分析锁存器前的数据选择功能的综合结果：先用select[0]完成数据a、b的选择，用select[2]完成数据c、d的选择，然后再用select[0]与select[1]的或操作结果来完成两个选择后的数据的选择。

为了不让综合器把out综合成锁存器，至少有两种方式：一种方式是规范代码，把default分支写上，这样的话，综合器会根据写的default语句中对out赋值不同而进行适当优化；另一种方式就是在代码中加上 /* synthesis full_case */ 编译指令。虽然在select值为全0时，综合器依然无法从当前代码中找到out应该输出什么值的信息，但由于识别到 /* synthesis full_case */ 编译指令，就处理为这时设计不关心out输

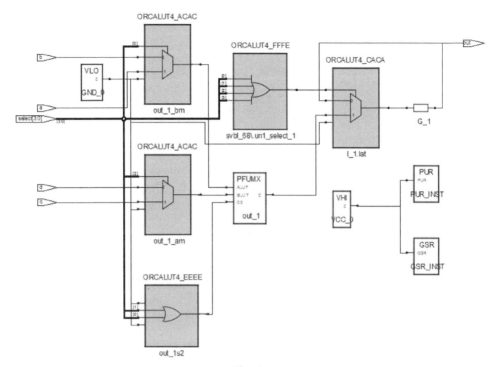

图 1-31

出的值，所以综合器会根据已有的casez分支，结合已有的其他设计约束来得到最适合其他设计约束的综合结果，比如面积更小，或者具有更好的速度性能。图1-32所示是【练习1-6】中加入了/* synthesis full_case */编译指令后的综合结果，其中左图为RTL视图，右图为工艺视图，采用的是Lattice的ECP3器件的综合结果。

可以看到，不再有锁存器存在。

在工艺视图中，可以更好地分析该综合结果实现的功能。工艺视图中的out单元使用的是PFUMX模块，其功能框图如图1-33所示：在C0为0时，选择BLUT输出；而在C0为1时，选择ALUT输出。

所以图1-32实现的逻辑功能为：

$$out=\overline{C0} \cdot (\overline{select[2]} \cdot d+select[2] \cdot c)+C0 \cdot (\overline{select[0]} \cdot b+select[0] \cdot a)$$

其中，C0=select[0]+select[1]。

所以在select值为全0时，out=d，也就是选择d输出。

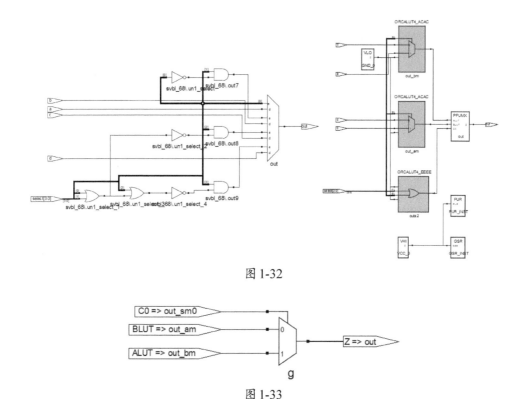

图 1-32

图 1-33

在RTL中，编译指令的使用以注释的方式出现。对于Verilog HDL，在早期的综合工具中，多数采用行注释（//注释）形式，后来普遍采用段注释（/* */注释）形式。它与普通注释的差别在于，编译指令必须以关键字synthesis打头，然后紧跟着相应的编译指令声明命令。

但是添加编译指令的位置，需要特别注意。不同的编译指令，声明编译指令的位置也会不同。存在两种情况：一种情况是在变量声明的地方添加注释声明编译指令，另一种情况是在特定的语句位置添加注释声明编译指令。【练习1-5】中的编译指令 /* synthesis syn_keep=1 */添加在变量d_comb声明的语句中。/* synthesis full_case */编译指令则需要在casez语句行添加注释来进行声明。【练习1-6】中加 /* synthesis full_case */编译指令后的代码见【练习1-7】，图1-32显示的就是【练习1-7】的综合结果。

【练习1-7】：/* synthesis full_case */编译指令使用方法

```
module mux_case_attribute (out, a, b, c, d, select);
    output out;
    input a, b, c, d;
    input [3:0] select;
    reg out;

    always @ (select or a or b or c or d)
        begin
            casez (select) /* synthesis full_case */
                4'b???1: out = a;
                4'b??1?: out = b;
                4'b?1??: out = c;
                4'b1???: out = d;
            endcase
        end
endmodule
```

如果在变量out的声明语句中添加/* synthesis full_case */编译指令声明，将会被综合工具当作普通注释而忽略。

 这里给读者再留一道练习题。

前面提到，为了不让综合器把out综合成锁存器，有两种方式：一种是添加适当的编译指令，另一种是规范代码，把default分支语句写上。读者可以尝试把default分支语句写上，看看哪种写法的综合结果与【练习1-7】的综合结果（见图1-32）相同。

与【练习1-7】产生相同综合结果的，可能是将default分支语句写为如下的形式。

```
default: out = 'bx;
```

注意这里的'bx赋值，表示在select值与casez各个分支的值都不匹配时，out的输出值不用关心，相当于把输出值的决定权交给了综合工具。这里就会产生一个潜在的风险：设计的前后仿真不一致。

由于添加的/* synthesis full_case */编译指令只是针对综合工具的，所以在仿真中，这个指令必然会被当作注释处理。因此，当select的值为全0时，由于代码中没有指定out输出值，所以根据Verilog HDL的语法规定，通常的仿真工具会使用现有的out值，也就是按照锁存器的功能来进行仿真。当然，仿真器也可以根据自己的既定算法来选择一个值进行仿真，并告警通知设计者，或者可以选择报错直接退出仿真。这是前仿真的仿真情况。但综合工具会识别/* synthesis full_case */，把这个casez语句综合为非锁存器的结构。前面已经分析了综合结果（见图1-32）实现的逻辑功能：在select值为全0时，out=d，也就是选择d输出。前仿真输出原来的out值，后仿真输出信号d的值。如果d输入的值与原来的out值不同，那么对综合网表进行仿真时，out输出的值就会与前仿真输出的out值不一样。这就是典型的前后仿真不一致。

由于Verilog HDL的语法规定，在case语句没有default分支语句时，如果选择信号的值没有被case的各个分支覆盖，这时就是对锁存器进行建模。从这个意义上看，仿真器和综合器都服从Verilog HDL标准语法时，反而不会产生前后仿真不一致的情况。从这个角度看，不添加/* synthesis full_case */编译指令，反而对设计更有好处。

添加/* synthesis full_case */编译指令，与在代码中使用default: out = 'bx;语句等效，但是站在仿真角度来说，使用default: out = 'bx;会相对安全一些，因为在遇到给变量赋值为'bx的情况时，大部分仿真器会把输出设置为不定态。比如使用ModelSim进行仿真时，就会在其波形窗口中将这个信号标注为高亮的红色，并导致其负载也输出不定态，从而可以引起设计者的重视。

所以，尽管有很多逻辑设计者会认为给case语句添加/* synthesis full_case */、/* synthesis parallel_case */编译指令，可以提升设计的健壮性，但是笔者坚持认为，对设计RTL代码添加编译指令是不值得推荐的。推荐的方法是在任何情况下，都在case语句中添加default语句，并且明确指定驱动信号源，或者固定电平值。不要写成default: out='bx;甚至default: out='bz;的形式，也不要希望通过添加/* synthesis full_case */编译指令让综合工具去实现设计者的设计意图。

二、属性（Attribute）

前面已经提到，有一种区分属性和编译指令的方法，认为属性对特定底层单元的属性进行界定，这是一种更加狭义的区分法。本小节采用这种区分法，属性涵盖的范围就更小，我们就可以说，除非特殊情况，一般的设计都不会用到属性。因为属性跟使用的具体工艺的底层库紧密相关。

在RTL设计中，为了提高模块的可重用性，设计者通常会给一些模块提供一些可重新配置的参数（parameter）。当别的设计或别的模块调用这个模块时，可以根据实际需要重新定义这些参数的值，这样就大大提高了模块的可重用性。属性就可以理解为由厂家提供的底层基本功能单元和功能模块的参数重定义。

通常的设计都对RTL的可移植性提出了较高的要求，都希望同一个设计，既可以用这个厂家的流程来实现，也可以直接用另外一个厂家的流程来实现。这样RTL中就不能存在依赖于具体厂家的底层工艺库的设计单元。所以大多数设计应该避免在设计代码中使用属性，除非某个设计已经指定了特定的厂商，或者某个设计模块只能用特定厂商的特定模块实现，这时，可能需要使用属性。

本小节以FPGA供应商Lattice的器件中的内置振荡器的使用为例，来说明属性的基本使用方法。

在Lattice的CPLD、FPGA产品中都内置了一个振荡器，其频率可配置为2MHz到133MHz之间的某些特定值，其频率精度误差不超过5%。所以，如果一个设计用到Lattice的CPLD、FPGA来实现，该设计对时钟没有太严格的要求，可以直接使用器件内部的振荡器作为时钟源。如果不加任何约束，Lattice各个不同系列器件的振荡器将有一个默认的振荡频率：比如ECP3和MachXO的默认振荡频率是2.5MHz，而MachXO2振荡器的默认振荡频率是2.08MHz。当然，设计者可以通过NOM_FREQ属性值重新配置所使用器件的振荡器的振荡频率。

要使用Lattice器件中的振荡器，需要设计者在RTL中例化对应的振荡器模块。在ECP3系列FPGA中，振荡器模块名为OSCF，它只有一个输出管脚OSC。设计者可以在RTL中采用下面的方式例化OSCF模块。

```
OSCF osc_inst ( .OSC ( user_clock ));
```

直接这样例化OSCF，user_clock将输出为2.5MHz。ECP3中的振荡器还可以支持4.3、5.4、6.9、8.1、9.2、10.0、13.0、15.0、20.0、26.0、30.0、34.0、41.0、45.0、55.0、60.0、130.0（MHz）等频率输出，如何设置振荡器到其中一个频率输出呢？【练习1-8】是设置ECP3的振荡器的振荡频率为60MHz的例子，用振荡器输出的时钟clk产生一个两比特的计数器c，通过模块端口管脚信号输出。

【练习1-8】：设置Lattice ECP3振荡器的振荡频率为60MHz

```
module osc_cnt (
        output reg [1:0]c,
        input  rst );

    wire clk;
  OSCF osc_inst (.OSC(clk)) /* synthesis NOM_FREQ = "60.0" */;

    always @ (posedge clk or negedge rst )
        if (~rst)
            c <= 2'b00;
        else
            c <= c + 1;

endmodule
```

这里的 /* synthesis NOM_FREQ = "60.0" */; 就是对OSCF的例化模块osc_inst所添加的属性约束。这种属性与编译指令不同，它不是告诉综合器该如何处理或如何优化OSCF这个模块，而是把 "60.0" 作为NOM_FREQ参数的一个特征值传递给设计流程的后续步骤。对于Lattice的FPGA设计流程来说，就是传递给后续的Mapping、布局布线过程。Mapping工具在把osc_inst设计模块映射到ECP3内置的振荡器时，识别NOM_FREQ属性值，把振荡器的振荡频率设置为60.0MHz，并最后影响下载比特流文件的生成。

对于【练习1-8】，对不对osc_inst模块添加 /* synthesis NOM_FREQ = "60.0" */; 这个属性约束，其实现的逻辑功能完全相同，不像 /* synthesis full_case */ 这种编译指令，会改变综合结果的逻辑功能。那么是否使用 /* synthesis NOM_FREQ = "60.0" */; 的区别在哪里呢？

从综合输出的EDIF网表中可以看出 /* synthesis NOM_FREQ = "60.0" */; 的作用。图1-34给出了【练习1-8】是否添加 /* synthesis NOM_FREQ = "60.0" */; 属性约束的综合网表比较情况。

图1-34左侧是没有添加 /* synthesis NOM_FREQ = "60.0" */; 属性时综合网表的部分内容，图右侧是添加了 /* synthesis NOM_FREQ = "60.0" */; 属性后的综合网表的相应内容。很显然，在添加 /* synthesis NOM_FREQ = "60.0" */; 属性后，综合工具只

是对osc_inst模块添加了一个称为NOM_FREQ的特征量,其值是字符串"60.0"。

```
(library work                                          (library work
 (ediflevel 0)                                          (ediflevel 0)
 (technology (numberDefinition ))                       (technology (numberDefinition ))
 (cell OSCF (cellType GENERIC)                          (cell OSCF (cellType GENERIC)
  (view verilog (viewType NETLIST)                       (view verilog (viewType NETLIST)
   (interface                                             (interface
    (port OSC (direction OUTPUT))                          (port OSC (direction OUTPUT))
                                                           (property NOM_FREQ (string "60.0"))
   )                                                      )
  )                                                      )
 )                                                      )
 (cell osc_cnt (cellType GENERIC)                       (cell osc_cnt (cellType GENERIC)
  (view verilog (viewType NETLIST)                       (view verilog (viewType NETLIST)
   (interface                                             (interface
    (port (array (rename c "c[1:0]") 2) (direction OUT    (port (array (rename c "c[1:0]") 2) (direction OU
    (port rst (direction INPUT))                           (port rst (direction INPUT))
   )                                                      )
   (contents                                              (contents
    (instance GSR_INST (viewRef PRIM (cellRef GSR (libr    (instance GSR_INST (viewRef PRIM (cellRef GSR (lib
    (instance GND (viewRef PRIM (cellRef VLO (libraryRe    (instance GND (viewRef PRIM (cellRef VLO (libraryR
    (instance VCC (viewRef PRIM (cellRef VHI (libraryRe    (instance VCC (viewRef PRIM (cellRef VHI (libraryR
    (instance (rename c_c_i_0 "c_c_i[0]") (viewRef PRIM    (instance (rename c_c_i_0 "c_c_i[0]") (viewRef PRI
    (instance rst_pad_RNI1068 (viewRef PRIM (cellRef IN    (instance rst_pad_RNI1068 (viewRef PRIM (cellRef I
    (instance (rename c_0 "c[0]") (viewRef PRIM (cellRe    (instance (rename c_0 "c[0]") (viewRef PRIM (cellR
    )                                                      )
    (instance (rename c_1 "c[1]") (viewRef PRIM (cellRe    (instance (rename c_1 "c[1]") (viewRef PRIM (cellR
    )                                                      )
    (instance rst_pad (viewRef PRIM (cellRef IB (librar    (instance rst_pad (viewRef PRIM (cellRef IB (libra
    (instance (rename c_pad_1 "c_pad[1]") (viewRef PRIM    (instance (rename c_pad_1 "c_pad[1]") (viewRef PRI
    (instance (rename c_pad_0 "c_pad[0]") (viewRef PRIM    (instance (rename c_pad_0 "c_pad[0]") (viewRef PRI
    (instance (rename c_RNO_1 "c_RNO[1]") (viewRef PRIM    (instance (rename c_RNO_1 "c_RNO[1]") (viewRef PRI
     (property lut_function (string "(!B A+B !A)"))         (property lut_function (string "(!B A+B !A)"))
    )                                                      )
    (instance osc_inst (viewRef verilog (cellRef OSCF))    (instance osc_inst (viewRef verilog (cellRef OSCF)
                                                            (property NOM_FREQ (string "60.0"))
    (net (rename clk_inferred_clock "clk") (joined        (net (rename clk_inferred_clock "clk") (joined
     (portRef CK (instanceRef c_1))                        (portRef CK (instanceRef c_1))
```

图 1-34

如果对osc_inst添加的NOM_FREQ属性约束写成:

OSCF osc_inst(.OSC(clk))/* synthesis NOM_FREQ = 60.0 */;

该属性约束还会生效吗?

既然问题是"该属性约束还会生效吗",就如同你猜测的一样,其答案当然是:该约束将不会生效。这是因为如果写成OSCF osc_inst(.OSC(clk))/* synthesis NOM_FREQ = 60.0 */;,由于60.0没有加双引号,所以综合工具会认为要将NOM_FREQ属性设置为实数60.0。但是Lattice在设定OSCF这个底层单元的NOM_FREQ属性时,指定它为字符串类型,并且枚举了其可能值。所以要能够正确使用OSCF的NOM_FREQ属性,就必须在给定的几个字符串中选择一个,而不能赋值为实数60.0。

所以,属性(Attribute)是跟特定厂商的特定单元相联系的,并且是强相关。如前所述,可以把属性当作特定厂商给特定单元或特定模块设定的参数,我们在使用这些模块时如果需要修改其默认的参数值，就需要用该厂商指定的方式来传递正确的参数值。

所以，通常的属性约束，除了像【练习1-8】一样用段落注释的方式声明外，还可以在约束文件中编写特定的约束来声明，也可以用重定义一个模块的参数值的方式来使用。把【练习1-8】进行适当修改，可以得到【练习1-9】和【练习1-10】，它们实现与【练习1-8】完全相同的设计功能。

【练习1-9】：采用参数传递的方式设置Lattice ECP3振荡器的振荡频率为60MHz

```
module osc_cnt(
    output reg [1:0]c,
    input  rst);

    wire clk;
    OSCF osc_inst (.OSC(clk));
    defparam osc_inst.NOM_FREQ = "60.0" ;

    always @(posedge clk or negedge rst)
        if (~rst)
            c <= 2'b00;
        else
            c <= c + 1;

endmodule
```

【练习1-10】：采用参数传递的方式设置Lattice ECP3振荡器的振荡频率为60MHz

```
module osc_cnt(
    output reg [1:0]c,
    input  rst);

    wire clk;
    OSCF #( .NOM_FREQ("60.0"))
        osc_inst ( .OSC (clk));

    always @(posedge clk or negedge rst)
        if (~rst)
            c <= 2'b00;
        else
            c <= c + 1;

endmodule
```

这里仅仅是以Lattice ECP3内置的这个振荡器为例,说明属性这种约束形式的基本应用方法。不同的ASIC、FPGA厂家,都有各自独特的底层单元库,也有各自不同的属性约束类别。如果一个设计必须用到这些属性约束来实现特定的需求,一定要详细查阅其相关手册,再在RTL编码中添加适当的属性约束。

三、常见的属性和编译指令

由于属性与特定厂家的底层单元库强相关,而编译指令又可能会造成综合工具对于RTL的理解与设计者的意图不一致,导致前后仿真不一致,因此,从这个角度,笔者坚持认为,在RTL中添加属性和编译指令,是不好的编码风格。

由于设计约束有多种不同的表现形式,所以同一个设计中,会存在一种场景:很多约束对同一个设计单元提出了不同的约束要求,有些甚至是相互冲突的约束。从约束的作用范围来看,约束还可以分为全局(Global)约束和本地(Local)约束。如果多个约束作用在同一个设计单元上,到底哪个约束最后会起作用呢?设计约束生效优先级的通用法则是:越具体的约束优先级越高,越全局的约束优先级越低。比如,一个设计存在全局的20MHz约束,又对一个时钟clock1设置了100MHz的频率约束,那么最后结果通常是:clock1采用100MHz频率约束,除clock1之外的其他时钟,都采用20MHz约束。

由于属性和编译指令是设计者在RTL层面对一些具体的设计单元所施加的约束,所以通常来说,这些约束的优先级是非常高的。因此,这些属性和编译指令有时是最能体现设计者意图的一个重要手段。也正是这个原因,才导致很多逻辑设计者喜欢使用编译指令来让综合结果的面积更优,或者获得更好的速度性能。

不同的综合工具会提供各自一系列的属性和编译指令,本小节以主流的综合工具Synplify/Synplify Pro为例,列举一些较常用的属性和编译指令,以供读者参考,见表1-1。

表1-1 Synplify/Synplify Pro常用的编译指令

属性/编译指令名	概要说明
syn_black_box	声明一个模块为黑盒子(black box)
black_box_pad_pin	用来指定一个黑盒子(black box)的pin脚是设计的顶层I/O pad
black_box_tri_pins	用来指定一个黑盒子(black box)的一个三态I/O
syn_force_seq_prim*	用于表明指定单元可以使用"fix gated clock"属性。该编译指令与黑盒子(black_box)相关

续表

属性/编译指令名	概要说明
full_case	用来指定一个 Verilog HDL 的 case 语句，涵盖所有可能的分支取值
parallel_case	用来指定一个 Verilog HDL 的 case 语句，需要采用并行的结构而不是具有优先级的多路选择器结构
syn_safe_case	用来提高设计综合电路的可靠性，可以使设计中计数器、状态机等组合逻辑或时序逻辑具有更好的可靠性，比如可以避免状态机进入冗余状态
loop_limit	指定 for 循环语句的循环深度限制
translate_off、translate_on**	用于指定一段代码不需要被综合。比如对一些只是用于仿真用途的代码，可以用它们来使综合工具忽略从 pragma translate_off 起直到下一个 pragma translate_on 之间的代码
syn_direct_enable	用于指定某个信号作为一个寄存器的时钟使能端
syn_direct_reset、syn_direct_set	用于指定某个信号作为一个寄存器的时复位/置位端
syn_encoding	用于指定状态机的编码方式
syn_hier	指定在优化阶段如何控制和处理跨模块或单元边界的逻辑
syn_keep、syn_preserve、syn_noprune	用于让综合工具不优化设计中的指定单元。其使用略有差别，大致为：syn_keep 用于保留组合逻辑、网线，syn_preserve 用于保留时序逻辑，而 syn_noprune 用于模块
syn_maxfan	用于控制指定单元的扇出的数量
syn_multstyle	设置指定乘法器的实现方式
syn_ramstyle、syn_romstyle	设置指定 RAM/ROM 的实现方式
syn_probe	为设计添加测试、调试点
syn_sharing	设置是否允许进行操作符的共享优化
syn_useenalbes	设置寄存器的时钟使能端（clock enable）是否使用
syn_useioff	设置是否使用 I/O pad 模块中的输入寄存器、输出寄存器

*：当声明一个模块为 black_box 时，除了表 1-1 列的几个编译指令，可能还会用到如 syn_isclock、syn_gatedclk_clock_en、syn_tco、syn_tsu、syn_tpd 等编译指令。

**：也可以用 pragma translate_off、pragma translate_on。但是用 pragma translate_off、pragma translate_on 时需要注意格式，其他的编译指令都是用 /* synthesis Directive_name = value */ 的格式，但是 pragma translate_off、pragma translate_on 使用的格式却是 /* pragma translate_off */、/* pragma translate_on */。

1.7.2 时序约束

时序约束无疑是最为大家所熟知的约束形式，以致于在很多人眼里，一提到逻辑设计约束，就认为应该是指时序约束，或者更为具体地，指的是设计时钟的频率约束。其实时序约束的范畴远远不止时钟频率约束这一种。总的来说，只要与"时间"相关的约束，都可以称为时序约束。通常，时序约束包括以下几类。

- 频率约束（周期约束）。
- 输入管脚时序约束。
- 输出管脚时序约束。
- 最大延迟（传输延迟）约束。

另外，还包括一些时序例外约束，比如虚假路径（false path）约束、多周期约束等。每一种类型的时序约束，都是为了满足特定的设计需求。

图1-35所示是一个可以涵盖绝大多数时序约束类型的典型约束示意图。

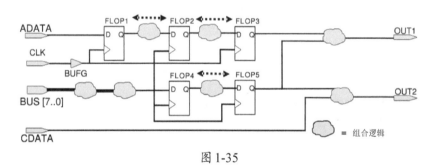

图 1-35

兵法云，"备周则意怠，常见则不疑。"也许很少有人会考虑这样一个问题：为什么时序约束对于一个逻辑设计如此重要？

本章前面提到，如果一个系统需要使用千兆以太网口，用逻辑来实现，那么其逻辑电路可能需要工作在125MHz的速度上。如果图1-35所示的电路是这个接口逻辑的一部分，这里就产生了第一个问题，我们如何知道所设计的电路能够运行在125MHz这么高的速度上呢？如我们已经知道的，FLOP1与FLOP2之间、FLOP2与FLOP3之间的组合逻辑，其最大延迟时间不能超过8ns，因为超过8ns后，就有可能造成后一级寄存器的建立时间违例，导致数据错误。这些FLOP之间的组合逻辑的延迟要求，就需要用时钟CLKA的周期约束来进行限定。但是FLOP4与FLOP5之

间的组合逻辑的延迟有什么样的要求呢？对CLKA的周期约束并不能涵盖FLOP4
与FLOP5之间的组合逻辑，因为FLOP5的时钟是CLKB。FLOP4的时钟是CLKA，
FLOP5的时钟是CLKB，所以FLOP4与FLOP5之间的组合逻辑其实是跨时钟域信
号的处理。按照同步设计思想，通常来说，这之间应该有一堆的同步器，来进行信
号同步，并且这之间应该避免组合逻辑，或者应该从系统层面考虑到，这之间的延
迟无论多大，都不会影响设计功能。也就是说，这种组合逻辑可以通过添加虚假路
径约束来让设计工具不用关注FLOP4与FLOP5之间的组合逻辑的延迟。

　　如果设计对这种异步信号的延迟也有要求，那么需要添加最大延迟约束（也
称之为传输延迟约束），它可以约束数据从FLOP4输出后到达FLOP5的数据输入
端的最大延迟小于某个特定值。这种传输延迟约束在约束从一个输入管脚输入的
信号到一个输出管脚的处理延迟的时候也有用武之地。比如图1-35中把ADATA、
BUS[7:0]、CDATA、CLKA、CLKB等输入管脚，OUT1、OUT2两个输出管脚都当
作逻辑芯片设计的顶层I/O，那么从CDATA到OUT2，只有组合逻辑，如果设计需
要限制这之间的处理延迟，也需要使用传输延迟约束。

　　对于ADATA、BUS这样的信号，进入芯片后，无论做什么样的处理，最后都一
定会输入一个寄存器，那么最后在这个接收寄存器处，一定要满足寄存器的建立保
持时间。对于ASIC设计，从ADATA、BUS管脚到内部接收寄存器的延迟是固定的。
为了满足接收寄存器的建立保持时间要求，对于输入管脚ADATA、BUS相对于对
应时钟CLKA的相位关系就提出了一定的要求，这就是一个芯片的输入管脚建立保
持时间要求。使用这个芯片时，外部提供的ADATA、BUS输入信号，一定要满足
芯片提供的相对于时钟CLKA的建立保持时间。而如果是FPGA/CPLD设计，从输
入管脚到内部接收寄存器的延迟可以调整，那么需要根据外部能够提供的数据、时
钟相位关系，来对FPGA/CPLD内部的数据、时钟延迟进行约束，也就是输入管脚
的建立保持时间约束。

　　OUT1、OUT2这样的输出管脚，必然也要与下游器件进行数据交互，也需要
OUT1、OUT2信号的输出时间与相应的时钟CLKA、CLKB满足特定的相位关系，
或者说延迟关系，这就是输出管脚的输出延迟约束，即通常的Tco约束。

　　这里我们可以知道，为什么时序约束对于一个逻辑设计如此重要了。不过我们
也可以看到，不是漫无目的地为了添加些约束而添加时序约束，而是为了保证设计

满足我们的设计需求，让芯片最后能够在系统中与上下游器件紧密配合，从而实现我们需要的系统功能。

也有人说，不用进行时序约束，也有办法保证让设计满足我们的预期。我们可以对设计施加适当的输入激励，然后对设计进行带延迟的仿真，通过仿真波形就可以判断设计时序是否满足预期。这的确是一个方法，并且早期也是这样做的，只是后来才慢慢淘汰了这种做法。尤其在FPGA逻辑设计中，基本上只使用静态时序分析来"保证"设计时序的一定裕量。就像亚稳态无法完全避免一样，错误也是无法避免的。因此，任何一个设计，总是需要有不同的手段来保证设计正确性，静态时序分析只是设计验证和测试方式中的一种普通方式而已。

1.8 设计验证和测试

如果我们要把一个任务外包出去，那么在外包之前，一定会考虑好一个问题：用什么方式来证明他们交回来的产品就是我们要的东西呢？而作为一个逻辑设计者，在进行设计之初，我们自己也应该考虑类似的一个问题：用什么方式来证明我所进行的设计结果是正确的呢？

验证的目标是说明设计结果与设计规格书中定义的功能、性能一致，是没有错误的。然而不幸的是，要证明一个东西是正确的，尤其是随着时间的推移，它依然会是正确的，显然是一个永无止境的过程。所以，验证结果只是提供一定信心度的一个参考量。充分完备的验证，必然伴随着资源和成本的大幅提升。因此对于一个设计的验证，采用什么样的验证策略、使用什么样的验证手段，不仅影响设计的验证效果，影响设计产品的质量和可靠性，也影响着设计产品的成本。验证策略是指采用何种验证方法学，可以分为自顶向下的验证、自底向上的验证、基于平台的验证、基于系统接口驱动的验证。验证手段是指验证的方式，比如我们常说的功能仿真、后仿真、原型验证、静态时序分析、形式验证、硬件仿真、软硬件协同验证等。

在进一步说明前，有必要先区分一下几个常用的概念：验证、仿真、模拟、测试。

从广义的角度看，任何设计形式的变化过程，都对应其特定的验证过程。所以，验证是一个最广泛的概念，就像前面的约束一样，广义的验证包括仿真、模拟、测试等过程和方式。当设计从高一级设计层次向低一级设计层次转换时，转换后的设计是否符合预期，都需要验证。比如我们编写完RTL后，用功能仿真的方式验证RTL是否符合预期功能；综合后的网表也可以用功能仿真的方式来验证。设计实现流程中的每一步骤执行完成后，整个步骤的输出是否正确，比如映射结果是否正确，布局布线后的设计还是否与最先的设计规格一致，也需要验证，这些验证我们可以通过对设计网表的功能仿真、时序仿真来验证。这些验证过程，现在绝大部分都是基于软件来完成的，这也是狭义的验证所涵盖的范围。

整个芯片设计成为产品后，是否满足预期产品需求，可以用原型板来验证，FPGA是在原型验证中应用较广的逻辑器件。而整个芯片是否能够在实际系统中正常工作，可以通过设计原型样机来进行验证。原型板、原型样机的验证过程，也被称为原型板测试、原型样机测试。

还有一种过程也通常被称为测试，而不是验证：对芯片成品的测试。它是指对芯片成品的功能和性能的验证过程，以及对芯片封装的验证过程等，这是对芯片制造工艺、制造过程的验证。从这里可以看到测试和验证的一点差异。虽然验证本身是含义很广的一个概念，测试本身只是一种验证手段而已，但是在实际使用时，常常把验证的范围缩小，通常用它来表示用软件方式进行的验证，而与硬件相关的验证被称为测试。

随着技术的发展，有时也不能完全用软件、硬件来区分验证和测试。比如纯软件的验证过程消耗过多的时间，导致产品设计周期过长，从而出现了硬件仿真器，把一部分耗时较大的设计，放到硬件仿真器中运行，软件只传送激励和读取仿真结果数据，然后进行比较，从而大大缩短仿真时间。这种硬件加速技术，对于复杂系统验证时间的缩短效果是非常明显的。比如在通信基站基带设计中，数据通信是以帧（frame）、时隙（slot）等特定时间单元为单位的，要仿真基站和一个移动终端之间的通信过程，需要多帧的数据量基础。而随着系统复杂度的增加，一台普通的计算机运行一天，可能也只能仿真实际系统处理一帧数据对应的时间，所以，要完整仿真基站和一个移动终端之间的通信过程，需要占用的时间和资源可想而知。而使用硬件仿真器的解决方法是采用硬件加速技术，它本身就模拟了实际硬件系统，也就是仿真时间等同于实际系统运行时间。实际系统运行10ms处理的数据量，仿真处理起来也就只需要10ms，而不是像计算机软件仿真那样需要一天的时间，这样可以大大节省仿真时间，加速仿真过程。这种软硬件协同验证的方法，也通常被称为验证而不是测试。

当然，硬件仿真器通常价格昂贵，用软件的方式对设计进行验证，不仅可以降低验证的成本，还可以减少设计的设计周期。在软件方式的验证技术成熟之前，设计人员不得不等设计完成后，再设计相应的原型样机，在原型样机上进行设计功能的验证。也就是说，验证工作是在设计完成后再进行的，两项工作是串行进行的。软件方式的验证技术成熟后，当产品规格定义之后，设计工作和验证工作可以同时展开。当设计完成时，验证平台也完成了设计，并且通过自动化验证和结果比较方式，可以较快地完成验证过程。

同样并行进行的还有原型板的测试和原型样机的测试工作，以及系统测试工作。这其实是流水线操作在产品研发过程中的应用。跟最初英国的陶瓷工厂出现时一样，流水线就意味着分工，所以现在一个逻辑产品团队，必然包括逻辑设计、逻辑验证、测试等分工。并且随着系统复杂度的提高，验证和测试占整个产品开发周期的时间比例越来越大，以至于从系统上看，逻辑设计越来越成为整个产品开发中的一个小小的步骤。在一些规模较大的团队，逻辑设计工程师完成一个项目的逻辑开发后，不得不只留部分工程师继续维护这个项目的设计，而绝大部分工程师转而开发新的项目。设计和验证工作，似乎越来越符合"二八原则"。从设计角度看，对"正常功能"的设计可能只需要占用20%的设计时间，80%的设计时间是在处理"异常功能"，比如异步时钟处理、复位处理、边界条件处理等；而整个设计工作只占产品研发时间的20%，验证工作（包括测试）会占到产品研发时间的80%。

验证工作越来越重要，对验证平台（Testbench）、验证用例（Testcase）的开发，本身就是一项设计工作。那么自然而然地就产生一个新的问题：如何验证这些验证平台、验证用例本身的设计结果的正确性呢？如前所述，这是由于逻辑设计目前还主要在RTL这一抽象层次进行，而进行验证平台、验证用例的验证，要在更高抽象层次进行，其专门的验证语言效率更高。

传统的验证环境的结构，可以参考图1-36。从设计规格出发，设计一个测试平台，针对设计的输入端口，产生特定的激励，然后从设计的输出端口捕获其处理结果，再通过波形的方式观测这些处理结果，或者在测试平台上与预期数据进行比较。

根据在整个测试环境中对DUT的监测深度，可以将测试分为黑盒验证（黑盒测试）、白盒验证（白盒测试）、灰盒验证（灰盒测试）。黑盒测试是把待验证设计

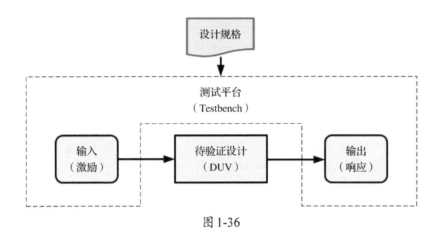

图 1-36

（DUV，Design Under Verification）当作一个内部不可见的黑盒子，验证其规定的功能是否能正常使用，因此验证过程中完全不用考虑其内部结构和内部特性，只能针对其输入、输出端口，在接收适当的输入数据的情况下，输出端口能够产生预期的输出信息。因此黑盒测试也被称为功能测试或数据驱动测试。白盒测试则不仅关注设计的功能正确性，而且关注内部设计结构和一些关键设计节点的功能正确性，也就是设计的内部细节对验证环境是可见、可观测的。白盒测试需要对内部设计结构、逻辑路径等进行了解，验证出设计故障时，能准确定位出问题的根源。但是显然，其需要消耗的时间比黑盒测试要多得多。灰盒测试则是介于黑盒测试与白盒测试之间的一种验证方法，它仅对内部的关键节点进行监测，从而在黑盒测试和白盒测试之间取合适的平衡点。

验证效果评判的常用指标是覆盖率。对于功能测试，如何提高功能覆盖率，是在验证工作之初，从设计规格中进行验证/测试计划时就应该考虑的问题。需要考虑哪些功能可以细化为哪些子功能，通过设计哪些测试用例可以覆盖该功能，测试结果如何记录等。对于RTL设计，更重要的一个指标是代码覆盖率。由于代码结构的多样性，其覆盖率也有很多种，常见的包括以下几种。

- 语句覆盖率：设计中的语句被执行情况，以及每条语句被执行次数的统计。
- 分支覆盖率：设计中"case"或"if...else"语句各分支被执行情况的统计。
- 路径覆盖率：设计中"if...else"和"case"顺序结构的各种路径被执行情况统计。
- 翻转覆盖率：设计中的信号翻转情况的统计。

- 表达式覆盖率：设计中的各种表达式（包括if...else...及case语句中的条件表达式）的执行情况统计。

- 触发覆盖率：设计中各个进程的敏感变量列表中的各个信号触发情况统计。

- 状态机覆盖率：设计中状态的状态跳变过程、状态参与情况的统计，也可以归类为路径覆盖率。

各种仿真工具都能够提供这些覆盖率统计数据。

当然，如前所述，要对各种设计因素都进行100%的覆盖是不现实的。但是在最后的验证结束后，应当对没有覆盖到的因素进行说明，并分析其潜在的风险，或者在具体设计方面，这些没有覆盖的因素不会对系统造成任何影响。

随着验证技术的发展，各种新的验证方法学也应运而生。有人说，自动化比较、可重用环境、约束随机，这3条是现代验证技术的核心，也是完成一个复杂设计的验证所必须实现的目标。

图1-37所示为各种验证方法学下通用的验证环境结构示意图。

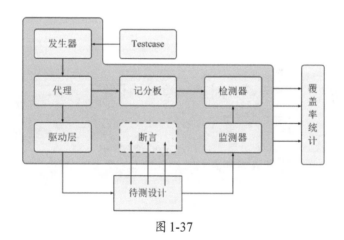

图 1-37

传统的方法是从测试平台输出波形，通过观测适当信号的波形来验证设计的正确性。这种方式对于简单设计的验证仍然是适用的。

对设计的验证，从待验证设计的规模看，可以分为系统验证和模块验证。设计者完成模块的设计后，需要对模块进行验证，通常会采用观测波形这种仿真的方式。因为这种模块自测的工作是设计者对设计子模块的功能验证，如果也像图1-37一样，搭建一个复杂的验证环境，那么搭建环境、设计测试例本身可能会占用比设计模块多得多的时间。所以像图1-37那样的验证环境，通常只用在系统集成验证上，也就是把设计的全部模块都集成到顶层模块后，再对整个设计进行黑盒测试或灰盒测试。

即使如图1-37所示的验证环境，也需要对待测设计施加特定输入，也就是测试激励，才能在检测器中监测DUV的输出。这种验证也可以称为仿真，也就是仿照实际系统的运作情况，给DUV提供相当于实际系统工作时的外部条件。

根据DUV中是否附带延迟信息，仿真通常可以分类为功能仿真和时序仿真。而根据设计流程，以综合为分水岭，对设计的仿真又可以分为前仿真和后仿真。前仿真通常就是指对RTL的仿真，后仿真则是指对综合后的设计网表的仿真。由于综合后的设计网表还需要经过多个设计流程才能得到最后的设计产品，所以对应的后仿真也可以细分为映射后仿真、布局后仿真、布线后仿真等。由于对RTL的仿真通常没有带延迟信息，后仿真虽然也有对不带延迟信息的网表进行仿真的情况，但是通常情况下都是对带有延迟信息的网表的仿真，所以后仿真也常常被称为时序仿真。

在功能仿真中，没有反映设计实际使用的底层单元的数据处理单元的处理延迟，也没有反映布线延迟，所以如果从仿真波形上看，所有数据都与对应的时钟沿对齐，如图1-38所示。

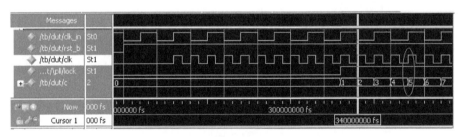

图 1-38

在后仿真中，设计网表中不仅反映了设计实现的功能，反映了各个底层单元的功能及单元间的互连信息，而且每一个设计网表的后端工具都会输出一个标准延迟文件（SDF，Standard Delay Format File），来标注设计中各个底层模块的处理延迟、各段布线的信号传输延迟。图1-38是一个计数器在前仿真时的输出波形，图1-39是对应的后仿真输出的波形。从图1-39中可以看出来，每个计数器值的有效时间相对于时钟沿都有一段时间的延迟。

图1-40是这个计数器的低3比特从全1跳变为全0的过程及各个计数中间值

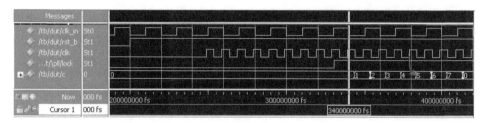

图 1-39

的持续时间。计数器c从值为7跳变到计数器值为0的过程中还存在两个数：6和4。其中数值6持续了194630fs，即大约0.19ns；而数值4持续了仅14370fs，即大约0.01ns。所以从该仿真结果，可以看出这个计数器的最低比特bit0最先从1跳变成0，大约194ps后，bit1才从1跳变成0，再在这之后大约14ps，bit2才从1跳变成0，整个计数器的值才完全跳变到预期的值0。所以，从后仿真结果也可以有效地反应实际电路中各条路径的处理延迟。

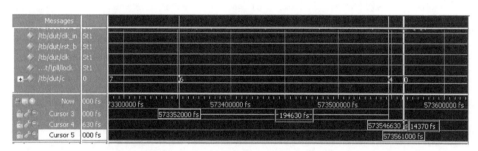

图 1-40

利用后仿真，能够反映设计网表中各条路径的处理延迟。但是在设计网表的SDF标准延迟文件中，至少包含3类延迟，即最大延迟值、最小延迟值、典型延迟值，所以要得到各条路径比较准确的延迟值，就至少需要调用这3类值来进行仿真。只使用其中一类延迟信息来仿真，都只能得到比较粗糙的路径延迟信息。

同时，用软件方式进行验证，其最大的瓶颈在于需要占用大量的计算资源，需要巨大的运算能力支持。如果计算机资源受限，就需要占用大量的时间。RTL的抽象层次比综合后的结构网表层次要高，所以设计中的设计单元数量、路径节点数量就要少很多。完成综合后，设计层次降低，设计中的路径数量呈指数增加。所以，后仿真即使没有添加设计网表的延迟信息，仿真时间也会大大长于前仿真。前仿真中只需要一天就能够运行结束的一个测试例，在后仿真中，可能需要一周甚至更长的时间。所以验证设计的时序问题，继续采用动态仿真的方式，将给整个设计验证带来灾难性的后果。

因此，出现了其他的验证设计时序的验证方法。最常用的就是静态时序分析，还有一种方式是形式验证。形式验证是用数学方法来进行设计转换的验证，它虽然也可以进行时序的验证，但最主要的还是功能验证。它先把设计分成较小的比较点或关键点，然后验证各个比较点或关键点上的逻辑功能是否与设计规格等价。所以，形式验证的本质是一种等价性的判断。与静态时序分析一样，形式验证也不需要对设计施加测试激励，所以也被广泛应用。

静态时序分析关注的是设计路径时序间的相对关系，而不是评估逻辑功能，无须用测试激励去"流经"某条路径，通过信号处理结果输出的时间来判断路径的处理延迟，而是对所有的时序路径进行延迟值的计算，来反映哪些路径不满足预期的延迟目标。其特点是分析速度比时序仿真工具快几个数量级，且可以达到100%的时序路径覆盖率。但是静态时序分析的前提是同步逻辑设计，同时静态时序分析直接依赖于施加的设计时序约束。所以对于一个逻辑设计，时序约束是至关重要的一个环节。

对于 ASIC 设计，时序仿真还是必需的一个过程，因为还需要倚靠它来生成一些芯片测试过程中需要使用的测试向量。对于 FPGA 设计，通用的做法是，用功能验证、仿真来保证设计的 RTL 的正确性，RTL 之后的各种实现流程，其本质是设计网表的转换过程，其正确性通常由软件工具本身来保证。软件本身有其固有算法，比如可以内嵌形式验证方式等保证设计网表转换的正确性。设计布局布线后的设计网表，一方面通过软件本身保证，另一方面就是用静态时序分析方法来保证设计时序的正确性。在 FPGA 设计过程中，时序仿真仅在一些特殊的场合使用。

1.9 本章预留问题的答案

1.9.1 【练习1-4】的"刻意"体现 RTL 的代码

Think of RTL 是逻辑设计的一个重要思想。为了刻意体现 RTL 思想，本章曾要求读者写出【练习1-4】对应的RTL代码，也就是把组合逻辑和寄存器分开编写在不同的always块语句中。

```verilog
module mux4to1 (
      input clk,
      input rst_b,
      input wire [1:0] sel,
      input wire [3:0] a_in,
      input wire [3:0] b_in,
      output reg [3:0] data
      );


   reg [3:0] d_comb;
   always @ (*)
      if (sel[1:0] == 2'b00)
         d_comb = a_in;
      else if (sel[1:0] == 2'b01)
         d_comb = b_in;
      else if (sel[1:0] == 2'b11)
         d_comb = 4'd15;
      else
         d_comb = data;

   always @ (posedge clk, negedge rst_b)
      if (!rst_b)
         data <= 4'd0;
      else
         data <= d_comb;
endmodule
```

它与【练习1-3】的RTL代码相比，只是对d_comb信号赋值的最后一个else分支不同。【练习1-3】中，最后一个else分支根据设计意图，给d_comb赋值为全0。而在本例中，为了让寄存器在sel[1:0]值为2'b10时保持原来的值，要把data的值作为MUX在sel值为2'b10这个分支的输入端，也就是最后一个else分支处为d_comb赋值data。

1.9.2 与full_case等效的RTL代码

常用的Verilog HDL RTL编码风格对case语句提出了特定要求。对于case语句，一定要加default分支。尤其是在对组合逻辑建模时，case语句不加default分支语句，容易在设计中引入latch这种存储单元。为了不让综合器把这种编码风格的代码综合成锁存器，可以规范代码，把default分支写上；另外一种方式则是在代码中加上 /* synthesis full_case */编译指令。

在【练习1-7】中，通过添加 /* synthesis full_case */编译指令，使一个没有添加default分支语句的casez设计可能产生的锁存器被有效消除。但是，从某种意义上来说，这种方式相当于设计者放弃了对设计结果的控制权，而把控制权交给了综合工具。在很多情况下，这样会产生一些其他的副作用，比如前后仿真不一致。

以【练习1-7】为例，由于添加的 /* synthesis full_case */编译指令只是针对综合工具的，所以在仿真中，这个指令会被当作注释处理。因此，当select的值为全0时，由于代码中没有指定out输出值，根据Verilog HDL的语法规定，大部分仿真工具会使用现有的out值，也就是按照锁存器的功能来进行仿真。当然，仿真器也可以根据自己的既定算法来选择一个值进行仿真，并告警通知设计者；或者可以选择报错，直接退出仿真。这是前仿真的仿真结果。但综合工具会识别 /* synthesis full_case */，把这个casez语句综合为非锁存器的结构。分析图1-32所示的综合结果所实现的逻辑功能，在select值为全0时，就会选择d输出。前仿真输出原来的out值，后仿真输出信号d的值。如果这时d输入的值与原来的out值不同，那么对综合网表进行仿真时，out输出的值就会与前仿真的值不一样。这就是典型的前后仿真不一致。

所以推荐的方法是在RTL中规范代码，对于case语句一定要写上default语句，这样无论选择信号select取什么样的值，都由RTL明确指定输出值。为了实现与 /* synthesis full_case */编译指令相同的功能，对于【练习1-7】，需要加上default: out= 'bx;分支语句，参考【练习1-11】。注意这里的'bx赋值，表示在select值与casez各个分支的值都不匹配时，out的输出值不用关心，也就是把输出值的决定权交给了综合工具。

【练习1-11】：与 /* synthesis full_case */等效的default分支语句

```
module mux_case_attribute (out, a, b, c, d, select);
    output out;
    input a, b, c, d;
    input [3:0] select;
```

```
        reg out;

    always @ (select or a or b or c or d)
        begin
            casez (select)
                4'b???1: out = a;
                4'b??1?: out = b;
                4'b?1??: out = c;
                4'b1???: out = d;
                default : out = 'bx;
            endcase
        end
endmodule
```

其实，使用default: out='bx;分支语句，也不是最好的编码风格。建议在default分支语句中对out进行明确的赋值，比如用某个特定信号驱动，或者驱动到高低电平。

下面再分别给出default分支语句中给out赋值为1和0时的综合结果，读者如果感兴趣，还可以在default语句中分别用a、b、c、d对out进行赋值，看看综合结果有什么不同。这些不同，能够使读者更加深刻地体会到，为什么把设计结果的控制权交给综合工具并不是一个值得推崇的想法。

对【练习1-11】的default语句进行修改，参考【练习1-12】，分别将out赋值为0和1，可得到图1-41所示的综合结果。其中左图是default语句中将out赋值为0时的综合结果RTL视图，右图是default语句中将out赋值为1时的综合结果RTL视图。可以看到，其差别就是最后一个数据输入端，输入的驱动数据不同。

【练习1-12】：default分支语句的不同赋值将产生不同的综合结果

```
module mux_case_attribute (out, a, b, c, d, select);
    output out;
    input a, b, c, d;
    input [3:0] select;
    reg out;

    always @ (select or a or b or c or d)
        begin
            casez (select)
                4'b???1: out = a;
```

```
                4'b??1?: out = b;
                4'b?1??: out = c;
                4'b1???: out = d;
                default : out = 'b0;
                // default : out = 'b1;
            endcase
        end
    endmodule
```

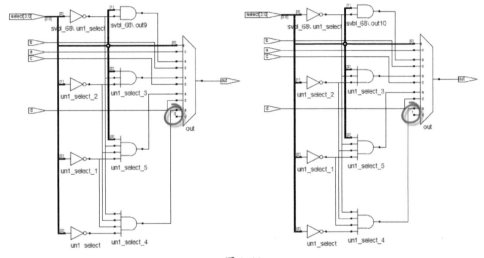

图 1-41

　　而从综合优化后的工艺视图来看，如图1-42所示，可以看到差别就是PFUMX模块的BLUT输入的驱动逻辑电路模块out2_m2_am存在差异：当default语句给out赋值为0时，out2_m2_am模块的逻辑功能是select[3]·d，驱动PFUMX的BLUT输入端；而当default语句给out赋值为1时，out2_m2_am模块的逻辑功能是$\overline{\text{select}[3]+\text{d}}$，驱动PFUMX的BLUT输入端。

　　out_m2s2单元实现的是select[2]+select[1]逻辑功能，在select为全0时，输出为0，驱动PFUMX的C0端为0，所以选择out2_m2_am输出的值。在select为全0时，图1-42左图中out2_m2_am输出的值为0；图1-42右图中out2_m2_am输出的值为1，正好与RTL的设计意图相符。

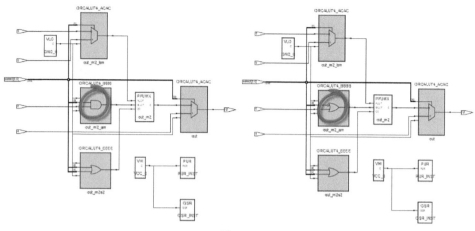

图 1-42

1.10 小结

　　1958年第一块集成电路的诞生对整个世界的影响，用我们能想到的任何词语来形容都不为过。为了满足集成电路飞速发展的需求，很多人开始研究逻辑设计本身的一些特性和规律，总结出逻辑设计的基本设计方法学、逻辑设计的基本思想、所涉及的设计领域等问题。本章介绍了其中的部分内容。作为集成电路的一个重要分支，FPGA设计自然也符合这些规律。本章还介绍了FPGA独特的结构特性所衍生出来的一些设计原则，这些设计原则对于FPGA设计的成败有着举足轻重的作用。比如，虽然现在FPGA的规模越来越大，但是高集成度也意味着高成本。所以，在很多应用中，必然需要在有限的资源约束下完成更多的功能，或者需要设计运行更高的工作频率。当设计遇到时序不足的问题时，可以参考本章对设计面积和速度平衡的描述，采用速度优先的一些策略；而如果FPGA内的逻辑资源无法完成指定的逻辑处理，则应该采用面积优先的一些策略。

　　当然，逻辑设计所涵盖的范围，远不止本章介绍的这些内容。比如，集成电路集成度的提高、系统复杂度的提高，对功耗也提出了越来越高的要求，从而要求在逻辑设计阶段就应该考虑一些低功耗设计技术。低功耗设计技术本身也涉及非常广的范围，关于低功耗设计等逻辑设计的其他内容，读者可以参考相关的资料。

第2章

MIPI及DSI概述

2.1 MIPI的发展概况

移动产业处理器接口（Mobile Industry Processor Interface，MIPI）是由MIPI联盟为移动应用处理器制定的一系列开放标准和规范的统称。从字面上理解，MIPI仅仅是为智能手机行业的处理器制定的一系列标准，但是到目前，MIPI的触角已经延伸到各行各业，包括炙手可热的IoT、AI、车载、穿戴产品等。从2003年由ARM、诺基亚、意法半导体和德州仪器这4家公司发起并成立至今，MIPI联盟已经发展为一个非常壮大的组织，全球一共有355个会员。图2-1所示是2004年以来MIPI联盟历年新增加的会员数量图。显然，最近几年，得益于智能手机的快速发展，MIPI联盟会员数暴增。因此，MIPI也从仅仅为智能手机的移动产业处理器提供规范，发展为对一切受移动产业技术影响的产业输出规范。2020年9月，MIPI联盟正式发布了A-PHY V1.0的规范，该规范的设计目标是针对车载行业的，为车距数据传输提供物理层支持，其最大传输距离能够达到15米，而最大传输速度能达到甚至超过48Gbit/s。

MIPI联盟是一个非营利性组织，但是加入MIPI联盟需要缴纳一定的年费，每个会员会根据自己的情况，决定是否继续成为MIPI联盟会员。因此，图2-1所示的会员数，会随着时间而变化。比如，到2021年9月，2021年度加入MIPI联盟的会员数已经达到71个。但是2020年加入的会员中，有13个会员已经退出MIPI联盟。根据在MIPI联盟中的作用，会员分为使用者、贡献者、董事，其中只有贡献者才能制定和修改相应的MIPI规范。

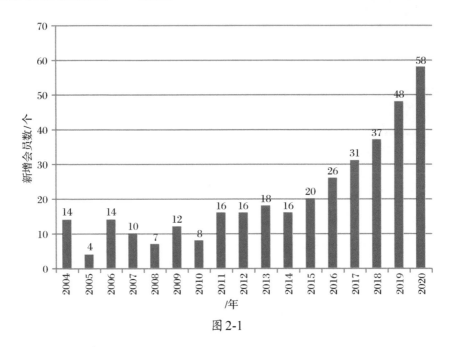

图 2-1

MIPI联盟采用工作组机制，有些工作组已经解散，或者已经停止工作，目前处于活动状态的14个工作组互相配合、协调工作，当然也有各自的重点。

2.1.1 音频工作组

音频工作组的前身是低速多点链路（Low Speed Multipoint Link）工作组，该工作组主要为简单音频外设、智能音频外设及大规模音频芯片制定低速的音频接口、数据接口及嵌入式控制接口。

该工作组已经发布的规范包括MIPI SLIMbus（V2.0，2015年）、MIPI SoundWire（V1.2，2019年）等。

2.1.2 摄像头工作组

摄像头工作组的目标是为与智能手机相连接的外设开发鲁棒性良好、可扩展、低功耗、高速、低成本的图像接入解决方案接口规范。

该工作组已经发布的规范包括MIPI CCS（V1.1，2019年）、MIPI CSI-2（V3.0，2019年）、MIPI CSI-3（V1.1，2014年）等。

CSI-2与CSI-3的最大区别在于使用的物理层不同，CSI-3使用的是M-PHY，并在其上使用了UniPro，而CSI-2使用的是D-PHY或C-PHY。

2.1.3 显示工作组

显示工作组的目标是为应用处理器（AP）和显示设备之间的接口制定开放统一的标准。显示工作组发布的规范包括MIPI DCS、MIPI DSI、MIPI DSI-2等。最新发布的MIPI DSI规范与MIPI DSI-2已经非常相似，其最大差别在于DSI-2支持C-PHY，而DSI仅支持D-PHY。表2-1列出了MIPI DSI各个版本及MIPI DSI的物理层兼容性总结情况。

表2-1　MIPI DSI/DSI-2物理层兼容性

	D-PHY 1.01	D-PHY 1.1	D-PHY 1.2	D-PHY 2.0	C-PHY
DSI 1.0	支持	支持	支持	支持	不支持
DSI 1.1	支持	支持	支持	支持	不支持
DSI 1.2	支持	支持	支持	支持	不支持
DSI 1.3	支持	支持	支持	支持	不支持
DSI-2 1.0	支持	支持	支持	支持	支持

显示工作组还负责一个重要分支，即MIPI TOUCH。

这是由4个规范组成的子系统，旨在提供更快、更灵活地在显示器上实现触摸的解决方案。除了解决之前板上触摸、传感器、软件集成等各个部分的互操作性问题外，MIPI TOUCH的4个规范还带来明显的性能提升：如果一个产品使用全部4个规范的解决方案，将获得最大的吞吐量和最低的处理延迟。

这4个规范分别是MIPI TCS（V1.0，2018年）、MIPI AL I³C（V1.0，2018年）、MIPI I³C HCI（V1.0，2018年）、MIPI I³C V1.0（V1.0，2016年）。

除了上述MIPI TOUCH 4个规范，显示工作组目前已经发布的规范还包括MIPI DCS（V1.4，2018年）、MIPI DSI（V1.3.1，2015年）、MIPI DSI-2（V1.1，2018年）等。图2-2是MIPI TOUCH发布的协议栈关联关系示意图。

2.1.4 物理层工作组

物理层工作组旨在为移动产业提供一个点对点的高速串行物理层规范。目前已经发布的物理层协议规范包括MIPI D-PHY（V2.5，2019年）、MIPI M-PHY（V4.1，2017年）、MIPI C-PHY（V2.0，2019年）、MIPI A-PHY（V1.0，2020年）等。

最先开发的是MIPI D-PHY，这是一个低功耗的差分信号解决方案，提供一个时钟通道和多个数据通道，是一个同步接口，目前被广泛用于与应用处理器相连接的显示屏、摄像头中。后来开发的M-PHY，采用异步接口，能支持更高的速度。C-PHY则采用三线的方式，使用多电压编码方式，实现了更快的速度、更低的功耗。

A-PHY则是2020年9月才正式发布的专门针对汽车领域的接口，当然A-PHY不仅能用在车载系统上，也同样适用于物联网和工控领域。通过A-PHY，MIPI成功地把移动应用从掌上距离扩展到15米的中长距离。

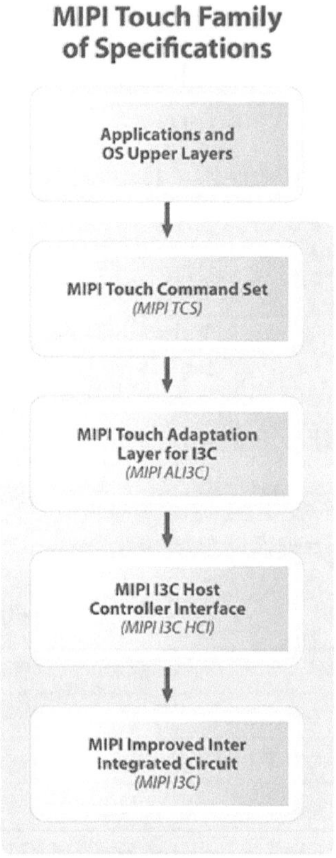

图 2-2

2.1.5 I³C工作组

I³C工作组的前身是传感器（Sensor）工作组，最先的目标是解决移动设备中的传感器激增带来的一系列挑战，比如接口类型众多、各自需求迥异，这带来产品开发成本和集成成本的提高。后来，越来越多的人使用I³C，该工作组在2019年更名为I³C工作组，转向为主要完善I³C的规范制定。

目前已经发布的协议规范包括2018年10月发布的MIPI I³C Basic V1.0，以及2019年12月发布的MIPI I³C V1.1。

2.1.6 射频前端控制工作组

射频前端控制工作组主要为当前及未来市场中的射频前端组件和模组提供高效、

灵活、带宽更高的统一控制接口。

目前最新的协议规范是2020年4月发布的MIPI RFFE V3.0。

2.1.7 调试工作组、测试工作组

调试（Debug）工作组和测试（Test）工作组由同一个工作组拆分而来，测试工作组已经不输出具体协议规范，只是协调其他各个工作组在设计规范时支持可测试性设计、可生产性设计，从而便于方案的测试和生产。

调试工作组则继续输出一系列规范，便于设备开发周期各个阶段的调试手段有章可循，从而方便设备的生产制造，方便用户定位和调试。

2.1.8 RIO（Reduced Input Output）工作组

传统手机等移动终端的主处理器和各个外设之间，都不可避免地存在使用通用输入输出管脚（GPIO）实现的一些低速控制功能。这些GPIO除了占用处理器的管脚资源外，也意味着需要更多的PCB布线资源。RIO工作组的工作目标就是致力于减少这些GPIO的数量。RIO工作组已经开发出了一种虚拟GPIO接口（MIPI VGI）架构，这种架构能大大缩小目前各个系统中使用的GPIO数量，用两到三个管脚实现目前二三十个管脚实现的功能。基于MIPI VGI，还能更方便地集成目前的一些主流低速接口，如UART、I^2C，甚至集成 MIPI I^3C 等。

2.1.9 统一协议工作组

统一协议工作组的目标是为移动设备中各个高速、超高速芯片组及处理器开发一个与器件无关的协议层，从而可以用单一协议栈处理各种组件之间不同类型的数据流。

目前统一协议工作组发布的最新规范是2018年1月发布的MIPI UniPro V1.8。

2.1.10 其他工作组

其他活动的工作组包括安全研究工作组、软件工作组、营销领导小组、技术领导小组等。安全研究工作组成立于2019年，目的是研究如何把目前业界的各种安全协议、数据模型映射到MIPI接口中。软件工作组负责为改进移动产品中各个组

件的集成和管理提供软件解决方案，其目标在于制定一套可扩展的软件框架结构，以用于MIPI联盟所有的规范协议，并且向下兼容现有的全部规范。营销领导小组负责为各个工作组、董事会提供战略指导，促进MIPI规范的制定和采纳。技术领导小组则是联盟内规范工作的管理和指导者。2020年6月才成立的汽车分组隶属于技术领导小组。

图2-3是MIPI联盟发布的一个关于手机的系统架构框图，早先MIPI只是基于该系统框架，尝试解决智能手机与处理器的互联问题。

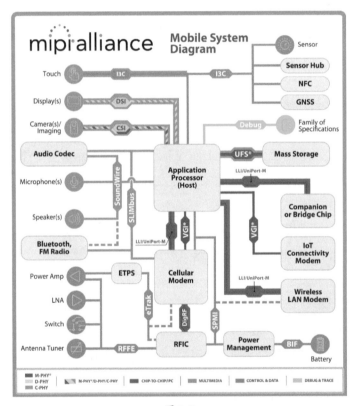

图 2-3

随着智能手机的日益发展，要解决智能手机的互联，必然涉及调制解调器、应用处理器、摄像头、显示器、音频、存储、天线、调谐器、功率放大器、滤波器、开关、电池、电源管理等一系列领域。借助对这些技术的研究，MIPI也逐渐向各种领域渗透，比如汽车、可穿戴、物联网、虚拟现实、机器人等领域。尤其在车载领域的突破，更是把MIPI从以前限于掌上的短距离互联，成功渗透到长达15米的中长距离互联领域。

2.2 MIPI的层次结构

图2-3是从MIPI的"初心"出发，以智能手机处理器为核心，基于各种器件的连接关系，以比较形象的方式给出的MIPI各种规范的作用范围，可以把图2-3理解为一种硬件拓扑图。

从应用出发，图2-4总结了MIPI各规范的作用范围。这张图更清晰地给出了MIPI各个应用相关的不同规范的层次结构，这张图可以理解为一种基于OSI开放模型的协议栈层次图。从应用的角度看，可以看到MIPI CSI影响着摄像头技术的演进，而MIPI DSI影响着显示行业的发展；在存储领域，UFS也正在逐渐成为移动存储的主流产品。

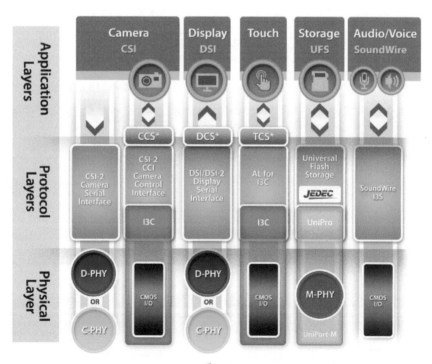

图2-4

总的来说，基本上每个协议都可以分为应用层、协议层、物理层3个层次。划分层次的优势不言而喻，其中一个好处就是可以让不同领域的人更专注地进行更专业的研究。比如MIPI CSI、MIPI DSI的底层分别是C-PHY或D-PHY，那么物理层的专业人员就能更专注于什么样的电气特性更适合移动领域。

2.2.1 UFS的层次结构

UFS其实并不是MIPI联盟发布的规范，而是JEDEC（电子器件工程联合委员会）发布的规范。UFS最新的规范版本是2020年1月发布的UFS V3.1（上一版本是2018年发布的UFS V3.0）。

UFS的演进路线是闪存技术发展到一定程度的结果，是MMC/SD卡等FLASH存储技术的逐步演进。1997年西门子和闪迪推出MMC卡，之后在1999年，松下、东芝和闪迪推出SD卡。两者都是基于Nand FLASH技术的移动存储卡，SD卡甚至可以说就是基于MMC卡发展而来的，二者最初的外观尺寸都很类似，SD卡对MMC卡的兼容性也很强。但是随着市场的变化，SD卡在移动存储领域继续发挥着余热，在2019年推出了新的V7.10标准，推出SDUC容量规格，理论传输速率提升到940Mbit/s。

而MMC则逐步退出历史舞台，在V4.3之后引入eMMC规格定义，从移动存储领域转向嵌入式领域。为了区分MMC、eMMC，设备中设置了CID寄存器。从V4.5开始，MMC改为由JEDEC维护，只保留了eMMC的规格定义。MMC从此退出历史舞台，进入eMMC时代。但是在2019年eMMC发布V5.1后，也没有更新的规范发布。与此对应的却是UFS技术的快速发展：在2011年，JEDEC发布UFS 1.0规范，接着在2012年发布V1.1，在2013年发布V2.0。UFS V2.0的理论带宽已经达到了11.6Gbit/s，大大超过V1.1的带宽。2016年发布UFS V2.1，再到2018年发布UFS 3.0，2020年发布V3.1，UFS规范更新的速度相当频繁，所以大有用UFS替代eMMC的趋势。

eMMC之所以会有被逐步取代的趋势，是由于其基于并行接口，在带宽提升上遇到了瓶颈。虽然eMMC在V4.4中就引入了DDR模式，其理论传输速率提高到400Mbit/s；在eMMC V5.0又引入HS400模式，但发展到eMMC V5.1，其理论传输速率也仅仅为600Mbit/s左右。要继续提高传输速率，接口时钟频率必须继续提高，这将带来信号完整性、功耗，甚至成本等一系列问题。而2013年发布的UFS 2.0，物理层使用MIPI M-PHY，就已经能支持1.4Gbit/s的传输速率；UFS 3.0，传输带宽提升到了2.9Gbit/s；UFS 3.1，又在功耗、部分场景下的读写速度等多方面进行了优化。

UFS V3.0采用M-PHY V4.1作为物理层，传输层则采用MIPI UniPro V1.8。图2-5所示为UFS协议栈的层次结构图。

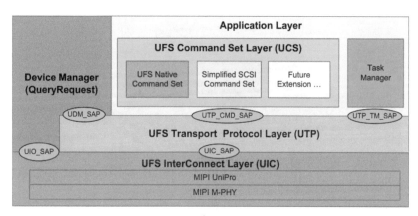

图2-5

可以看到，UFS也可以分为物理层、传输层（UTP：UFS传输协议层）、应用层3个层次。

在应用层，UFS通过兼容SCSI的命令集（UCS），处理存储器的读写等操作；应用层的UFS设备管理器（Device Manager）处理一些设备级管理操作，比如设备电源管理、与数据传输相关的一些设置等。UFS系统采用非对称的客户机—服务器模型架构，操作的发起者只能是主设备。应用层和互连层之间的传输层，将应用层的操作处理命令封装成相应的帧结构，传递给互连层。UFS把物理层MIPI M-PHY、互连层UniPro统称为UFS互连层，实现对链路的管理，包括对物理层即MIPI M-PHY的管理。

2.2.2 MIPI UniPro 的层次结构

在UFS规范中，MIPI UniPro只扮演着UFS互连层中的部分角色，但是MIPI UniPro本身是一个面向链路层的协议，它自身也是一个层次化结构的协议堆栈。

图2-6所示是MIPI UniPro协议栈的层次结构示意图。

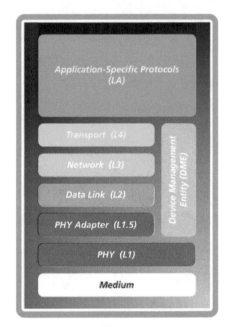

图2-6

跟OSI分层模型类似，MIPI UniPro也被分为物理层、数据链路层、网络层、传输层等。在物理层和数据链路层之间，还提供一个物理适配层，因为物理层和数据链路层是OSI分层模型最底的两层，所以这一层被命名为1.5层。该层主要处理多通道管理、电源状态管理等功能。在传输层之上，增加了一个与应用相关的协议层（LA）。

2.2.3 MIPI DSI的层次结构

MIPI DSI是MIPI显示工作组输出的规范之一，目前的新版本是2015年发布的MIPI DSI V1.3，以及2018年发布的MIPI DSI-2 V1.1。与其他协议规范一脉相承，MIPI DSI也是可以被划分为应用层、数据链路层、物理层的层次化协议规范。

图2-7所示是MIPI DSI的层次结构示意图。

MIPI CSI的层次结构与之类似。站在AP的角度，MIPI CSI是AP从摄像头接收图像数据，MIPI DSI是向显示器输出图像数据。从数据流量上看，MIPI DSI、MIPI

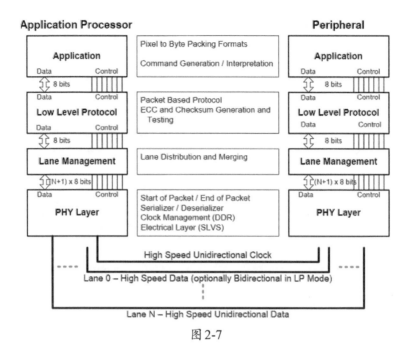

图 2-7

CSI都是非对称结构，传输的也都是图像数据，所以如果把AP当作显示器，而把摄像头当作AP，那么MIPI CSI完全可以理解为一种特殊的MIPI DSI。这种理解虽然有点牵强，因为CCS与DCS是两个完全不同的命令集，但是，MIPI DSI、MIPI CSI使用相同的物理层协议，也说明了两个系统的一些共性。

　　MIPI DSI是基于字节的协议，应用层完成各种操作下相关命令的选择、各像素点图像数据的字节映射处理。MIPI定义了命令模式（Command Mode）和视频模式（Video Mode）两种图像数据传输模式，不同类型的显示模组需要使用不同的命令来传输图像数据。视频模式可以理解为以实时像素数据流的方式从处理器向外设（如显示模组）传输数据，而命令模式则可以做到按需传输，即只需在图像内容发生变化时再进行新图像数据的传输。两种传输模式的支持，由模组硬件结构决定。在命令模式下，显示模组接收到图像数据后，需要自己完成对显示的实时刷新，所以必然需要一个帧缓存储器。

　　不同模组能支持的像素点数据格式也可能不同，比如RGB888是每个像素点需要24比特数据，而RGB565则只需要16比特数据。在应用层，完成这些图像数据、相关命令到字节的映射，如图2-8所示，即为两种字节映射关系。图的左边，描述的是每个像素点用12比特（RGB444）时，相邻2个像素点数据如何映射到3个字节；图的右边，描述的是每个像素点用16比特（RGB565）时，1个像素点数据如何映射到2个字节。

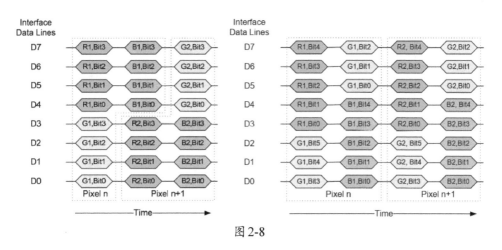

图 2-8

MIPI DSI 数据包分为长包和短包两种。低阶协议层（LLP，Low Level Protocol）完成应用层的命令、数据内容的组包，包括包头 DI 的选择、ECC 的计算、CRC 的产生等。在接收端，在解析数据包结构的同时，还完成包括一些错误检查信息（如收到的 ECC、CRC 等）的处理。

链路管理层则完成这些数据包的各个字节到使用的各个通道（Lane）的映射。MIPI DSI 是一个连接通道数可变的协议，除了时钟通道必不可少外，可以根据应用的带宽需求支持 1~4 个数据通道连接。图 2-9 所示是支持 3 个数据通道时，传输内容的各个字节在各个通道上的映射关系示意图。图中 SoT 表示数据传输开始，EoT 表示数据传输结束，可以清楚地看到，需要传输的字节数不是通道数的整数倍时，各个通道结束数据传输的时间也不完全相同。但是无论如何，各个通道的数据传输开始时间是相同的。

MIPI DSI 物理层使用的 MIPI D-PHY，规范了数据比特流中的逻辑 "0" "1" 如何实现，图 2-9 中的传输开始 SoT、传输结束 EoT 如何实现，以及如何在串行数据流中进行字节同步。

MIPI D-PHY 在进行低功耗数据传输时，并不需要同步时钟传输。这时，MIPI

D-PHY采用归零码的方式来表示逻辑数据"0""1",并且低功耗数据只会在数据通道0上进行传输,所以对通道0的P端、N端信号进行异或操作,就可以获得数据比特流的"同步时钟"。图2-10中,底部的"LP Clk"就可以理解为从数据传输通道的Dp、Dn上恢复出来的时钟信号。

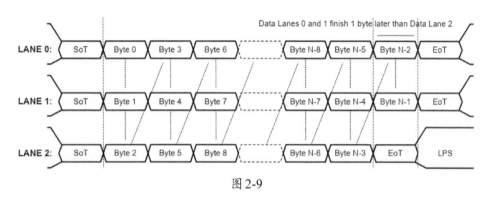

图 2-9

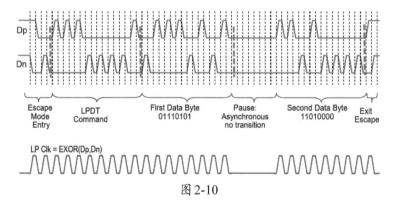

图 2-10

MIPI DSI的高速数据传输则采用差分信号来传输,在时钟通道和各个数据通道上都会有高速数据传输,其同步方式将在2.3.5小节详细介绍。

本小节把MIPI DSI的协议规范内容概略性地介绍完了。基于层次化的分析方法,能够更加清晰地看到系统的框架结构。同样,在逻辑设计中,基于层次化的设计方法,也能有效提高设计效率,提高设计的可读性、可维护性。

2.3 MIPI DSI规范

在图2-4中，无论是用于摄像头的CSI、用于显示的DSI，还是Touch，其应用层的最底层都是对应的命令集（Command Set）。而UFS，如图2-5所示，其应用层也包含UFS命令集子层（UCS，即UFS Command Set）。因此可以这样理解，各种不同的应用，其应用层的处理，可以粗略概括为对设备的读写操作和管理。不同的设备有不同的属性，有不同的操作模式，层次模型允许在应用层只关心这些设备能提供什么样的操作，这些操作就体现在对各种不同命令的支持上。

对于MIPI DSI，不同类型的显示模组，其操作模式也不尽相同。前面提到，MIPI DSI定义了命令模式（Command Mode）和视频模式（Video Mode）两种基本的图像数据传输模式。命令模式下，要求显示模组内部有自己的显示缓存、显示控制器，并提供一些特定寄存器，主处理器可以直接访问这些寄存器和显示缓存。因为模组内的显示缓存直接受主处理器控制，所以主处理器就可以对该显示缓存进行局部内容（小窗口）的更新。在主处理器没有对显示缓存内容进行更新时，模组内的显示控制器会自动进行显示更新操作。

通常，支持命令模式的显示模组也能支持视频模式。而如果一个显示模组只能支持视频模式，从成本方面考虑，该模组内通常就不会包含显示缓存存储器，因此主控制器也就无法实现显示内容的"局部更新"。

当然，在应用层，不需要关注这么烦琐的细节内容，只需要关注这些差别抽象出来的命令即可。所以，不妨简单粗暴地将命令集理解为应用层主要处理的核心内容。

这些不同的命令操作，也基于对不同显示模组的抽象模型。本节先对显示模组的抽象模型进行描述，再进行MIPI DSI规范内容的说明。

2.3.1 MIPI DSI的显示模组模型

图2-11所示是一个显示模组的基本框架，根据模组中的帧存储器（图中的②部分）的特性，可以把显示模组抽象为3种类型。

类型2显示模组，内部的帧存储器只能缓存整帧图像的部分数据，即图中的②这一部分是一个帧的部分内容存储器（Partial-frame Memory）。主处理器除了通过控制接口直接控制该帧存储器外，还必须从视频流接口（图中的①部分）更新显示内容。

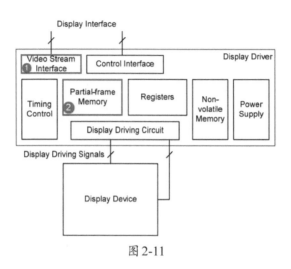

图 2-11

与类型2显示模组相比，类型1显示模组的内部帧存储器可以缓存整帧的图像数据，即图中的②这一部分为整帧存储器。也因为这样，主处理器可以通过控制接口直接控制该帧存储器，显示模组自己可以进行显示的刷新，因此也不需要视频流接口部分（图中的①）。

类型3显示模组，内部没有帧存储器，即没有图中的②这一部分。这时主处理器必须通过图中①所示的视频流接口来控制显示内容的更新。

结合上一节关于命令模式和视频模式的介绍，可以看出，类型3的显示模组是只能支持视频模式的显示模组；而类型1的显示模组，既可以支持命令模式，也可以支持视频模式。

2.3.2 MIPI DSI的DCS概述

当一个显示模组上电后，根据模组的功耗水平，有几种典型的工作模式：正常模式、局部显示模式、空闲模式、休眠模式等。这些工作模式的抽象，是为了在一些情况下降低显示模组的功耗。

局部显示模式是相对于正常模式而言的，即在这种模式下，只使用显示设备所支持的显示区域的一部分区域来进行显示。

空闲模式是指显示模组显示的内容只使用显示缓存中像素点数据R、G、B的最高比特位来显示图像。如图2-12所示，在空闲模式下，显示效果不再有灰阶的变化，要么显示纯黑、纯白，要么显示纯红、纯绿、纯蓝。

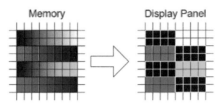

图 2-12

空闲模式可以理解为压缩模式，每个像素点R、G、B各只需要1个比特表示显示内容。

需要注意的是，空闲模式并不是显示模组上电后的状态，比如对于类型3的显示模组，就根本不存在空闲模式。

退出空闲模式后，显示设备马上用显示缓存中的各个像素点实际数据显示。进入空闲模式的DCS命令是39h，即应用层通过向低阶协议层发送命令39h来表示让显示模组进入空闲状态。

休眠模式下，显示模组不再显示任何内容，因此可以理解为功耗最低的状态。在休眠模式下，除了一些功能模块被置于低功耗模式外，一些基本功能模块依然正常工作，帧缓存存储器内容、各个寄存器的内容也继续保持，一旦退出休眠模式，显示模组能尽快显示帧缓存存储器中的内容。

让显示模组进入休眠模式的DCS命令是10h，退出休眠状态的命令是11h。MIPI通过一系列命令（DCS，DSI Command Set），来抽象出对显示模组的各种操作。从这个角度，可以简单地把MIPI DSI的应用层就总结为DCS的应用。

在MIPI DCS规范中给出了应该要支持的完整命令列表，并给出了非常详细的描述，本章不再赘述，表2-2给出了一部分命令的编码及其简单说明。

表2-2　MIPI DCS部分命令及其说明

命令编码值	DCS命令	概括说明
00h	nop	空操作命令
01h	soft_reset	显示模组软复位命令

续表

命令编码值	DCS命令	概括说明
10h	enter_sleep_mode	显示模组进入休眠模式
11h	exit_sleep_mode	显示模组退出休眠模式
12h	enter_partial_mode	显示模组进入部分显示模式
13h	enter_normal_mode	显示模组进入正常显示模式
28h	set_display_off	显示模组关闭显示内容，帧缓存存储器内容不变
29h	set_display_on	显示模组开始显示图像数据
2Ah	set_column_address	设定显示模组的显示缓存存储器的起始访问列范围
2Bh	set_page_address	设定显示模组的显示缓存存储器的起始访问行范围
2Ch	write_memory_start	该命令用来表示重置写显示缓存的指针
34h	set_tear_off	该命令关闭显示模组的TE输出信号
35h	set_tear_on	该命令设置显示模组输出TE信号
38h	exit_idle_mode	显示模组退出空闲模式
39h	enter_idle_mode	显示模组进入空闲模式
3Ch	write_memory_continue	该命令表示写入显示缓存的数据，其地址紧跟着上一次访问的地址
2Eh	read_memory_start	该命令用来表示重置读显示缓存的指针

表2-2列出的这些DCS命令，都是对显示模组寄存器、显示缓存存储器进行写操作的命令，当然，这并不是说只能对显示模组进行数据写操作，而无法进行读操作。还有很多没有列出来的命令，执行的是从显示模组读取数据的操作，比如获得模组当前的功耗模式、显示模式（正常模式，还是局部显示模式）、自诊断结果等。

但表2-2中没有列出各个命令的参数情况。在MIPI DCS命令中，一部分是不需要参数的，而一部分命令需要相应参数，需要多少参数根据命令不同而不同。这些内容，读者可以在需要的时候再去参考MIPI DCS的相关规范协议内容。

在MIPI DSI的应用层，只关注要对显示模组进行什么样的操作，而不需要理会这些操作是如何实现的，包是如何构造的，使用了几个物理通道实现数据传输，使用的是高速模式传输的还是低功耗模式传输的等，这些分别是在低阶协议层（LLP）、链路管理层和物理层完成的事情。

一、命令模式

前面已经提到，MIPI DSI定义了命令模式和视频模式两种工作模式。命令模式可以理解为按需传输，视频模式则是实时传输。从显示模组结构上看，命令模式需要显示模组中的帧缓存存储器的支持。所以可以把视频模式理解为对显示模组的显示区直接进行操作，而命令模式是对显示模组中的帧缓存存储器的操作，显示模组自己再从帧缓存存储器对显示区域进行操作。

图2-13为这种差异的抽象图。在图中，把帧缓存存储器用虚框表示，因为这个帧缓存存储器在系统中是必不可少的，如果不放在显示模组中，就一定要放在上位机控制端。对于支持命令模式的显示模组，该帧缓存存储器放在显示模组中；而对于只支持视频模式的显示模组，该存储器则可以放在上位机控制端。

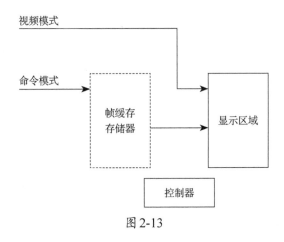

图 2-13

不管怎样，帧缓存存储器和显示介质的内容必然存在一种对应关系。命令模式下，可以灵活处理这种映射关系。

图2-14所示是一款显示驱动芯片（DDIC）所使用的情况，图的左半部分，帧缓存中的内容就是显示的内容；但是图中右半部分，可以看到显示的内容是帧缓存中内容"垂直翻转"后的效果。

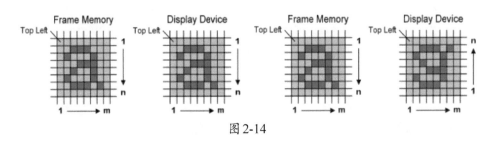

图 2-14

这种显示效果，是由显示模组中的控制器部分实现的。在帧缓存存储器中，通常是逐行地把内容从顶部向底部写入，所以对应显示区域顶部的那些行，其显示内容存储在帧缓存存储器的低地址空间；对应显示区域底部的那些行，其显示内容存储在帧缓存存储器的高地址空间。读出帧缓存数据时，依然按照逐行的方式读取，低地址空间的行先读取，但是读出来后，先读出来的一行内容用来刷新显示区域的底部一行的显示；然后读出来的数据用来刷新其上面一行的显示。这样就相当于实现了显示内容上下翻转的效果。

除了处理这种"翻转"映射关系，命令模式下，还可以在帧缓存存储器中开一个"小窗口"来写入内容。

如图2-15所示，如果把图中右侧显示的网格部分当作帧缓存的全部空间的话，那么在命令模式下，可以对该空间中间的一小部分进行数据内容的更新。

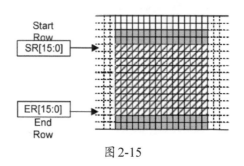

图2-15

图中显示的SR[15:0]、ER[15:0]表示对该小窗口的起始行、结束行的设定。除了设定行的区间，还需要设置列的区间SC[15:0]、EC[15:0]。

MIPI DCS中设定行、列区间的命令分别是0x2B、0x2A。

当需要更新跟显示区域整屏相对应的帧缓存存储器时，可以把这种整屏内容更新处理为特殊的"小窗口"：整屏显示就是SR、SC都为0，ER、EC为分辨率值的小窗口。

设定小窗口起始列、结束列的DCS命令是0x2A（为简化描述，在本书中也表示为2Ah），该命令需要4个字节的参数，分别是起始列的值、结束列的值；设定小窗口起始行、结束行的DCS命令是2Bh，该命令也需要4个字节的参数，分别是起始行的值、结束行的值，如图2-16所示。这两个命令的使用，需要注意两个问题。一是这两个命令的参数中，行、列值都是两个字节，这两个字节采用的是高字节先传的方式。因为在MIPI DSI的包结构中，通常是低字节先传，所以这里特别提出来。二是，起始行列、结束行列的值，就是它们本身所在行、列的编号值，所以按照2Ah、2Bh命令"定义"好一个小窗口后，该小窗口的行高是（ER−SR+1）行，列宽是（EC−SC+1）列。

0x2A	SC[15:8]	SC[7:0]	EC[15:8]	EC[7:0]

0x2B	SC[15:8]	SC[7:0]	EC[15:8]	EC[7:0]

图 2-16

基于该小窗口的定义，需要界定主控制器写帧缓存存储器时，是从帧缓存存储器的地址0开始写，还是从小窗口的左上角对应存储地址开始写。MIPI DCS中用命令2Ch、3Ch来表示向小窗口对应的帧缓存存储器空间写入数据。

从小窗口的左上角开始，用DCS命令2Ch开始写入图像数据，之后用DCS命令3Ch接着之前的操作地址继续向帧缓存存储器写入图像数据。

如果写入的图像数据超过小窗口的尺寸，多余的图像数据怎么处理？ MIPI DSI规范中并没有明确规定，但是在实际使用中，不同厂家做了不同的处理：一种是将超过小窗口尺寸的数据丢弃；另一种是多余的数据从小窗口左上角位置开始，替换已经写入的数据。

在第1章中，笔者强调最好要遵循良好的编码风格，不要把设计结果交给综合器去做猜测。由于MIPI DSI规范中没有明确规定使用2Ch、3Ch命令传输的数据总量超过小窗口尺寸时，多余的数据怎么处理，所以各个厂家就可以根据自己的喜好和习惯进行处理。

所以，在使用一些显示模组的驱动芯片时，需要留意其处理方式。如果采用丢弃的方式，那么只有最先发出去的数据会生效，即使发再多数据，只要不发2Ch命令，就无法重新更新小窗口显示内容；而如果使用"覆盖"方式处理多余的数据，在传输数据量多于小窗口尺寸时，就会看到小窗口开始部分的显示结果并不符合预期。当然，也可以合理使用这一"规则"，从第一个2Ch命令开始，以后每发完小窗口一帧数据，接着发的只要是小窗口新的一帧数据，那么就可以一直不再使用2Ch命令。

综上所述，工作在命令模式的显示模组，对于图像数据的配置通常采用的流程是用2Ah、2Bh命令设置显示区域的范围，然后用2Ch、3Ch命令对帧缓存存储器进行写操作。使用2Ch、3Ch命令时，虽然通常情况下是以设置的显示区域的"一行"为单位来处理，即用2Ch来写第一行，之后的行用3Ch来写。但是，MIPI的规范并没有规定只能这样使用。比如，完全可以用2Ch来写第一个像素点的数据，然后之后的数据用3Ch来写。甚至可以在用2Ch命令时不发任何图像数据，只是下发该命令表示重新指向更新窗口的起始位置，全部的图像数据用3Ch命令来写。

命令模式可以用命令2Ah、2Bh、2Ch、3Ch来区分。即只要能看到使用了这些命令，就可以判定显示模组工作在命令模式下。

二、视频模式

在视频模式下，视频数据流不是通过DCS命令的方式传给下一层的。可以这样理解：命令模式的图像数据，通过图2-11所示的控制接口（Control Interface）来接收；而在视频模式下，通过视频流接口（Video Stream Interface）来传递图像数据。

视频模式图像数据的传输，是用低阶协议层包结构中的数据类型标识符（DT，Data Type）字段区分，用不同的DT来构造视频模式传输所需要的各种数据包。视频模式下，应用层只提供图像数据的净荷，利用低阶协议层进行组包处理。与命令模式可以直接把图像数据写入帧缓存存储器不同，视频模式只能对显示设备进行操作，由于没有缓存存储器，所以只能基于提供的显示设备分辨率、行场前后肩（Porch）、图像像素点数据格式等多种参数，产生实时控制时序，驱动显示模组。

由于没有帧缓存存储器，所以在视频模式下也无法实现开"小窗口"的显示效果。如果仍然需要这样的小窗口内容更新方式，也只能在主处理器中将小窗口内容更新到整屏图像数据中，然后再把整屏数据实时传输给显示模组。

工作在视频模式下的显示模组的控制时序图可以参考图2-17，这是典型的DPI（Display Pixel Interface）接口时序。图中给出的host_dpi_hsync是高有效的水平方向列显示同步信号，用来表示一行显示的开始时间，所以称为行同步信号hsync。hsync之后一段时间（行消隐时间），通过host_dpi_de有效时间段，利用host_dpi_d

总线传输有效图像数据。由于都是延续CRT显示器的一些概念，所以把同步信号前后没有图像显示的时间也称为消隐时间。

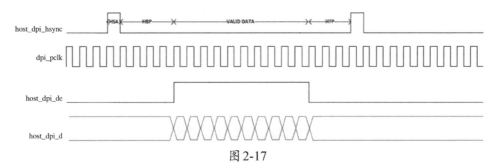

图 2-17

在垂直的行方向上也有同步信号，用来表示一帧（Frame，也有称之为一场）图像数据的开始，因此也叫帧同步（或场同步）信号vsync。与列方向类似，在行方向上，vsync之后也要等一定消隐时间才能开始输出有效图像数据。

图2-18以720×1280的分辨率为例，给出一个显示设备（Display Device）的相关参数示意图。720×1280分辨率表示有效显示行（VACT）是1280行，有效显示列（HACT）是720列。

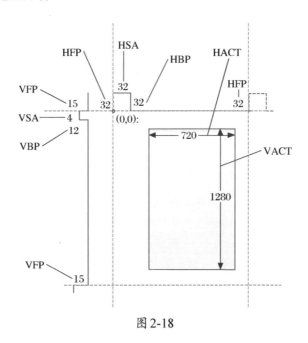

图 2-18

由于行、列都要在相应的同步信号之后一定时间才能开始图像显示，所以以各自的同步信号为参考，把同步信号之前的消隐时间叫前肩（Front Porch），把同步信号之后的消隐时间叫后肩（Back Porch），图2-18中各个前后肩的含义如下。

- HSA：行同步信号宽度，也被称为HSP。
- HFP：行前肩（水平前肩，Horizontal Front Porch），行同步信号前消隐列数。
- HBP：行后肩（水平后肩，Horizontal Back Porch），行同步信号后消隐列数。
- VSA：场同步信号宽度，也被称为VSP。
- VFP：场前肩（垂直前肩，Vertical Front Porch），场同步信号前消隐行数。
- VBP：场后肩（垂直后肩，Vertical Back Porch），场同步信号后消隐行数。

所以，显示过程中，一行的实际像素点数为（HFP + HSA + HBP + HACT）；一帧的实际行数为（VFP + VSA + VBP + VACT）。虽然没有明文规定，但是通常后肩的值不会大于前肩的值。

图2-18中，把前后肩分成了3部分：同步信号、前肩、后肩。有些显示设备会把同步信号的宽度合并到后肩的参数中，即把同步信号当作后肩的一部分。MIPI DSI为视频模式定义了几种不同的传输模式，也能反映这种前后肩的不同形式。

在MIPI DSI中，同步信号分为两个命令：同步开始命令、同步结束命令。

- HSS：HSA开始命令。
- HSE：HSA结束命令。
- VSS：VSA开始命令。
- VSE：VSA结束命令。

在MIPI DSI的低阶协议层（LLP），通过所组数据包的DI字段，来区分这些命令。LLP层的相关内容会在下一节介绍，为了保持内容的完整性，把视频模式下图像数据传输的完整过程先列在本节。

视频模式下，是以实时的方式将命令和图像数据传输给显示模组的，所以发送这些命令的时间点间隔就确定了同步信号的宽度。

每一行的行同步信号结束后，到图像数据发送之间，有HBP个像素的时间间隔。这期间可以不发任何数据，而让数据通道回到空闲状态（低功耗模式），也可以使用MIPI DSI定义的消隐包（Blanking Packet）来填充这段时间。

同样地，在帧同步信号之后，有多行（VBP行）不显示图像数据，但是对应每行的开始也需要发送同步信号。基于VSA和之后的HSA之间，以及VBP、VFP各行HSS、HSA之间不同的处理方式，就形成了视频模式下几种不同的传输模式。

（1）非突发同步脉冲模式（Non-Burst Mode with Sync Pulses）。

这种模式是把同步信号的宽度信息告诉显示模组，并且每个同步信号对应一个命令，命令发送结束后，数据通道回到空闲状态。所以一个列同步命令，会分解为先发HSS命令，之后再在对应时间点发HSE命令；一个帧同步命令，会分解为先发VSS命令，之后再在对应时间点发VSE命令。HSS命令与HSE命令之间、VSS命令与VSE命令之间的时间如果足够让数据通道回到空闲状态，则可以回到空闲状态；如果不足，则可以通过发一定长度的消隐包来填充这段时间。如图2-19所示，其中的"HSA"部分，就表示这段时间需要根据实际情况确定是发消隐包，还是回到空闲状态。图中的"BLLP"部分，表示消隐行对应的时间，"BLLP"表示数据通道的状态可以是LP状态，或者是MIPI DSI规定的其他类型的数据传输处理，甚至可以是BTA的流程处理。

图2-19中的"RGB"部分，对应有效显示区域的图像数据传输部分。

需要注意帧同步的传输机制，在图中的①、②处，分别传输的是VSS、VSE，①到②之间的这段时间均表示VSA时间，即"VSA Lines"。还需要注意的是，在消隐行中，用HSS、HSE来表示一个消隐行的列同步信号，但是在VSS、VSE的消隐行，用VSS、VSE来代替HSS、HSE。

（2）非突发同步事件模式（Non-Burst Mode with Sync Events）。

非突发同步事件模式下，有效显示区域的RGB数据、各种相关控制命令传输的示意图如图2-20所示。与图2-19相比，这个图就显得"简洁"了很多。

通过比较不难发现，在非突发同步事件模式下，不再向显示模组传输HSE、VSE命令，而仅仅传输HSS、VSS。所以非突发同步事件模式下，只是告诉显示模组同步信号开始的时间，而没有通过命令传输同步信号结束的时间。而非突发同步脉冲模式，通过HSE、VSE的事件点，可以直接恢复出行场同步信号的脉冲宽度。这样的理解，就能更好地体现两种模式中的"事件""脉冲"所表达的意义。

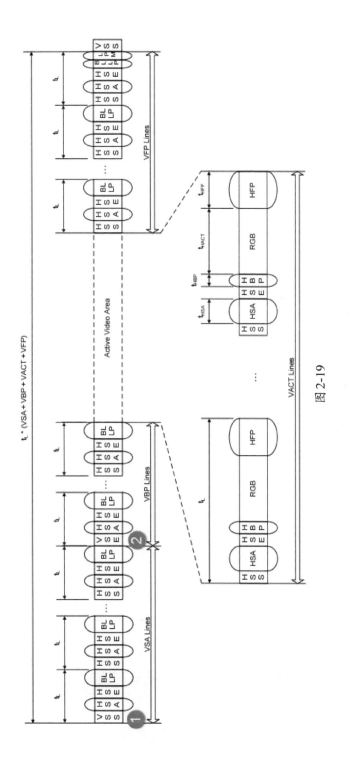

图2-19

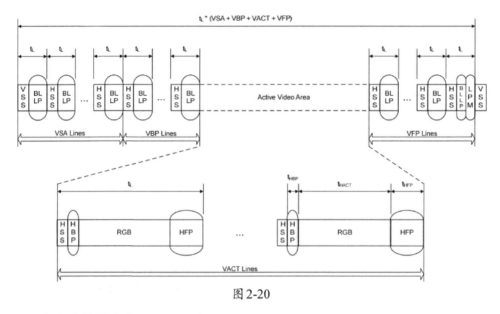

图 2-20

（3）突发模式（Burst Mode）。

突发模式下的数据命令传输方式如图2-21所示。初看起来，这和图2-19没有本质区别，其区别只在于①处传输"RGB"数据所用的时间不同。

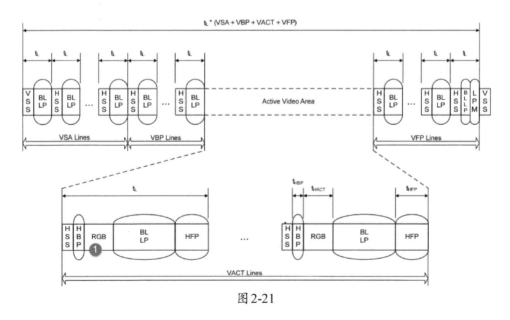

图 2-21

其实不然。突发模式是指传输RGB图像数据时，充分利用MIPI提供的带宽，采用突发方式先把图像数据传输给显示模组。显然，这种模式下，需要显示模组中有行缓存区或类似的存储区域。而在图2-19所示的非突发同步事件模式下，RGB数据也是"实时"传输的，也就是说，相关数据就是对应这个时间的像素显示数据，所以其中"RGB"持续的时间也就是一行中的有效显示时间。而在突发模式下，RGB数据先用MIPI提供的带宽，快速传输给显示模组进行缓存，然后可以切换到低功耗模式，这样可以节省系统的功耗。

（4）突发模式在实际系统中的应用。

由于图像数据采用突发模式传输，每行图像数据实际传输需要的时间远远小于图像显示时间，从而能够节省一定时间，这段时间MIPI通道进入低功耗模式，以降低系统功耗。但是在实际系统中，有时为了"传输格式一致"，也会采用图2-22所示的数据、命令传输方式。

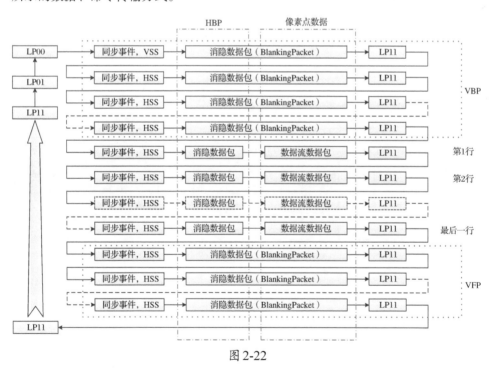

图2-22

也就是说，在有效显示行、行同步信号和有效数据之间，需要用消隐包（Blanking Packet）来填充相应的时间，所以在消隐行期间，没有图像数据传输，也用消隐包来替代。

换句话说，采用这种结构，一帧中的每一行，处于发送的时间都是相同的。

（5）视频模式下RGB数据包的传输。

结合前面的描述，可以这样来比较命令模式和视频模式的区别。命令模式是对帧缓存存储器进行处理，而视频模式是对显示时序的处理。在命令模式下，图像数据的传输是在应用层通过DCS中的2Ch、3Ch命令来传输给更低层次，再进一步组包发送给显示模组的。视频模式下，在应用层，只提供实时图像数据流，LLP层提供一定开销（Overhead），通过所组数据包中的DI字段，形成VSS、HSS等时序命令，向从设备传递时序信息。RGB图像数据也通过DI字段的不同命令来传输。

MIPI DSI支持多种视频模式图像数据传输格式，图2-23所示是DT字段值为3Eh时的数据包及图像数据传输格式。

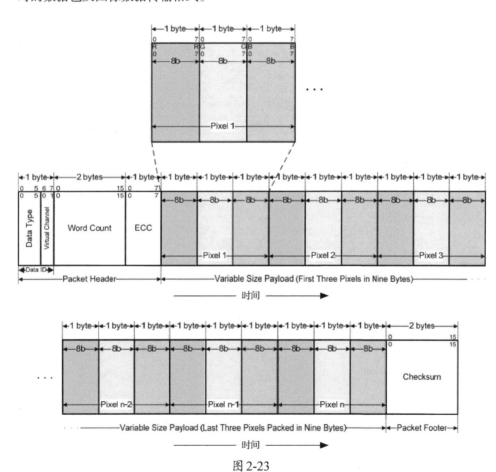

图2-23

这个包是一个长包，通过DT字段值为3Eh定义了该包的净荷是RGB888格式的图像数据包。

所以，命令模式和视频模式不仅在显示模组的硬件结构上有差异，在图像数据的传输上也有明显的差异。

 如果说命令模式可以用命令2Ah、2Bh、2Ch、3Ch来界定，那么视频模式则可以用每帧图像之间都需要发送行同步数据包来界定。

2.3.3 MIPI DSI的低阶协议层（LLP）

MIPI的各个协议规范都是基于数据包的协议。应用层发起对显示模组的操作命令后，由低阶协议层完成对这些命令及其附带参数的打包操作。低阶协议层还负责组织包的传输机制。

一、MIPI DSI数据传输的基本结构

MIPI DSI定义了长包和短包两种包结构。

基于MIPI DSI物理层MIPI D-PHY的特殊结构，每个包在开始传输前，一定处于一个被称为低功耗模式的状态（LPS）。开始数据传输时，最先传输的是一种特殊的包结构——包开始指示（SoT，Start of Transmission），SoT之后才传输MIPI DSI数据包。也可以说SoT是MIPI DSI规定的离开低功耗模式的特定序列，因此根据DSI支持的不同传输类型，会有不用的SoT。数据传输结束后，使用特定的传输结束标志（EoT，End of Transmission）来结束数据传输，结束数据传输后数据通道的状态回到低功耗状态。EoT也是根据MIPI D-PHY特性而规定的数据通道，或者时钟通道的P、N端上一组特定的值序列。

图2-24所示是MIPI DSI 3次数据包传输的过程示意图，其中的SP表示传输的是一个MIPI DSI短包，LgP表示传输的是一个MIPI DSI长包。这张图清晰地反映出，MIPI DSI每次数据传输时，都必须以SoT开始，以EoT结束，EoT之后通道上为LPS状态。

但是需要强调的一点是，在MIPI DSI中，EoT并不等同于EoTp。EoT是表示数据传输结束的一组值序列，EoTp是一种特定的数据包，即EoT Packet。早期的

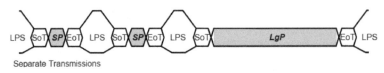

图 2-24

MIPI DSI协议中并没有EoTp的概念，后来为了增加系统的鲁棒性，才引入了EoTp的概念。EoTp是一个短包，在每次数据传输之前，用它来表示全部数据传输结束。EoTp之后，到下一个SoT之前，即使通道上还有数据包传输，也可以被忽略。

在图2-24中，每个SoT、EoT之间，都只有一个数据包：前两次各是一个短包，第三次是一个长包。这样每个数据传输结束后，都要进入低功耗模式（LPS），再发起下一个包的传输，这样大大减少了接口的处理带宽。为了增加接口处理带宽，MIPI DSI允许一次数据传输支持多个数据包的传输。在一个数据包传输结束后，紧跟着进行第二个包的传输（中间没有任何间隔），等全部需要传输的数据包传输结束之后，再通过EoT结束数据传输。

为了能够向上兼容，MIPI DSI规定EoTp是一个可选项。图2-24中描述的是3个包分别传输的情况，图2-25所示是这3个包在同一次数据传输中进行传输的示意图。

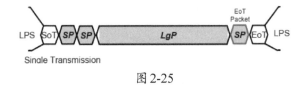

图 2-25

显然，这种方式和图2-24相比，使用的时间大大缩短。同时注意，在图2-25中，LgP和EoT之间还多加了一个短包，该短包就是EoTp。

MIPI DSI的数据传输，采用突发模式（Burst）传输，即一次传输一旦开始，到结束之前，中间不能中断。图2-25中的3个包，前两个是短包，最后一个是长包（最后还有一个EoTp没有考虑），但是这并不是暗示如果有长包，长包就一定要放在一次突发的最后。实际上一次突发中包含多个数据包时，长包、短包可以以任意顺序出现。

MIPI DSI规定了物理层传输数据时，有高速传输和低功耗传输两种基本模式。

这里还需要强调的是，即使在LLP层，也不关注数据传输是采用高速传输还是低功耗传输。当然，物理层的一些功能也会给上层操作带来一定的影响与限制。比如，如果一直都使用低功耗模式传输数据包，那么每个数据包单独传输，与多个数据包在同一次数据传输中完成传输，对传输带宽的影响并不太明显。只有在使用高速传输模式时，这种影响才会显现出来。

同样，当需要多个数据包在同一次数据传输中完成传输时，这些数据包要么都用高速传输模式完成传输，要么都用低功耗传输模式完成传输，不可能同一次传输中一部分数据包使用高速传输模式，而另一部分数据包使用低功耗传输模式。

本小节将对MIPI DSI的数据包结构进行说明，而SoT、EoT及EoTp由于与物理层的关系更贴近，因此放在介绍DSI物理层时再进行说明。

二、MIPI DSI包结构

MIPI DSI定义了长包和短包两种包结构。

（1）MIPI DSI长包结构。

MIPI DSI长包结构如图2-26所示，MIPI DSI长包被划分为3个子字段：包头、净荷、包尾。包头（PH，Packet Header）部分包含4个字节。第一个字节是数据包识别符（DI，Data ID），它包含两个字段：高2比特是虚拟通道号（VC，Virtual Channel），低6比特是数据类型标识符（DT，Data Type）。

跟着的两个字节，是长包净荷部分的字节数量标志符（WC，Word Count）。WC字段为两个字节，取值范围为0~65535，它表示净荷的字节数量，所以一个长包最多只能传输65535字节。特别强调的是，一个长包能传输的有效数据（净荷，Payload）的最大数量是65535字节，而不是65536字节。图2-26中，标识为"PACKET DATA (Payload)"的Data 0、Data 1……Data WC-1等一共WC个字节，就是该长包的净荷部分。

WC的两个字节，低字节在前，高字节在后。

包头部分的最后一个字节，是ECC（Error Correction Code）字段，这是包头部分的纠错码部分。ECC采用汉明码，这是一种前向纠错码，能够检测出数据中2比特的传输错误；当传输只有1比特错误时，该编码方式能够找出该错误编码并纠正为正确编码值。

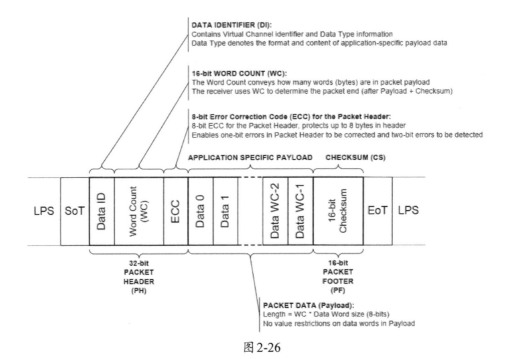

图 2-26

MIPI DSI长包的净荷之后，是数据包的包尾部分。包尾一共两个字节，是净荷的16比特CRC值。

所以，在长包中，一共提供了两组错误检测码来验证数据传输的正确性。一个是包头的ECC，该字段是包头的纠错码，它可以纠正1比特的编码错误，检测2比特编码错误；另一个是包尾的CRC，对净荷字段的数据进行校验。

（2）MIPI DSI短包结构。

MIPI DSI的短包是固定传输两个字节的数据包，包结构如图2-27所示。

MIPI DSI短包包含4个字节，第一个字节称为数据识别符（ID），包含两个子字段：高2比特是虚拟通道号（Virtual Channel），低6比特是数据类型标识符（DT，Data Type）。

紧跟着的两个字节是数据包的净荷（PACKET DATA），第4个字节是短包的纠错码（ECC，Error Correction Code）。

MIPI DSI短包实际传输的两个字节是图2-27中的 Data 0、Data 1。如果映射到图2-26所示的长包结构上，这两个字节正好是长包的WC字段。因此，从包结构上看，可以把短包当作长包的一种特殊形式，也就是只有包头部分的长包。显然，如果不考虑其他因素，短包完全可以用长包的形式来发，这时WC字段值为0x0002，即净荷的字节数量为两个字节。

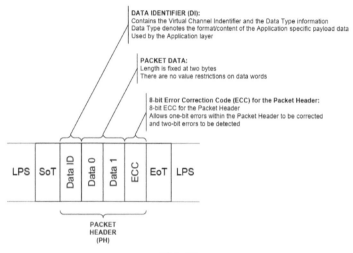

图 2-27

三、MIPI DSI数据字节传输顺序

MIPI DSI协议是以字节为基础，基于数据包的系统。一个数据包内的各个字节按照低字节先传的顺序传输。当使用多个数据通道传输数据时，在多个通道上分配数据也是以字节为单位，因此不会出现同一个字节的不同比特被分配到不同数据通道的情况。存在多个数据通道时MIPI DSI数据的具体分配原则，在链路管理层还会继续详细介绍。

每个数据通道传输一个字节的内容时，采用的是低比特位先传的机制。图2-28所示是以一个长包为例，对该长包全部比特传输的时间先后顺序的说明。

DI	WC (LS Byte)	WC (MS Byte)	ECC	Data	CRC (LS Byte)	CRC (MS Byte)
0x29	0x01	0x00	0x06	0x01	0x0E	0x1E
1 0 0 1 0 1 0 0	1 0 0 0 0 0 0 0	0 0 0 0 0 0 0 0	0 1 1 0 0 0 0 0	1 0 0 0 0 0 0 0	0 1 1 1 0 0 0 0	0 1 1 1 1 0 0 0

← 时间 →

图 2-28

需要说明的是，图2-28中的长包各个比特的传输顺序示意图，只给出了包传

输过程中这些对应比特位的传输情况。如图2-26所示，这些比特位传输前，还有
"LPS"字段、"SoT"字段，或者该数据包之前是另一个数据包。当然，该数据包
后面是别的数据包，还是整个传输过程结束，也没有指明。

同时，该示意图也没有说明是使用高速传输模式，还是低功耗传输模式。因为
这两种传输模式的选择，是物理层解决的问题。或者说，在低阶协议层，根本不
用关心使用哪种模式传输。如果该长包只使用了数据通道0进行数据传输，那么在
这一层次，是无法区分高速传输模式还是低功耗传输模式的。但是，如果使用了多
个数据通道进行数据传输，就可以确定使用的一定是高速传输模式：因为在MIPI
DSI的物理层，只有数据通道0支持低功耗数据传输模式。图2-28中所示的长包，
如果使用4个数据通道进行传输的话，其各个比特实际传输的顺序可以参考图2-29
所示的结果。

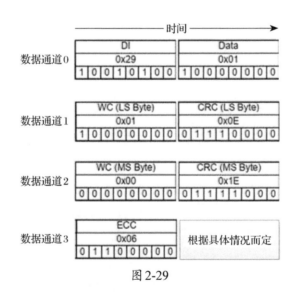

图 2-29

四、数据类型标识符DT

数据类型标识符DT是数据包识别符的第一个字节的低6比特字段。

在数据包识别符中，高2比特是虚拟通道识别符。原则上，MIPI DSI是点对点
连接的协议，但是MIPI DSI定义了虚拟通道的概念，允许一个主机在逻辑上与最
多4个从设备进行数据通信，当然在同一时间，一个主机只能与其中一个从设备进
行通信。

数据包识别符是MIPI DSI数据包传输的第一个字节，它决定了传输的数据包的类型：与哪个虚拟通道通信，使用长包还是短包传输数据。

MIPI DSI的数据传输在正向传输方向和反向传输方向需求迥异，这导致在正向方向和反向方向上传输的数据包类型也大相径庭。MIPI DSI的数据类型标识符DT的意义，也随着数据传输的方向不同而不同。表2-3列出了正向数据传输时，部分DT编码及其意义说明。

表2-3 MIPI DSI正向数据传输的DT意义

DT编码值	DT意义	概括说明	长短包类型
01h	VSS（V Sync Start）	行同步开始数据包	短包
11h	VSE（V Sync End）	行同步结束数据包	短包
21h	HSS（H Sync Start）	列同步开始数据包	短包
31h	HSE（H Sync End）	列同步结束数据包	短包
08h	EoTp（EoT Packet）	传输结束指示数据包	短包
02h	Color Mode On Command	显示模组进入浅色显示模式	短包
12h	Color Mode Off Command	显示模组恢复正常显示模式	短包
22h	Shutdown Peripheral Command	关闭显示模组命令	短包
32h	Turn On Peripheral Command	激活显示模组命令	短包
03h	Generic Short Write	通用短包写命令，不带参数	短包
13h	Generic Short Write	带1字节参数的通用短包写命令	短包
23h	Generic Short Write	带2字节参数的通用短包写命令	短包
04h	Generic Read	通用读命令，不带参数	短包
14h	Generic Read	带1字节参数的通用读命令	短包
24h	Generic Read	带2字节参数的通用读命令	短包
05h	DCS Short Write	DCS短包写命令，不带参数	短包
15h	DCS Short Write	带1字节参数的DCS短包写命令	短包
06h	DCS Read	不带参数的DCS读命令	短包
37h	Set Maximum Return Packet Size	设置返回数据包的最大字节数	短包
09h	Null Packet	不带有效数据的空包	长包
19h	Blanking Packet	（不带有效数据的）消隐包	长包
29h	Generic Long Write	通用长包写命令	长包
39h	DCS Long Write	DCS长包写命令	长包

续表

DT编码值	DT意义	概括说明	长短包类型
0Ch	Loosely Packet Pixel Stream	20比特4：2：2格式的YCbCr像素点数据包命令	长包
1Ch	Packed Pixel Stream	24比特4：2：2格式的YCbCr像素点数据包命令	长包
2Ch	Packed Pixel Stream	16比特4：2：2格式的YCbCr像素点数据包命令	长包
0Dh	Packed Pixel Stream	30比特10：10：10格式的RGB像素点数据包命令	长包
1Dh	Packed Pixel Stream	36比特12：12：12格式的RGB像素点数据包命令	长包
3Dh	Packed Pixel Stream	12比特4：2：0格式的YCbCr像素点数据包命令	长包
0Eh	Packed Pixel Stream	16比特5：6：5格式的RGB像素点数据包命令	长包
1Eh	Packed Pixel Stream	18比特6：6：6格式的RGB像素点数据包命令	长包
2Eh	Loosely Packet Pixel Stream	18比特6：6：6格式的RGB像素点数据包命令	长包
3Eh	Packed Pixel Stream	24比特8：8：8格式的RGB像素点数据包命令	长包

　　DI值为37h时，表示设置回读数据包的净荷字节数量。当主处理器需要从从设备读取数据时，通常会先通过37h数据包类型（命令）来告诉从设备，主处理器发起的是多少字节的数据请求，再向从设备发起06h的数据包类型，或者04h/14h/24h等命令，开始从从设备读取数据。

　　从设备返回数据包时，数据类型标志符DT的意义如表2-4所示。

表2-4　MIPI DSI反向数据传输的DT意义

DT编码值	DT意义	概括说明	长短包类型
02h	Acknowledge and Error Report	应答和错误报告数据包	短包
08h	EoTp（EoT Packet）	传输结束指示数据包	短包

续表

DT编码值	DT意义	概括说明	长短包类型
11h	Generic Short READ Response, 1 byte returned	返回1字节的通用短包读响应数据包	短包
12h	Generic Short READ Response, 2 bytes returned	返回2字节的通用短包读响应数据包	短包
21h	DCS Short READ Response	返回1字节的DCS读响应短包数据包	短包
22h	DCS Short READ Response	返回2字节的DCS读响应短包数据包	短包
1Ah	Generic Long READ Response	通用读响应长包数据包	长包
1Ch	DCS Long READ Response	DCS读响应长包数据包	长包

不管是正向数据传输，还是反向数据传输，都有EoTp的数据类型。EoTp用来表示数据传输结束的数据类型，DT值为08h。EoTp的数据包是一个短包，其包内容也是固定的。为了帮助读者回顾MIPI DSI数据包传输形式，把图2-25中的EoTp的内容列出来，如图2-30所示（图中的数值都是十六进制数）。

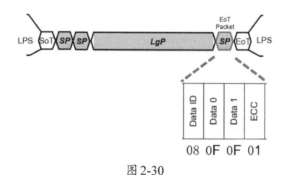

图2-30

需要强调的是，EoTp的数据包识别符也是0x08，即虚拟通道识别符的值固定为0，并不随着MIPI连接的虚拟通道号变化而变化！

对比表2-3和表2-4不难发现，反向数据传输的DT类型数据明显少于正向数据传输的；与此同时，长包的数量明显减少。这可以理解为反向传输只能支持低功耗传输模式，在多字节数据通道，也只能在数据通道0上进行数据传输，所以传输带宽大大受限。当然，主要原因还是MIPI DSI的主处理器和外设之间数据传输量的不对称。对于MIPI DSI应用，主要数据量是从主处理器写往外设，两者并不是完全对称的地位。从主处理器写往外设的数据，不仅数据量更大，数据类型也更多，所以需要更多的命令来实现。

需要从从设备向主处理器传输的数据，更多情况下是读取的从设备的工作状态，是一些数据量比较少的状态寄存器的回读，或者是在调试、故障定位阶段，从从设备读取的一些需要分析的大的数据量，比如需要回读显示缓存存储器的内容，以及已经配置好的一些寄存器的值等。

在MIPI DSI中，MIPI时钟通道始终由主处理器驱动，MIPI数据的传输由主处理器来发起，因此数据通道默认也是由主处理器驱动。当需要从设备返回数据时，MIPI定义了一个MIPI总线（方向）反转过程，该过程大致分为以下4个阶段。

• 第一个阶段是主处理器确定需要从设备反馈数据时，发起一个（总线方向）反转请求。

• 第二个阶段是设备检测到该请求后，如果确认能够按要求回复数据，就发起一个总线反转（BTA，Bus Turn-Around）应答命令；主处理器检测到该BTA命令后，确认从设备能响应输出数据的请求，对该BTA命令进行响应，并释放对MIPI总线的控制，将总线驱动控制权交给从设备。

• 第三个阶段是从设备开始输出对应的数据包，当全部数据包发送结束后，从设备发起（总线方向）反转请求，请求主处理器重新获取总线控制权。

• 第四个阶段是主处理器检测到从设备的（总线方向）反转请求后，发出BTA命令，然后MIPI总线重新由主处理器进行驱动。

关于BTA，后续章节还会详细介绍，包括（总线方向）反转请求、BTA的具体物理表现形式。

当主处理器向从设备的写操作结束后，如果该写操作本身是需要读取从设备相关信息的命令，那么按照上面关于BTA的描述，主设备会发起一系列操作，完成从从设备读取数据的处理。从设备将对应数据包发送完毕后，如果从设备工作状态存在异常，从设备也会按照表2-4中的02h命令"应答和错误报告数据包"的格式，向主处理器报告设备异常状态。

主处理器向从设备的写操作结束后，即使写给从设备的数据不是读取从设备的命令，但是主处理器也发起了一个总线反转请求，从设备必须对此请求进行响应。

这时从设备需要按照02h命令"应答和错误报告数据包"的格式，向主处理器上报当前从设备的状态。由于从设备在上报这些工作状态后，会把这些工作状态标志位清除，所以可以把这个过程理解为主处理器在查询上一次查询后从设备的历史工作状态。

MIPI DSI预先定义了一些状态错误类型，包括物理层、链路层的一些错误。表2-4中的"应答和错误报告数据包"就是专门用来传输这些错误和状态信息的。"应答和错误报告数据包"是一个短包，能传输两个字节，一共16比特，表2-5给出的是数据包的16比特对应的错误状态标志位及其意义说明。

表2-5　应答和错误报告数据包的各个比特位的意义

比特位	意义
0	传输开始错误
1	传输开始同步错误
2	传输结束同步错误
3	逃逸模式进入命令错误
4	低功耗传输同步错误
5	外设超时错误
6	错误控制错误
7	冲突检测错误
8	单比特ECC错误（检测到错误但已经纠错）
9	多比特ECC错误（检测到但没有纠错）
10	CRC错误（只有长包才有效）
11	无法识别的DSI数据类型（DI）
12	无效的虚拟通道值
13	无效的传输长度
14	保留位
15	DSI协议违例

当从设备同时有其他数据包需要传输回主处理器时，应答和错误报告数据包必须是最后一个传输的数据包。这时，如果从设备没有检测到任何错误，应答和错误报告数据包也可以不传输。

MIPI DSI采用的是低字节先传、字节中低比特先传的机制，所以表2-5中的各个编号的比特位，在应答和错误报告数据包两个有效传输字节中的实际物理位置，可以参考图2-31，图中用比特位0的传输开始错误（SoT Error）和比特位15的DSI协议违例（DSI Protocol Violation）来标注和表2-5的对应关系。

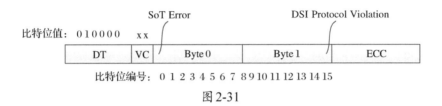

图2-31

从设备的工作状态上报实行的是查询机制，即只有在主处理器发起读请求时才能上报。没有主处理器的读请求，即使从设备检测到了一些错误状态也无法主动上报。

各种错误状态的具体含义，什么情况下会被置位为有效，在MIPI DSI相关规范中有明确的定义，本节不再详细介绍。

五、ECC的计算

在MIPI DSI的包结构中，无论长包还是短包，包头部分的最后一个字节都是包头前3个字节的纠错码（ECC，Error Correction Code）字段。MIPI DSI的ECC采用汉明码。汉明码利用了奇偶校验的概念并进行了改进。

简单的奇偶校验通过在有效数据后增加一个比特，来标明有效数据中1的个数是奇数还是偶数；在接收端重新判别1的个数，就能确定数据传输过程是否有数据错误。显然，即使检测到了数据传输发生了错误，这种方式也无法知道是哪一位发生了错误；并且当同时有两个比特位发生错误时，计算得到的1的个数的奇偶数属性会和传输前一样，所以这种方式无法检测偶数个比特的传输错误。

汉明码通过特殊的计算，加入了更多的校验比特位，从而可以检测数据传输过程中发生的不超过两个比特的传输错误，如果只有1比特错误，还可以纠正该比特错误。

信息编解码本身也是一门高深的学问。比如汉明码，需要进行校验的原始信息的比特位数不同，汉明码需要的比特位也不同。本小节不做深入说明，感兴趣的读者可以查阅相关书籍和资料。MIPI DSI规范直接给出了DSI数据包的ECC字段计算方法，如图2-32所示。

P7=0

P6=0

P5=D10^D11^D12^D13^D14^D15^D16^D17^D18^D19^D21^D22^D23

P4=D4^D5^D6^D7^D8^D9^D16^D17^D18^D19^D20^D22^D23

P3=D1^D2^D3^D7^D8^D9^D13^D14^D15^D19^D20^D21^D23

P2=D0^D2^D3^D5^D6^D9^D11^D12^D15^D18^D20^D21^D22

P1=D0^D1^D3^D4^D6^D8^D10^D12^D14^D17^D20^D21^D22^D23

P0=D0^D1^D2^D4^D5^D7^D10^D11^D13^D16^D20^D21^D22^D23

图 2-32

MIPI DSI 数据包头除了 ECC 外，一共 3 字节 24 比特，根据汉明码编码规则，只需要 6 比特编码即可。图 2-32 中，P0、P1……P7 表示 ECC 字节从低到高的 8 个比特位，只有 P0~P5 等 6 个比特是需要的，所以 P7、P6 直接使用值 0。图中的 D0、D1……D23 是数据包前 3 个字节一共 24 比特按照发送顺序的 24 个值，具体对应关系可以参考图 2-28。

图 2-32 的计算方式表明，MIPI DSI 包头的 ECC 字段各个比特的值，通过计算包头前 3 个字节中指定比特位的异或操作结果即可得到。图 2-33 以一个短包为例，给出计算 ECC 的计算过程示意图，注意图中给出的 D、P 的编号及它们实际发送对应的位置。

六、长包净荷 CRC 的计算

在 MIPI DSI 使用长包传输数据时，采用的是循环冗余校验码（CRC，Cyclic Redundancy Check）来保证净荷传输的正确性。相比 ECC，CRC 无法进行纠错，但检错能力更强，比如只要满足一定条件，可以检测任意奇数个比特差错；或者检测一定长度编码内的特定长度的突发错误。

为方便理解 CRC 计算的基本操作，可以借鉴小学阶段学习除法时使用的"竖式法"。

如图 2-34 所示，把原始数据（$m(x)$）当作"被除数"，把校验多项式（$P(x)$）当作"除数"，一步步进行"减法"操作后，最后得到的"余数"$r(x)$ 就是原始数据的 CRC 校验值。

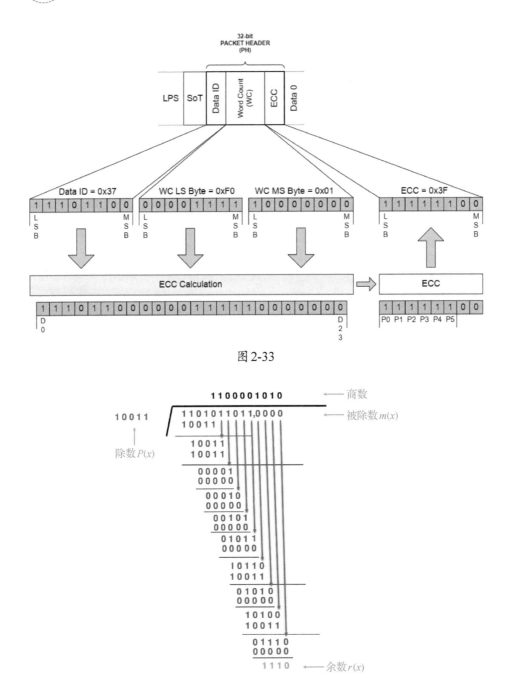

图 2-33

图 2-34

当然，这里"减法"的操作规则与数学中的减法略有不同，这里的减法是一种逐位模二的运算，也没有"借位"的处理，满足的规则是：

0−0=0；

0−1=1；

1−0=1；

1−1=0。

这对应硬件中的异或运算。

图2-34中，除数值用"10011"，表示CRC生成多项式$P(x)$为：

$$P(x)=x^4+x^1+1$$

生成多项式不同，CRC校验方法就不同。能实现CRC功能的多项式很多，并且有一些已经被一些国际组织采纳，写进了相应协议的规范中。

MIPI DSI采用的CRC是国际电信联盟电信标准化部门（ITU-T）使用的CRC，其生成多项式为：

$$P(x)=x^{16}+x^{12}+x^5+1$$

包括ECC、CRC在内的各种纠错码、校验码技术，都是随着通信领域技术的发展而在不停发展的。所以到目前，各种CRC实现的软硬件技术都已经非常成熟。图2-35所示是计算MIPI DSI长包净荷CRC的硬件实现电路结构图，用16位移位寄存器加3个异或逻辑即可实现。

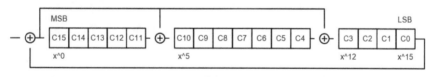

图2-35

MIPI DSI规范还给出了用软件方法计算CRC的一段源代码，感兴趣的读者可以从相关协议中查到这段代码，本节不再赘述。

关于MIPI DSI的ECC和CRC，还需要注意的是，从设备不必须支持CRC的解码，但是即使不支持CRC的解码，也必须要对CRC字段进行判别。并且，在MIPI DSI的规范中，ECC也不是必须支持的。所以，在现在实际使用的MIPI设备中，依然有很多设备是不对ECC值进行处理的。

2.3.4 MIPI DSI 的链路管理层

前面已经对链路管理层的内容进行了一些说明，比如图2-9说明了传输的数据包各个字节在3个数据通道上的映射关系。

MIPI DSI是一个数据通道灵活可变的数据传输系统。当然，对于指定的系统，一旦上电后，支持的通道数量也就固定下来，不支持通道数量在工作过程中进行修改。

在MIPI DSI中，一条链路至少包含一条时钟通道和一条数据通道。对多数据通道链路，全部数据通道共用同一个时钟通道。

如图2-36所示，点画线左侧部分，描述了只有一条数据通道时，需要传输的数据内容各个字节在数据通道上的发送顺序，即低字节先传。在发送侧，通过并串转换器把各个字节转成串行比特流，通过传输介质输出；在接收侧，通过解串器对串行比特流进行解码，输出相应的字节数据。为了方便解码，MIPI DSI物理层规定了一些同步机制。

图2-36中点画线右侧是使用4个数据通道时，要传输的数据包各个字节在各个通道上的映射关系。由于使用了4个数据通道，所以可以确定这时使用的是高速传输模式，发送端是主处理器端，接收端是显示模组。这时，在主处理器端，按照时间轮询方式（Round-Robin）把各个字节按顺序分配到各个数据通道上。图2-36所示是使用了4个数据通道，则字节0分配到数据通道0发送、字节1分配到数据通道1发送……字节3分配到数据通道3发送、字节4分配到数据通道0发送……

图2-9给出的是使用3个通道时各个字节映射的结果，字节0、3都分配到数据通道0发送。

MIPI DSI数据包传输使用多个数据通道时，每个通道发起各自的SoT，所以每个通道的第一个字节发送时间也是相同的，这可以参考图2-9。当需要传输的字节总数是数据通道数的整数倍时，每个数据通道上传输的字节数也相同，所以发送端EoT的发送时间也是相同的。但是当传输的字节总数不是数据通道数的整数倍时，有些数据通道上就会少发一个字节，少发一个字节的数据通道独立地结束数据传输过程，EoT的发送时间也会提前一个字节的时间。概括来说，就是SoT在多个数据通道上一定是同时的，但是EoT却不尽然。

当然，在接收端，即使收到的EoT不是同时的，也必须等全部通道的数据收集完全后才能把数据送给低阶协议层。

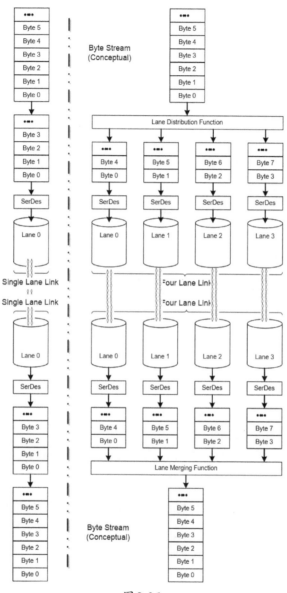

图 2-36

在使用低功耗模式进行数据传输时，不需要时钟通道参与；用高速模式传输数据时，必须使用时钟通道提供同步时钟。进行数据传输时，时钟通道的工作分为连续时钟模式和非连续时钟模式两种。连续时钟模式下，不管是否有高速数据传输，时钟通道上一直都有高速时钟信号传输。非连续时钟模式是指在不需要进行数据传输时，时钟通道差分对（P、N端）处于低功耗模式。在非连续时钟模式下，需要传输数据之前，时钟通道要提前进入高速时钟输出模式；而数据通道结束数据传输后，时钟通道还必须要保持一段时间继续发送高速时钟，这将在后续介绍D-PHY时详细说明。

2.3.5 D-PHY规范

MIPI的物理层到目前一共有D-PHY、M-PHY、C-PHY和A-PHY等4种，本节重点讲述D-PHY规范的相关内容。在OSI参考模型中，最底层是物理层，其功能被界定为定义系统的电气、机械、功能标准等，比如电压、物理数据速率、比特流编码等。源自OSI参考模型的MIPI系统，其物理层实现的也是这些功能。在前面的介绍中，已经提到过很多物理层的相关功能，比如PHY配置基本结构是一条时钟通道和一到多条数据通道；数据传输有高速模式（简称HS）、低功耗模式（简称LP）的区别；低功耗模式数据传输只能在数据通道0上传输；低功耗模式编码采用归零码，如图2-10所示；在切换总线控制权时有BTA操作等。

本小节从D-PHY信号的电气特性开始，说明D-PHY的一些基本特性，以及一些基本操作的具体实现。

一、D-PHY信号电气特性

D-PHY物理层最大的特征在于，时钟通道和数据通道在物理上都由两根信号线来实现，但需要在同一个物理介质上，在不同工作模式下实现两种完全不同的电气特性。

如图2-37所示，在高速数据传输时，它需要支持的电气特性是共模电压为200mV左右，摆幅也约为200mV的差分信号（这和JEDEC规定的SLVS-400电气标准基本相同）；而在低功耗信令（控制或数据传输）阶段，两根信号线独立实现类似于LVCMOS 1.2V的单端信号。

MIPI中规定，使用D-PHY时，在高速模式下，低功耗接收模块解析对通道的两根信号线的判决都必须是"低电平"。图2-37中也反映了这一点：LP-RX低电平最小接收电压，大于高速模式下信号的最高电压。

一个通道两根信号的电平值，确定了D-PHY的工作状态。为了方便后面描述，根据通道两根信号实现差分信号时的极性，分别把两根信号线用Dp、Dn来表示（除

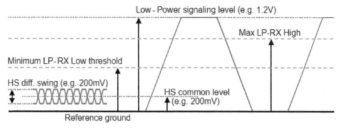

图2-37

非特别说明,时钟通道当作特殊的数据通道来对待),并用HS-0、HS-1、LP-00、LP-11、LP-01、LP-10等来表示MIPI通道的电平状态,如下所示。

- HS-0:表示高速模式下传输"比特0"的Dp、Dn的电平,这时Dp上为差分低电平、Dn上为差分高电平。
- HS-1:表示高速模式下传输"比特1"的Dp、Dn的电平。
- LP-00:表示Dp、Dn上都是图2-37中所示的低功耗信令低电平。
- LP-11:表示Dp、Dn上都是图2-37中所示的低功耗信令高电平。
- LP-01:表示Dp是低功耗信令低电平,而Dn是低功耗信令高电平。
- LP-10:表示Dp是低功耗信令高电平,而Dn是低功耗信令低电平。

二、D-PHY工作状态和工作模式

前面的章节多次提到高速数据传输、低功耗数据传输等,其实它们都是在引入物理层概念之前的一种笼统的说法,涉及了跟高速数据传输相关的多个范畴,不够准确。本节提到的高速模式,所指代的范围更小。也可以这样说,本小节描述的很多概念,在实际中常常被很多人所"误用"。

在D-PHY中,当Dp、Dn的电平状态是LP-11时,该状态又被称为停止状态(Stop State)。该状态可以理解为D-PHY的休眠状态,也就是在这个状态下,MIPI主从设备之间无法进行任何数据通信。停止状态还有一个作用,就是无论D-PHY处于哪个工作模式或工作状态下,只要出现停止状态(LP-11),就会停止当前的操作,这也是它被命名为停止状态的原因。

在Dp、Dn处于停止状态时,需要Dp、Dn上的特定电平序列才能进入允许数据/命令传输的状态,这些特定的电平序列被称为传输请求。为强调其区别,表2-6列出了D-PHY规定的几种传输请求。

表2-6 传输请求类型说明

Dp、Dn电平序列	传输请求类型
LP-11→LP-01→LP-00	高速数据传输请求
LP-11→LP-10→LP-00→LP-01→LP-00	逃逸模式请求
LP-11→LP-10→LP-00→LP-10→LP-00	（总线方向）反转请求

D-PHY的通道只有Dp、Dn电平处于HS-0、HS-1电平状态下，才被称为高速模式，除此之外的状态都被称为控制模式。在控制模式下，只有在通道上出现高速数据传输请求，D-PHY才会进入高速模式，直到出现停止状态（LP-11）才会退出高速模式，回到控制模式。

控制模式下，如果出现逃逸模式请求，D-PHY进入逃逸模式。进入逃逸模式后，根据传输的第一个字节内容，可以进行不同的数据/命令传输，后续会给出具体的几种命令，低功耗数据传输命令就是其中之一。

控制模式下，如果出现（总线方向）反转请求，D-PHY进入链路总线方向反转流程。严格按照D-PHY的规范来看，逃逸模式和总线方向反转流程依然属于控制模式。如图2-38所示，可以认为图中左侧是高速模式下Dp、Dn电平状态，图中右侧描述的就是控制模式下的Dp、Dn电平状态。显然，控制状态就是人们常说的"低功耗数据传输"状态。

可以看到，逃逸模式请求、反转请求都是在LP-11后发LP-10，而LP-11后发LP-01是高速数据传输请求的第一个状态。所以，也可以把逃逸模式请求、反转请求中LP-11之后的LP-10称为低功耗请求（LP-Rqst），而把高速数据传输请求中LP-11之后的LP-01称为高速请求（HS-Rqst）。

所以，从这个角度，也可以认为控制模式就是低功耗模式。

前面关于D-PHY通道工作模式的提法是：除了高速模式之外，都是控制模式。也就可以说成，"高速模式之外，都是低功耗模式"！为此，本小节改变一些提法，用低功耗模式来和高速模式相对应，即在图2-38中，除高速模式外的虚线框住的其他部分，都是低功耗模式；而用控制模式来表示停止状态之后的工作模式，即将控制模式当作和逃逸模式、BTA请求过程对等的模式。所以，如果把时钟通道当作一种特殊的数据通道看待，那么图2-38可以被视为D-PHY单通道的工作模式示意图。

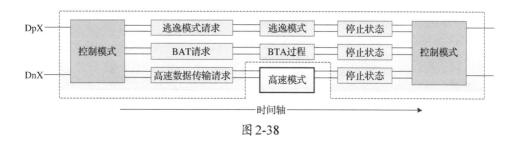

图2-38

默认情况下，D-PHY处于控制模式下，然后随着Dp、Dn上不同的请求序列，D-PHY进入对应的工作模式，只有在高速数据传输请求之后，D-PHY才进入高速模式。显然这种图示描述方式没有状态迁移图表述的效果好，感兴趣的读者可以画出相应的状态迁移图以加深理解。

将控制模式、逃逸模式、BTA请求过程等当作对等的几种工作模式，也只是笔者对D-PHY的一种理解。在MIPI规范中，并没有这样明确说明，也没有非常明确地说明控制模式是哪种状态。笔者只是从一种方便读者理解的角度，进行了这样的划分。如果想要了解规范准确的描述，读者需要阅读D-PHY规范的原文。

三、总线方向反转（BTA）流程

MIPI是基于主从结构的通信系统，数据传输请求由主控制器发起，默认状态下也是主控制器掌握通道驱动控制权。从设备返回数据时，需要由主处理器向从设备发起总线方向反转请求，获得正确应答后，才能交出通道驱动控制权，由从设备开始驱动。

同样，从设备传输数据结束后，也需要发起总线反转请求，获得正确应答后，交出通道驱动控制权。

所以，总线反转请求可以由主处理器发起，也可以由从设备发起。图2-39所示是总线反转请求发起端的Dp、Dn电平系列，以及对端发出应答的时序图。

进入总线反转请求序列前，发端的D-PHY处于LP-11的停止状态，如表2-6所示，LP-11→LP-10→LP-00→LP-10→LP-00的状态序列即总线反转请求，在该序列之后，发端的D-PHY释放对通道的电平驱动。

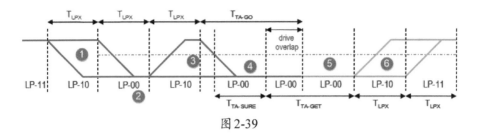

图 2-39

收端在检测到该总线反转请求后，如果判断后续可以驱动通道，则先开始驱动该通道到LP-00，然后通过序列LP-10表示应答，再通过LP-11表示总线反转请求过程结束，D-PHY回到停止状态。发端在释放通道驱动后，其LP-RX模块开始工作，检测通道的状态，如果在指定时间内检测到LP-10状态，则表示确认对方成功控制通道的驱动，再在检测到LP-11后，确认对端结束反转请求的应答过程，发端的D-PHY也回到停止状态。如果发端发出总线反转请求并释放通道驱动后，在指定时间内没有检测到通道状态转换为LP-10，则判定为超时，发端需要自己重新驱动通道，发出LP-11终止总线反转请求流程。

图2-39中，①处的LP-10表示该请求是进入低功耗模式，所以该LP-10也被称为低功耗请求（LP-Rqst）状态，这在上一小节已经提及；③处的LP-10表示是总线反转请求，所以也被称为反转请求（TA-Rqst）状态；⑥处的LP-10，则表示收端发出的是对反转请求的响应，所以该处的LP-10被称为反转应答（TA-Ack）状态。由此可见，同样的Dp、Dn电平状态，在不同的场合被用来表示不同的意义。

图2-39中的②、④两处都是LP-00，是连接其他两种状态的一个中间态。由于D-PHY低功耗模式采用归零码的方式，所以也把LP-00称为桥接状态。②处的桥接状态，也表示结束了低功耗请求状态（LP-10），因此该桥接状态也被称为低功耗确认（LP-Yield）状态。

当然，在低功耗状态下，每个状态持续的时间至少为T_{LPX}的时间，这个时间是MIPI规范中规定的一个时间参数，最小值为50纳秒。其他参数值如T_{TA-GO}、$T_{TA-SURE}$等，也都在D-PHY的规范中有相应规定，读者可以在需要使用的时候查阅相关规范内容。

D-PHY在默认情况下是主设备驱动时钟通道和数据通道，默认电平是LP-11。从设备输出数据时，需要主设备首先发起BTA请求，从设备响应后开始控制通道驱动权，进行数据包传输。数据包传输结束后，从设备发起BTA请求，主设备响应后控制通道驱动权，结束整个BTA流程。图2-40所示为完整的信号时序过程示意图。

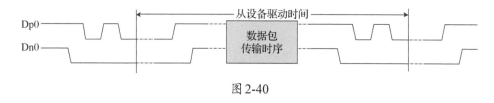

图 2-40

图2-40中的"数据包传输时序"部分，是传输数据包的时间段。这段时间内，通道要进入逃逸模式。

四、D-PHY逃逸模式

结合图2-38，D-PHY的逃逸模式只是低功耗模式下的一种特殊场景，用来实现一些特定功能。进入逃逸模式的方式，是在控制模式下发起逃逸模式请求。逃逸模式请求的最后一个状态是桥接状态LP-00，由于这个状态表示确认进入逃逸模式，所以该LP-00又被称为逃逸确认（LP-Esc-Go）状态。对应地，LP-Esc-Go状态前的LP-01状态也被称为逃逸模式请求状态（LP-Esc-Rqst）。

进入逃逸模式后，传输的第一个字节被称为进入命令（Entry Command）或逃逸命令，它确定了进入逃逸模式后实现什么样的功能。表2-7给出了几个逃逸命令的大致描述。

表2-7 逃逸命令列表

字节值	命令名称	意义
0x87	低功耗数据传输命令	模式命令，表示后面需要进行低功耗数据传输
0x78	超低功耗状态命令	模式命令，表示后续进入超低功耗模式
0x46	复位触发（远端应用）命令	触发类型命令
其他值	未定义	

逃逸命令分为两大类，一类是触发类命令，命令本身就表示某种操作；另一类是模式命令，只用来表示进入某种操作模式，后续通常会有数据包传输。可以理解为触发类命令后续不再需要数据包传输，而模式命令后续通常会传输数据包。同时需要注意，MIPI字节在传输时是低比特先传，图2-41所示是复位触发命令的完整时序图，图中给出了逃逸模式请求序列、进入命令0x46的比特顺序，以及退出逃逸

模式的完整时序。

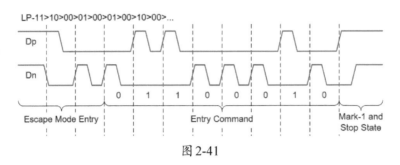

图 2-41

逃逸模式另一个最常用的进入命令是低功耗数据传输命令（LPDT），本章前面提到的"低功耗数据传输"，基本上都是用该命令来实现的。LPDT为模式命令，即该命令之后，通常会跟着发送相应的一些字节内容。图2-42所示是利用LPDT命令传输两字节内容的实际传输时序图，两个字节按先后顺序分别是0xAE、0x0B。

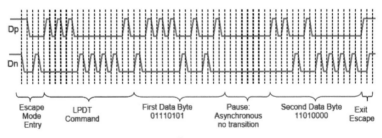

图 2-42

要点提示

LPDT可以通俗地理解为用低功耗方式进行数据包的传输，所以通常后面紧跟的字节应该是一个数据包的DT字段。细心的读者可能注意到了，图2-42所示的例子中，0xAE初看起来并不是一个有实际意义的DT。

但是仔细分析，可以认为这是一个VC值为2，DT值为0x2E的数据包，但是被提前结束了传输。当然，这是站在正向数据传输的角度看。由于并没有前后时序的说明，所以这里其实无法确认数据包是从主设备发往从设备，还是从从设备发往主设备。

五、D-PHY高速模式

在低功耗模式下，MIPI规定了传输速率的上限是10Mbit/s，并且只能在数据通道0上进行数据传输。为了传输实时图像数据，必须使用高速模式进行数据传输。

在控制模式下，通过发起高速模式请求序列，D-PHY进入高速模式。

高速模式的一些特点可以总结如下。

• 可以在一个或多个数据通道上进行数据传输。

• 高速模式一定是主设备发起，数据方向也是从主设备到从设备。

• 高速模式传输数据时，时钟通道也必须进入高速模式，并且时钟通道要比数据通道先进入高速模式；退出高速模式时，时钟通道要在数据通道退出高速模式之后一定时间才能退出高速模式。可以参考图2-43所示的时序示意图，图中各个时间参数如$T_{CLK-POST}$、T_{EOT}、$T_{CLK-SETTLE}$等，在D-PHY规范中都有详细定义和值域说明，这里不再赘述。

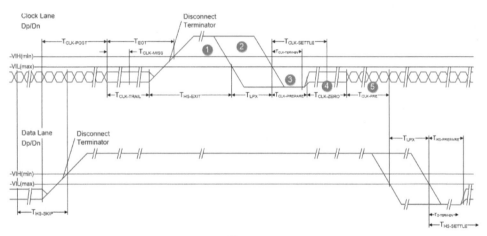

图 2-43

图2-43中也给出了时钟通道进入高速模式的详细过程时序，其中①、②、③所示的部分是高速模式请求序列。

高速模式请求序列结束后，发送端开始关闭低功耗驱动器，同时打开高速信号驱动器，开始用差分信号驱动时钟通道。驱动时钟通道高速模式时，先驱动一定时间（$T_{CLK-ZERO}$）的信号"0"（图中的④时间段），然后输出高速时钟信号，即HS-0、HS-1交替驱动（图中的⑤时间段）。高速时钟信号输出一定时间（$T_{CLK-PRE}$）后，数据通道上才能开始发起高速模式请求序列，进入高速模式。

数据通道进入高速模式的方式与时钟通道完全相同，但是进入高速模式后，发送高速的时序略有差异。因为时钟信号虽然本质上也是数据通道，但由于它是逻辑电平0-1按特定周期出现，所以在接收端可以非常容易地恢复出时钟信号。而普通的数据通道，数据内容是以一个突发包的模式传输，传输线上高低电平的时间间隔是随机的，所以需要一个同步机制，以让接收端知道被传输的突发包第一个字节的起始位置。

因此，数据通道高速模式和时钟通道高速模式相比，增加了一个高速同步序列的传输，如图2-44所示。在高速模式请求序列后，发送端启动高速信号驱动器，先输出一段时间的信号0（图中的①时间段），在③阶段输出突发包之前的②时间段，输出一个高速同步序列（HS Sync-Sequence）：该高速同步序列为一个字节，值为0xB8。同样，需要注意其中的比特流传输顺序是低比特先传，所以传输的比特序列是"0-0-0-1-1-1-0-1"。

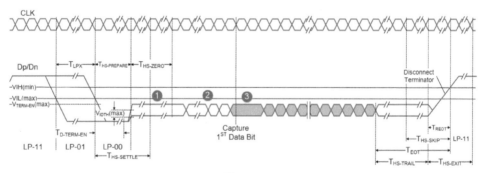

图 2-44

这样，接收端在检测到高速模式请求后，先检测数据通道上一定长度的差分信号0。由于时钟通道和数据通道高速模式下都会先传一定长度的差分信号0，所以把这一段差分信号0称为（高速）前导序列。高速同步序列的低3个比特也是0，所以在接收端，高速同步序列和高速前导序列有一定重叠。在接收端，需要在高速前导序列后，从第一个非0值开始，检测高速同步序列的高5比特值，即检测"1-1-1-0-1"比特序列，这个序列的最后一个"1"，是高速同步序列的最高比特，也是高速同步序列的最后一个比特，它的下一个比特值就是实际传输的数据包的第一个字节（对应图中的③时间段）。通过这样的方式，接收端可以正确定位到数据包的起始字节，从而可以正确地接收完整的数据包。

六、D-PHY比特流编码方式

D-PHY的工作模式除了低功耗模式，就是高速模式。高速模式下，比特流的编码按照SLVS-400电气标准，用差分对表示逻辑"0""1"信号。

参考图2-38，低功耗模式分两个阶段：第一个阶段是传输高速模式请求序列等各种请求，第二个阶段是在进入逃逸模式或BTA流程后。

在第一阶段，Dp、Dn被当作两个独立的LVCMOS信号，Dp、Dn电平值4个状态的不同序列值，决定了是什么请求序列，也决定了D-PHY后续会进入什么工作状态。

在本节前面的内容中，曾让读者根据图2-38画出D-PHY几种工作模式的状态跃迁图，图2-45可以看作这样一张图。

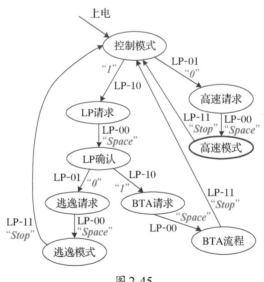

图 2-45

D-PHY默认处于控制模式下，这时Dp、Dn都是高电平，即处于LP-11状态。在控制模式下，用LP-10来表示低功耗请求，对应地，用LP-01来表示高速请求。LP-01后如果是LP-00，表示成功进入高速模式。而低功耗模式还有逃逸模式、BTA过程两种模式，所以还需要通过不同比特位信息来区分。

在控制模式下，LP-10表示低功耗请求，如果之后跟的是LP-00的话，表示请求确认，在这种状态下，用LP-01、LP-10来区分是逃逸请求还是BTA请求。无论是哪种请求，都用LP-00来表示请求确认。

这是把Dp、Dn当作两个独立的LVCMOS信号，来看其编码状态，也是用LP-01、LP-10、LP-11等状态来表示。其实上述过程中，无论LP-01还是LP-10，真正要生效，后续都必须跟LP-00的状态，这符合归零码的编码特征。所以在低功耗模式下，D-PHY采用的编码方式是归零码形式。

归零码原本是指任意编码状态的中间都回到电平0，这是对一根信号线编码的描述。一根信号线的归零码，有单极性归零码和双极性归零码两种：单极性归零码是在特定时间内为高就表示高电平逻辑1，为低就表示低电平逻辑0，中间间隔低电平；双极性归零码则需要正负两种电压，正电压表示高电平逻辑1，负电压表示低电平逻辑0。

D-PHY中采用的归零码使用了两根信号线，所以编码方式与上述两种均有差异：在D-PHY中，LP-10表示高电平逻辑1，LP-01表示低电平逻辑0，任意两个状态之间必须间隔LP-00，所以LP-00又被称为"空格码"（Space）。

所以，如果把空格码当作编码的一部分，那么图2-45所示的状态跃迁图可以简化为图2-46所示的状态图。

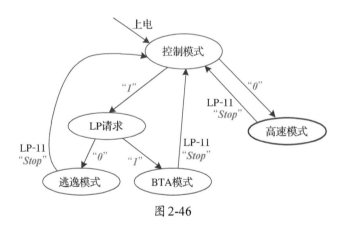

图 2-46

在控制模式下，如果出现逻辑0，则D-PHY进入高速模式；如果出现逻辑1，则进入LP请求状态。

在LP请求转态，如果出现逻辑1，则表示进入BTA模式；如果出现逻辑0，则进入逃逸模式。

图2-47所示是低功耗模式下，逻辑"1""0"编码的示意图，其中①、②处都是逻辑"1"的编码，③处是逻辑"0"的编码。这里的表述方式是为了配合图2-46，把编码之后的LP-00也包含进去了。

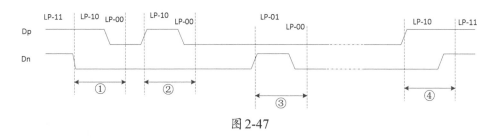

图2-47

准确地说，低功耗模式下，D-PHY比特编码方式是用LP-10表示逻辑"1"（该部分也被称为1标识（Mark-1）），用"LP-01"表示逻辑"0"（该部分也被称为0标识（Mark-0）），任意两个逻辑编码之间必须为LP-00。在这种情况下，可以看到逻辑"1"、逻辑"0"的编码下，Dp、Dn都只有一条信号线为高电平，这类似于独热（One-Hot）码的编码形式；而每个编码之间必须间隔LP-00，所以D-PHY的这种编码形式也叫间隔独热码。还可以发现，如果把LP-00也算作一种编码状态，D-PHY的这种编码形式还符合格雷码（Gray Code）编码特征，也就是任意两个状态之间，最多只能有一条信号线发生电平翻转。

不管是何种情况下，LP-11都表示退出当前操作模式，回到控制模式。

在图2-47中，④处的时序是LP-10后紧跟着LP-11，并没有出现LP-00，这似乎和D-PHY归零码的原则不符。这种编码情况，主要是为了区分之后的LP-11是否为异常情况出现而设置的。D-PHY规定了任何状态下，LP-11都将使D-PHY进入控制状态。要退出高速模式，因为高速模式内外Dp、Dn的电气标准本身并不相同，从高速模式切换到低功耗模式，需要经历关闭差分信号驱动器同时打开低功耗信号驱动器的过程，所以直接在打开低功耗信号驱动器时用LP-11来退出高速模式。但是在逃逸模式、BTA模式下，由于这两种模式本身也是低功耗模式的一种状态，所以退出这些模式，使用LP-11并不需要切换驱动器，为此在切换到LP-11前加入Mark-1状态，以示区别。这样，如果LP-00后出现LP-11，就可以判定为错误状态。

换个角度，因为D-PHY在低功耗模式下的编码是独热码，并且符合格雷码特征，如果直接从LP-00到LP-11，就不符合格雷码的规则了。

所以，重新审视图2-41、图2-42，它们在结束相应模式时，都是用Mark-1→LP-11的方式退出而进入控制模式的。这也可以算作低功耗模式下的一种同步机制。

七、D-PHY传输同步机制

至此，D-PHY的相关规范内容已经介绍完毕。下面把D-PHY的内容进行总结归纳，同时再强调一下D-PHY的传输同步机制。

D-PHY的基本规则可以归纳为以下的一些特点。

• MIPI采用主从架构。发出时钟的器件是主设备，接收时钟的器件是从设备。以时钟方向定义数据传输的正向方向、反向方向。

• 当需要进行反向数据传输时，主设备需要先发起BTA请求，进入BTA模式后从设备开始反向数据传输。数据传输结束后，从设备发起BTA请求，主设备重新驱动数据通道。

• 反向数据传输时不支持高速数据传输。反向数据传输只能在数据通道0上进行。

• MIPI一条链路可以包含一到多条数据通道，但是时钟通道只有一个。除了数据通道0，其他数据通道数据传输方向只支持正向方向。

• D-PHY工作模式分为低功耗模式和高速模式两种。使用多条数据通道时，除了数据通道0，其他通道上的数据传输只支持高速模式（以及进入高速模式的高速模式请求序列）。

• 高速模式下Dp、Dn使用差分信号，其电气标准为SLVS-400mV；低功耗模式下Dp、Dn独立使用单端信号，其电气标准为LVCMOS 1.2V。

• 低功耗模式下，D-PHY使用的编码为符合独热码、格雷码特征的归零码。

D-PHY的低功耗模式下，用不同的请求序列，进入不同的工作模式，任意模式下停止状态（LP-11）让D-PHY回到控制模式。所以逃逸模式请求序列、BTA请求序列、高速数据传输请求序列、停止状态是D-PHY的第一类同步机制，用这些不同的序列来表示D-PHY不同工作模式的切换。

进入逃逸模式后，逃逸命令的第一个字节可以当作D-PHY的第二类同步机制。比如逃逸命令为0x87时，表示后续进行低功耗数据传输（LPDT）。LPDT、LPDT之后的数据字节采用归零码进行传输，传输结束后，用Mark-1、LP-11序列来结束数据传输。LPDT是低功耗模式下最常用的命令，它本身是物理层的开销，不属于需要传输的净荷内容。

与逃逸模式的LPDT类似，在D-PHY进入高速模式后，用高速同步序列0xB8来同步之后的净荷传输。同样，高速同步序列也属于物理层的开销，其后的字节内容才是上层数据包净荷的字节。

在高速串行通信系统中，使用SERDES是比较常见的。这时，通常会把时钟"隐藏"在数据序列中，在接收端通过时钟数据恢复（CDR）模块就可以恢复出数据传输使用的时钟，再进而解析出传输的数据比特流。MIPI DSI在高速模式下，也是高速串行通信，但MIPI没有采用SERDES架构，而是通过独立的时钟通道来给数据通道提供同步时钟的，采用的是源同步时钟方案。各个数据通道通过时钟通道实现数据的同步传输。

在MIPI DSI协议的其他层，通过数据包不同格式的定义来进行传输内容的同步。MIPI DSI规定了长包和短包的组包格式，并且通过DT字段来确定是长包还是短包。MIPI DSI包用ECC来校验包头各个字段的传输，用CRC对长包净荷进行数据校验，长包在包头的WC字段规定了净荷的长度，这些措施不仅保证接收端可以正确地解析出包结构，也能校验数据传输是否正确。

2.3.6 MIPI DSI规范总结

总结MIPI DSI规范，可从概括上一节DSI中的各种"同步"机制开始。物理层的同步机制，是为了使MIPI DSI主从设备两侧通过物理介质传输后，接收端能正确恢复出发送端的字节序列，所以在低速数据传输时，用LPDT（0x87）来同步；在高速数据传输时，用高速同步序列（0xB8）来同步。

在LLP层，通过DI字段来确定数据传输采用的是长包还是短包结构。长包结构的使用，可以分为两大类。

第一类是用DI字段本身，给定了净荷字段的内容就是该数据包的净荷。典型的例子是视频模式下，用DI为0x3E的长包传输RGB888的图像内容，其净荷部分就是需要传输的RGB888图像净荷内容。

第二类长包则是在DI字段仅仅给出是什么类型的长包，比如是DCS长包39h还是通用写操作长包29h。这种情况下，长包净荷字段的第一个字节是对应的DCS命令或用户命令，除此命令字节之外，净荷的其他字节才是该命令传输的参数。在命令模式下，就经常用DI为0x39的长包来传输数据，比如持续向显示模组的帧缓存

存储器写入图像数据。参考表2-3，DI为0x39表示DCS长包写命令；DCS的0x3C
表示接着之前的显示区域继续向显示模组的帧缓存存储器写数据。所以如果长包的
DI是0x39，净荷第一个字节是0x3C，净荷中0x3C之后的其他字节，才是要向显示
模组帧缓存存储器写入的图像数据。

2.3.7 MIPI DSI通信过程形象化说明

工欲善其事，必先利其器。随着MIPI的发展，也产生了很多工具、软件，对于
MIPI系统的设计、验证、调试都起到了很好的促进作用。比如本书介绍的逻辑分
析仪，大大提高了设计、调试效率。除了这些作用外，逻辑分析仪在帮助读者理解
MIPI的相关协议规范上，也是很有帮助的。本节将借助逻辑分析仪部分图片，来说
明命令模式下对显示模组的一些控制过程，以加深读者对MIPI DSI协议内容的理解。

实际显示模组系统都跟自己使用的特定驱动芯片相关，所以本节仅仅是对一些
通常情况的说明。

一、唤醒命令：11h

上电后，通常需要对一个模组进行唤醒（Wakeup）操作。在MIPI DSI中，唤
醒显示模式使用的DCS是11h。图2-48所示是通常使用的11h命令序列，它使用不
带参数的DCS短包命令05h来进行传输。如图2-48所示，虽然11h命令没有参数，
但是短包必须为4个字节，所以在11h字节后面，填充了字节00h。该短包的最后
字节36h，是该11h命令短包的ECC字段值。

图 2-48

在很多显示模组中，11h命令都使用低功耗传输模式。但是随着技术的发展，
越来越多的显示模组也可以使用高速模式传输11h命令。

本节介绍的全部都是低功耗模式传输各个命令的格式。

二、设置相关寄存器：35h

为了让驱动芯片正常工作，通常还必须对显示模组的一些相关寄存器进行配置。
比如最常见的是使能TE功能，对应DCS命令为35h，命令序列的各个字节如图2-49

所示。它使用带1个参数的DCS短包命令15h来进行传输。如图2-49所示，跟在35h字节后面的00h就是35h命令的参数。

图2-49

图2-49所示是使用短包传输。在一些显示模组中，也支持使用长包传输35h命令。图2-50所示是使用通用长包29h命令来传输35h命令时的字节、比特传输时序。

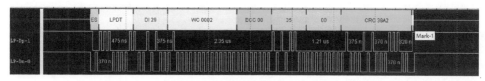

图2-50

使用长包传输DCS 35h命令时，由于35h命令使用了一个参数0x00，所以其净荷是2个字节，因此WC字段的值为0002h。注意图2-50中各个字节的顺序，WC的低字节为02h，它比高字节00h先传输，并且02h的8个比特位是最低位先传的。

当然，有些显示模组虽然也支持使用长包来传输35h命令，但是不能像图2-50那样使用通用长包29h命令来传输，而必须使用DCS长包39h命令来传输。所以能不能使用长包，是该使用29h命令还是39h命令来传输，需要根据具体显示模组来确定。

三、进入显示状态：29h

DCS 29h是让显示模组进入显示模式的命令。注意，这里的29h命令，是DCS的29h，不是上一节介绍的通用长包命令29h。图2-51所示是DCS 29h命令传输的字节、比特顺序示意图，它是使用DCS短包写命令05h进行传输的。

图2-51

> 要点提示 在理解MIPI DSI相关规范时，混淆DT字段表示的命令和DCS命令，是大多数初学MIPI协议的读者必经的一个阶段，就像这里描述的29h命令。根据上面几个章节的图，读者可以这样理解这两个29h命令：紧挨着LPDT的0x87的命令，是DT命令；远离LPDT的是DCS命令。也可以这样理解：DCS命令是针对DSI应用层的内容，通用长包命令29h则是物理层的内容，而LPDT是在物理层范畴的命令，所以通用长包命令离LPDT更近。同时，通用长包命令29h是DCS 29h命令的载体。

四、设置显示区域（小窗口）命令：2Ah、2Bh

当一个显示模组工作在命令模式下时，可以进行显示小窗口的设置：使用DCS 2Ah命令设置小窗口的列区间；使用DCS 2Bh命令设置小窗口的行区间。图2-52所示是设置小窗口列区间的DCS 2Ah命令各个字节发送的示意图。

图2-52

该2Ah命令使用DCS长包命令39h传输，净荷内容的第一个字节表示传输的DCS命令，后面4个字节为该DCS 2Ah命令的4字节参数，所以长包的WC字段值为5。

注意，2Ah命令、2Bh命令的两个参数，每个参数为两字节，这两字节是高字节先传。所以图2-52所示的2Ah命令，表示小窗口的区域是从第0列到第0437h列，即到第1079列。

五、传输各行显示内容命令：2Ch、3Ch

设置了显示小窗口后，可以使用2Ch、3Ch命令来对该小窗口的显示内容进行更新。2Ch命令表示把写显示缓存的指针重置到小窗口的左上角，3Ch命令表示将接着上一次操作的显示缓存写指针继续进行写操作。

前面已经提到，使用2Ch命令时比较灵活，通常情况是使用2Ch命令传输小窗口的第一行显示内容；后面行的显示内容，每一行使用一个3Ch命令来传输。当然，MIPI DSI规范并没有规定2Ch、3Ch命令必须这样使用。实际上，2Ch、3Ch命令后面可以带任意字节的图像数据内容，甚至可以不带任何图像数据内容。图2-53所示是2Ch命令没有带任何图像数据内容的数据包传输示例。在这种情况下，小窗口一帧的图像内容，全部通过后续的3Ch命令来进行传输。

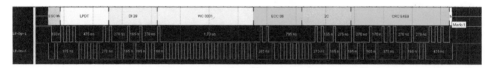

图2-53

由于低功耗数据传输的带宽非常有限，当使用低功耗模式来传输图像内容给显示模组时，显示模组的刷新也会变得很慢，可以清晰地看到图像从左上角向右下角逐行更新的过程。因此在正常显示状态下，传输图像数据都是用高速模式进行的。

六、回读显示模组的状态：BTA完整过程

在工作过程中，主设备需要读取从设备状态或相关信息时，需要使用总线方向反转（BTA）过程。如前所述，该过程大致分为4个阶段，图2-54所示是主设备一次完整的BTA流程示意图。

图2-54

其中的LPDT传输的DI为21h的数据包，就是显示模组反馈给主设备的数据包。该数据包前后各有一个BTA命令序列，分别是主设备和显示模组发起的一次BTA命令请求序列。

七、关闭显示模组的显示：28h、10h

当需要关闭显示模组时，通常不能直接给显示模组断电。很多显示模组可能有各自的下电时序要求。在下电时序前，通常还会要求先关闭显示模组的显示内容，再让显示模组进入休眠状态。在显示模组进入低功耗模式后，再进行下电时序的控制。

28h是让显示模组关闭显示的命令，图2-55所示是DCS 28h命令典型的时序示意图。

让模组进入休眠状态的DCS命令是10h，图2-56所示为DCS 10h命令的时序图。

图 2-55

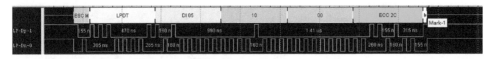

图 2-56

与 11h 命令、29h 命令相似，28h 命令、10h 命令都不需要参数，图 2-55、图 2-56 都是使用 DCS 短包命令 05h 进行传输的例子。

2.4 MIPI 物理层几种规范的大致比较

前面的 2.3.5 小节，对 D-PHY 的内容做了详细说明。在 MIPI 规范中，关于物理层，除了 D-PHY 外，至目前为止，还定义了另外 3 种物理层协议，即 M-PHY、C-PHY 和 A-PHY。

2.4.1 M-PHY 和 D-PHY 的比较

M-PHY 最高速率可以达到 5.8Gbit/s。

M-PHY 也分为高速模式和低速模式两种。高速模式下采用非归零码，低速模式下采用脉冲宽度调制（PWM）。

M-PHY 采用 SERDES，不需要独立的时钟通道，采用嵌入式时钟方案。通过在发射端实施 8b10b 编码，收端通过时钟数据恢复模块能够恢复出时钟和数据信号。

M-PHY 采用差分信号形式，对数据字节进行 8b10b 编码后再发送。

表 2-8 给出了 D-PHY 和 M-PHY 的比较情况。

表 2-8　D-PHY 和 M-PHY 的比较

	D-PHY	M-PHY
高速时钟机制	源同步时钟	内嵌时钟
HS 数据传输速率	80Mbit/s 到 1.5Gbit/s	1.25G/1.5G/2.5G/3.5G/5Gbit/s 等

续表

	D-PHY	M-PHY
LP数据传输速率	小于10Mbit/s	PWM模式下可达576Mbit/s
信号幅度	LP：1300mV HS：360mV	SA：250mV LA：500mV
端口带宽	最高可达10Gbit/s	最高可达18.6Gbit/s
节能状态	支持超低功耗模式（ULPS）	支持STALL/SLEEP/HIBERN8等多种模式
EMI	不支持	支持
上层可配置	不支持	支持

2.4.2 C-PHY和D-PHY的比较

C-PHY也被称为三相D-PHY。在D-PHY中，每个通道使用两条线。在C-PHY中则使用三条线，每条线上也不仅有两个电压，而是三个电压，所以每个符号（Symbol）的比特数不再是1（D-PHY中每位的比特数为1），而是大约2.28。C-PHY能支持的速率可以达到2.5GSym/s，对应的比特率为5.7Gbit/s。

表2-9给出了C-PHY与D-PHY、M-PHY的大致比较情况。

表2-9　C-PHY与D-PHY、M-PHY的比较

	D-PHY V1.2	M-PHY V3.1	C-PHY V1.0
优势应用场景	高效、包含反向低速带内传输的单向流接口	高性能、双向包传输	高效、包含反向低速带内传输的单向流接口
HS时钟方式	源同步时钟（系统时钟）	内嵌时钟	内嵌时钟
通道补偿方式	相对时钟的数据偏斜控制	均衡	利用编码减少数据翻转率
最大发射幅值	LP：1300mV HS：360mV	SA：250mV LA：500mV	LP：1300mV HS：425mV
单通道最大传输速率	2.5Gbit/s	HS-G3可达5.8Gbit/s	2.5Gsym/s，等价5.7Gbit/s
最小配置	4个管脚：1个数据通道和1个时钟通道	4个管脚：每个方向各1个通道	3个管脚：1个通道
端口典型管脚数	10个管脚：4个通道加1个时钟通道	10个管脚：4个通道发射1个通道接收	9个管脚：3个通道

2.4.3 A-PHY和D-PHY的比较

A-PHY是2020年9月正式发布的专门针对汽车领域的接口，当然A-PHY不仅能用在车载系统上，也同样适用于物联网和工控领域。通过A-PHY，MIPI成功地把移动应用从掌上距离扩展到15米的中长距离，提供了更多的速率等级。

表2-10列出了A-PHY几类速率等级的一些大致技术参数情况。

表2-10　A-PHY的技术参数

速率等级/数据速率	调制方式	符号传输率（波特率）	应用数据速率
G1/2Gbit/s	非归零的8b/10b	2	1.5Gbit/s
G2/4Gbit/s	非归零的8b/10b	4	3Gbit/s
G3/8Gbit/s	PAM4	4	7.2Gbit/s
G4/12Gbit/s	PAM8	4	10.8Gbit/s
G5/16Gbit/s	PAM16	4	14.4Gbit/s
上行/100Mbit/s	非归零的8b/10b	0.1	0.055Gbit/s

总的来说，A-PHY除了把支持距离扩展到15米的中长距离，还有如下的一些典型特征。

• 优化的非对称架构：由于A-PHY是重新设计的，所以相比D-PHY、C-PHY做了一些优化处理，并且成本优势更明显。

• 支持2Gbit/s、4Gbit/s、8Gbit/s、12Gbit/s、16Gbit/s等5档速度级别，未来规划支持48Gbit/s甚至更高。

• 端到端的高安全性和高可靠性：误码率低达10^{-19}。

• EMC抗扰性能更优。

2.5 小结

得益于近年智能手机的快速发展，MIPI也一直处于高速发展期，从仅为手机处理器提出规范，发展到对一切受移动产业技术影响的产业输出规范。MIPI A-PHY的发布，更是让MIPI从掌上距离的数据传输提升到车载距离数据传输领域。

本章通过对MIPI DSI协议的整理，希望能帮助读者更快、更好地理解MIPI协议内容。

本章描述过程中尽量采用了层次化的方式，这样方便厘清错综复杂的协议规范，也方便不同工作岗位的读者更快地找到自己关心的内容。

第**3**章

京微齐力MIPI解决方案

3.1 京微齐力简介

京微齐力成立于2017年，其前身是成立于2005年的雅格罗技。雅格罗技在2010年更名为京微雅格。京微齐力的产品线，最先基本沿用京微雅格的山、河、云、星系列等FPGA产品，后来推出大力神系列，完美支持MIPI DSI和MIPI CSI的应用。

在支持MIPI应用上，大力神系列最大的特点在于提供1.5G的MIPI D-PHY硬核，以及MIPI DSI收发控制器硬核，实现了除应用层外的MIPI DSI其他各层的功能，并且收发控制器用户接口简洁，使用方便。大力神MIPI DSI硬核还提供DPI接口，设计者可以把京微齐力的硬核当作DPI设备使用，提供相应的时序和显示数据即可。

3.2 大力神系列简介

京微齐力大力神系列分为两个子系列：H1D03/H1M03系列和H1C02系列。

H1D03系列是京微齐力针对MIPI DSI/CSI应用定制的产品。H1M03系列与H1D03系列相比，最大的差别在于H1M03系列内部还集成了两颗32M比特的PSRAM，可以支持HD分辨率整帧数据的存储。图3-1所示是H1D03系列内部功能结构示意图，重点强调其内部的两个MIPI硬核（MIPI1、MIPI2）。每个MIPI硬核除了MIPI D-PHY外，还支持MIPI DSI收发控制器各一个。这两个硬核的典型配置是一个做MIPI接收，另一个做MIPI发送，这也是MIPI应用中常见的应用场景。

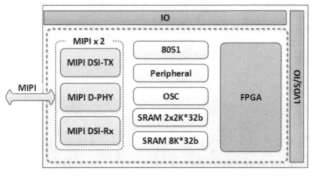

图 3-1

H1C02系列的内部架构已经与H1D03系列的完全不同，但仍然是针对MIPI应用而推出的产品，因此也继续沿用大力神系列名称。

3.2.1 ▶ H1D03/H1M03系列

H1D03/H1M03系列除了集成两个MIPI硬核外，另一个显著特点是FPGA逻辑资源采用了6输入查找表（LUT6）结构。如图3-2所示，左半部分是H1D03/H1M03系列内部功能结构细化图，给出了H1D03/H1M03系列内部的8051硬核、MIPI硬核、

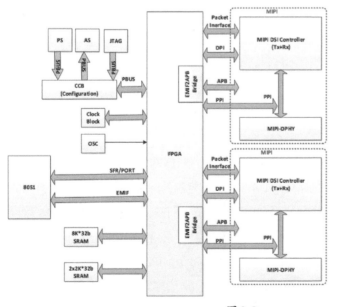

PLB	Logic cells	3276
	LUT6	2048
	Register	4096
EMB	18Kb	8
	Max	144Kb
DSP	18b*18b	16
PLL		1
DLL		2
OSC		1
MIPI	D-PHY	2
	DSI Controller	2
MCU	8051	1
	UART	2
	I2C	1
	SPI	2
	Timer	3
	DMA	1
SRAM	2K*32b	2
	8K*32b	1
	Total	48KB
SPI Flash		4Mb
Efuse		2x512b

图 3-2

各种存储器硬核与FPGA部分的连接关系示意，右半部分是H1D03/H1M03系列内集成的资源简图。

H1D03/H1M03系列内FPGA部分提供的寄存器数量是4096，但是查找表数量是2048，由于采用LUT6结构，所以对应的逻辑单元（Logic Cell）是3276个。

H1D03/H1M03系列支持的功能特性参考表3-1。

表3-1　H1D03/H1M03系列器件特性

硬核	资源、特性
FPGA	FPGA逻辑 • 2048个6输入查找表，4096个DFF存储单元 • 逻辑性能高达200MHz 内嵌RAM存储器 • 8个18Kbit可编程双端口DPRAM 内嵌DSP模块 • 16个18×18 DSP可用作32个12×9 DSP单元 时钟网络 • 8个de-skew全局时钟 • 1个支持倍频、小数分频的PLL • 6个外部时钟输入 • 1个高精度内置OSC • 动态时钟管理系统 I/O特性 • 支持3.3/2.5/1.8V LVCMOS/LVTTL • 输入上拉/下拉可控 • MIPI D-PHY Rx/Tx、LVDS Rx、LVDS Tx、BLVDS • 支持3.3/2.5/1.8/1.2V GPIO • LVDS I/O高达1200Mbit/s
MCU	增强型8051 MCU • 8通道DMA • 精简的指令周期（12倍于标准8051MIPS） • 兼容标准8051指令系统 • 支持高达8M的数据/代码存储器扩展 • 片上调试系统（OCDS），支持JTAG在线调试 • 支持硬件32/16bit MDU

续表

硬核	资源、特性
MCU	外设 • 3 个 16 位计时器 • 1 个 I²C 接口，1 个 SPI 接口，2 个全双工 UART • 芯片系统管理 • 支持 STOP、IDLE 模式电源管理
MIPI	• 2 个通用可配置发送接收 1.5Gbit/s D-PHY • 2 个通用可配置主机/外设 DSI 控制器
配置	• 支持 JTAG、AS 和 PS 3 种配置模式 • JTAG 芯片配置，JTAG 8051 调试 • 支持动态、多映像配置 • 片上 4Mbit SPI 接口闪存
安全	• 使用 256 位 AES 配置文件流加解密 • 基于 Efuse 的保护功能
PSRAM	H1M03 • 2 块 4M × 8bit 的 PSRAM • 最高工作频率达 170MHz

3.2.2 H1C02 系列

H1C02 系列 FPGA 是一款集成了高性能 FPGA、增强型 MCU 的低功耗、高性价比、高安全性的 SoC 产品。采用 40nm LP 工艺，128 位 AES 配置文件密钥及用户自定义安全 ID，LVDS 接口性能高达 1.2Gbit/s，可广泛应用于手机、平板电脑、可穿戴设备、VR、AR、无人机和智能家居等市场。其支持特性如下。

• 实现 MCU、MIPI 和 FPGA 的完美结合。

• 集成度高，操作灵活，可扩展性较好。

• 40nm LP 工艺。

• 采用 4 输入查找表架构。

• 高性能 LVDS 接口，性能可达 1.2Gbit/s。

• 高效的片上互连结构，MCU 与 FPGA 之间采用标准的 Memory Interface 及 SFR 总线互连。

- MCU的通用外设无固定IO位置限制，用户可随意分配。
- 低功耗，静态功耗低至40μW。
- 128位AES配置文件密钥及用户自定义安全ID。

可以看到，和H1D03/H1M03系列相比，H1C02系列FPGA继续集成了8051 MCU，但是没有集成MIPI硬核和PSRAM，但是用其GPIO，可以支持MIPI DSI/CSI的各种应用。

3.3 大力神MIPI硬核

MIPI采用典型的层次化协议架构，如第2章所述，它被分成应用层、底层协议层、链路管理层、物理层等层次，如图3-3所示。

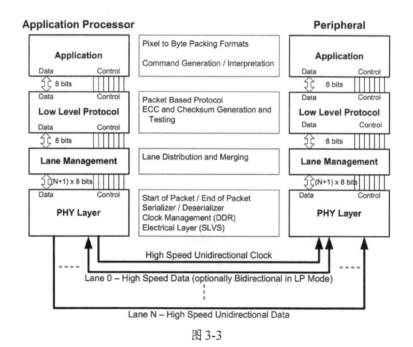

图 3-3

京微齐力的MIPI硬核完成了除应用层之外的其他3层的功能，为应用层提供简洁的接口，方便设计者把精力集中在应用层及系统应用方面。

京微齐力的MIPI硬核的特性概括如下。

- 硬件上有两组MIPI D-PHY（V1.1）硬核及两组MIPI DSI控制器硬核。

- MIPI接口性能高达1.5Gbit/s。

- 每组MIPI Lane的数目可配置，最高可支持4Lane。

- 两组MIPI D-PHY均可配置为Tx（Host）或Rx（Peripheral）模式。

- 两组MIPI DSI控制器也均可配置为Tx（Host）或Rx（Peripheral）模式。

- DSI控制器与FPGA之间有两组接口：Packet Interface及DPI接口。

- MIPI D-PHY与MIPI DSI控制器之间是标准的PPI（PHY Protocol Interface）接口。

- MIPI D-PHY的PPI接口与FPGA直接相连接，如果用户不需要使用片上的DSI控制器，也可以通过PPI接口直接控制MIPI D-PHY，实现用户自己的DSI或CSI控制器。

- 两组MIPI DSI控制器通过APB（Advanced Peripheral Bus）接口与FPGA相连接，FPGA通过APB接口对DSI控制器及MIPI D-PHY相关的参数进行配置。

- 可支持的最大分辨率为2560×1440。

细化到DSI控制器上，支持以下特性。

- 支持Command模式和Video模式。

- 支持DSI全部DT和数据格式。

- 支持VC功能。

- 支持ULPS。

- 底层协议规定的各种错误和冲突检测、上报功能。

- 时钟Lane支持连续模式、非连续模式。

- 3种Video模式支持Non-Burst Mode with Sync Pulse、Non-Burst Mode with Sync Events、Burst Mode。

- 支持BTA信令。

- 灵活的用户接口。

3.4 大力神MIPI硬核外部端口

大力神MIPI硬核提供多种用户接口，使用方便。

3.4.1 ▶ APB接口

MIPI PHY 及其控制器硬核内置一系列寄存器。大力神系列 FPGA 提供 APB 接口，在使用硬核前必须要对这些寄存器进行配置。图 3-4 所示是大力神 FPGA 的 APB 接口时序示意图。

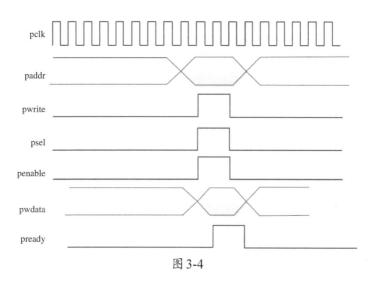

图 3-4

总的来说，在 pclk 的上升沿，pwrite、psel、penable 均为高时，将 pwdata 上的数据写入地址 paddr。如果 psel、penable 为高，而 pwrite 为低，则把地址 paddr 的内容驱动到读数据总线（图 3-4 中未给出对应信号）上，从而实现对这些寄存器配置值的读操作。

MIPI 硬核的寄存器分为 3 大类：硬核专用 PLL 寄存器、MIPI1 寄存器、MIPI2 寄存器。MIPI1 寄存器、MIPI2 寄存器完全独立，根据它们被配置为从设备还是主设备，需要配置不同的寄存器。

一、MIPI 硬核专用 PLL 寄存器

大力神 MIPI 硬核的专用 PLL，用来产生 MIPI Lane 的比特时钟（BitClk）和字节时钟。

大力神系列在设计之初已经考虑了 MIPI 应用，MIPI 硬核内专用 PLL 的输入时钟只能是 OSC 输出的 80MHz 时钟信号。该 OSC 模块是按照满足 MIPI 时钟要求的规格来进行设计的。

PLL内有3个分频器：输入分频器CN、输出分频器CO、反馈分频器CM，这3个分频器将输入的80MHz时钟，倍频到MIPI比特时钟需要的频率。

PLL的VCO本征频率最大可以达到1.5GHz。输入分频器的作用是把输入时钟CLKREF（从OSC输出的80MHz时钟）降到24~30MHz，然后经过一些处理，将其作为VCO的输入。VCO输出的时钟，经过反馈分频器与输入时钟进行鉴相，来调整VCO输出的频率。输出分频器把VCO输出的时钟分频到需要的比特时钟频率。

最后输出的比特时钟频率f为$fin \times CM/(CN \times CO)$，即$80 \times CM/(CN \times CO)$。

如何计算得到CM、CN、CO的值，请参考京微齐力的相关说明，本章不再赘述。

二、MIPI1/2作为主设备时的寄存器

当MIPI1、MIPI2被配置为主设备时，提供一系列寄存器来保证输出的MIPI信号满足MIPI规范提出的各种时序要求，并满足系统中使用的从设备的实际时序要求。

提供的寄存器如下。

- 非连续时钟模式（CFG_NONCONTINUOUS_CLK）。
- $T_{CLK-PRE}$周期数（CFG_T_PRE）。
- $T_{CLK-POST}$周期数（CFG_T_POST）。
- T_{WAKEUP}周期数（CFG_TWAKEUP）。

......

这些寄存器的意义，在MIPI对应规范中都有详细的描述，如图3-5和图3-6所示。

当MIPI1、MIPI2被配置为使用DPI接口时，还需要对DPI相关的寄存器进行配置，包括以下几个。

- 分辨率。
- 前后肩参数（VFP、VBP、HBP、HFP、HSA等）。
- 颜色模式编码、像素格式（支持16比特、18比特及24比特模式）等。
- VSYNC/HSYNC极性设置。
- Video模式设置——支持协议规定的3种Video模式。

三、MIPI1/2作为从设备时的寄存器

当MIPI1、MIPI2被配置为从设备时，需要根据所连接的主设备时序参数，配置一系列跟MIPI接收相关的参数寄存器。可以设置的参数包括以下几个。

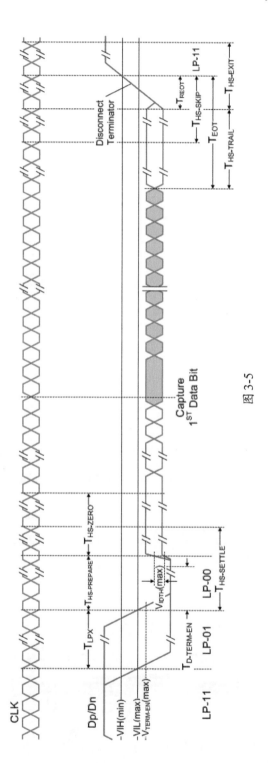

图 3-5

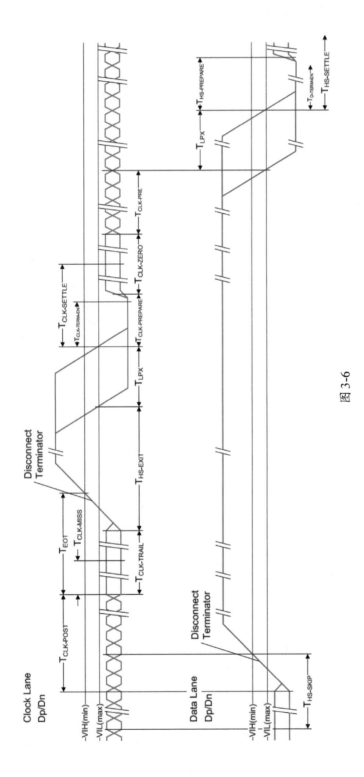

图 3-6

- 虚拟通道编号（CFG_VC）：如果收到的数据包的VC值与配置的虚拟通道编号不一致，相应的数据包将被丢弃，同时硬核输出DSI VC ID无效信息。
- 也可以通过CFG_DISABLE_VC_CHECK来禁止VC匹配检查。
- CFG_BTA_P_TO_COUNT：设置BTA的超时周期数。
- CFG_DISABLE_EOTP：设置是否要检测EOTP。

第4章将详细介绍大力神FPGA的应用，还会对这些寄存器进行介绍。

3.4.2 PHY接口/PPI接口

大力神的MIPI硬核，可以配置为只使用PHY硬核，即控制器部分功能不用，PHY处理信号输出到FPGA逻辑，设计者再进行处理。这时用户可以对每个通道进行配置，MIPI PHY也按照各个通道输出检测到的状态、数据。

除了一些特殊情况，大力神的DSI控制器应该都能满足用户的设计需求。如果设计者正好有一些特殊需求需要处理，就可以通过PPI接口实现。

3.4.3 DSI控制器接收接口

通过PPI接口，设计者可以实现一些特殊功能，但这也需要使用FPGA逻辑资源做一些处理，比如每个通道在接收数据时，会不可避免地出现不同步现象，需要对多个通道接收到的数据进行对齐，还需要对接收到的MIPI数据包进行解析等处理。这些处理需要占用一定的FPGA资源，所以，除非特殊情况，尽量使用大力神的DSI控制器来实现这些功能。

在接收方向，DSI控制器处理PHY硬核PPI接口输入的数据，完成MIPI包解析后，以简洁的方式输出到FPGA逻辑，图3-7所示是DSI控制器输出的信号时序示意图。

总的来说就是：MIPI硬核收到有效数据包后，在rx_cmd上输出对应的包头内容（并把它称为"命令"字段），用rx_cmd_valid为高来标注。如果该命令还有净荷数据，则在之后通过rx_payload_valid为高的节拍在rx_payload上输出对应的净荷数据，最后一个净荷数据输出时，除了rx_payload_valid为高外，rx_payload_valid_last也为高来指示。

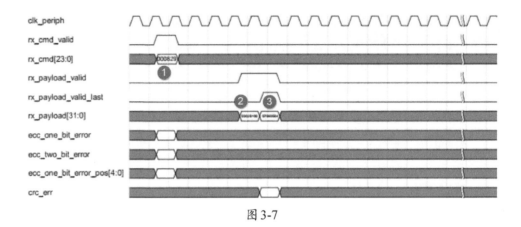

图 3-7

如果该命令没有净荷数据，就没有后续的rx_payload的一些时序输出。

rx_cmd为24比特。如果收到的命令是短包，这24比特就是短包内容；如果收到的是长包，这24比特就是长包的DI字段与WC字段的内容。总的来说，rx_cmd就是MIPI DSI包结构中除去ECC字段后的包头（PH：Packet Header）部分。为了方便读者回忆MIPI DSI的相关内容，图3-8展示了MIPI DSI的长包和短包结构，以及rx_cmd的24比特与各个字段的大致对应关系。

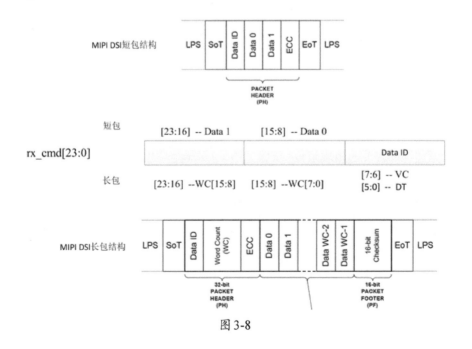

图 3-8

当然，3个字节在实际系统中发送的顺序，读者可以结合2.3.7小节的相关内容再次进行理解。

在图3-7的示例中，在①处的时钟沿，rx_cmd_valid为高，对应的DI为0x29，即VC为0，DT为0x29，这是"Generic Long Write"包，是一个长包，即该命令后续会有净荷输出；WC字段值为0x0008，表明一共有8个字节的净荷，这对应②、③两个时钟周期，rx_payload为32比特信号，所以一个周期传输4字节数据。这两个时钟周期的rx_payload_valid为高，标注rx_payload上的数据为有效净荷，③这个时钟rx_payload_valid_last为低，表明是输出净荷的最后一个时钟周期。

rx_payload为32比特，表示收到的是4字节的净荷。rx_payload采用低字节先传的方式，即最低字节是最先收到的字节。

需要特别注意的是，在收到的MIPI数据中，净荷的CRC值并不输出；同样地，输出的rx_cmd，也不包括收到的ECC值。同时，rx_cmd、rx_payload值并不反映收到的数据包在MIPI通道上是高速数据传输还是低功耗数据传输，也反映不出有多少个通道在传输数据。不管与大力神FPGA连接的MIPI链路使用的是高速传输模式还是低功耗传输模式，不管高速模式使用了多少个数据通道进行传输，DSI控制器输出的信号rx_cmd始终是24比特，rx_payload始终是32比特。

用多少个通道传输数据，是在使用MIPI硬核时必须先配置的参数，所以这个信息对于使用者来说是已知的。如果需要知道收到的命令使用的是高速数据传输，还是低功耗数据传输，可以判断DSI控制器输出的RxActiveHS信号：该信号为高时，表示各个通道是高速数据传输；为低时，表示各个通道是低功耗数据传输。

当然，只有在大力神MIPI硬核被配置为从设备时，才有可能需要使用RxActiveHS信号。由于MIPI主从设备间传输数据的规范要求，当大力神MIPI硬核被配置为主设备，在DSI控制器接收接口处，收到的rx_cmd一定是通道0上的低功耗数据传输值，所以这时也就不需要去检查RxActiveHS信号。

3.4.4 ▶ DSI 控制器发送接口

与接收接口类似，在DSI控制器发送接口，当MIPI硬核被配置为从设备时，数据包从通道0上发送出去；而当MIPI硬核被配置为主设备时，数据包从指定数量的多个通道上发送出去。

在DSI控制器发送接口，控制信号tx_hs_mode可以控制是用高速数据包发送，还是用低功耗数据包发送。同样，在MIPI硬核被配置为从设备时，因为只能通过通道0用低功耗方式向主设备发送数据包，所以就不会提供该接口信号。

上述的说明是针对DSI控制器的组包接口（Packet Interface）而言的，当需要用MIPI发送Video数据包时，必须使用MIPI硬核提供的DPI接口。

一、DPI接口

使用DPI接口作为图像数据发送接口时，用户可以把MIPI硬核直接当作DPI显示设备，在端口上提供Vsync、Hsync、DE及DPI数据，参考图3-9所示的时序示意图。

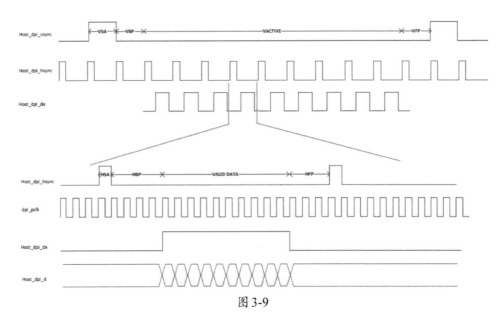

图3-9

通过APB接口，可以配置Vsync、Hsync的极性等一些特性。

二、组包接口（Packet Interface）

组包接口除了可以用来发送图像数据外，也可以发送普通控制命令。需要使用组包接口发送数据包时，需要一些握手处理，可参考图3-10所示的操作时序。

组包接口数据包发送时序，与图3-7所示的DSI控制器输出的MIPI数据包接收信号时序非常类似。差异点在于，DSI控制器输出的MIPI数据包接收信号时序没有握手机制，是被动的。而组包接口发送数据包，一次数据传输分为两个阶段：命

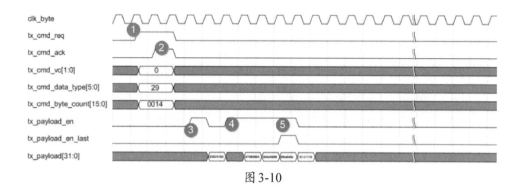

图 3-10

令传输阶段、净荷传输阶段。有些数据传输不需要传输净荷，就只有命令传输阶段。在命令传输阶段开始前，需要用户控制逻辑与MIPI控制器之间先进行一个请求—应答的握手过程。

需要通过组包接口发送数据包时，先通过tx_cmd_req发起数据请求。控制器根据当前处理状态，确认该数据包是否可以发送。控制器能够接受该数据包发送请求时，输出有效的tx_cmd_ack信号进行确认。如果该数据包需要发送净荷，控制器在tx_cmd_ack之后通过tx_payload_en为高来指示用户提供payload数据。用户需要在tx_payload_en的下一拍提供有效数据。最后一个payload数据请求时，tx_payload_en_last也会被置高，用来标注这个状态。

如果发送的数据包没有净荷传输要求，控制器在输出tx_cmd_ack响应后，即结束该次数据传输请求处理。这时如果没有后续数据传输要求，则需要把tx_cmd_req拉低；如果tx_cmd_req保持为高，则会被控制器当作第二次数据传输请求。

命令传输阶段，传输的是MIPI DSI长包或短包的包头各个字段的内容，可以参考图3-8所示的MIPI包结构示意图。需要说明一点的是，为了方便使用，大力神系列FPGA提供的组包接口将命令传输阶段需要使用的几个信号单独列了出来：tx_cmd_vc、tx_cmd_data_type、tx_cmd_byte_count，而不像接收MIPI数据包那样，用rx_cmd信号来表示。

与DSI控制器接收MIPI数据包、不输出包头的ECC字段类似，使用DSI控制器发送MIPI数据包时，不需要用户逻辑提供ECC字段，DSI控制器根据提供的包头其他3个字节的内容，自己计算ECC值，并在对应字段填充ECC计算结果。

同样，当传输MIPI DSI长包时，也不需要用户逻辑提供净荷字段的CRC值。

在图3-10所示的示例中，在节拍①处tx_cmd_req被拉高，表示用户需要进行一次数据传输，传输的命令为0x001429，即DI为0x29，表示"Generic Long Write"包，是长包，所以控制器在节拍②输出应答信号后，后续通过tx_payload_en的高电平来请求用户逻辑提供净荷数据。

无论配置MIPI硬核时使用多少个通道传输数据，tx_payload都是32比特，即4字节。在图3-10所示的示例中，命令传输阶段的WC值为0x0014，即需要传输20字节净荷，所以tx_payload_en为高的总周期数量为5。tx_payload_en不一定在整个数据传输过程中都保持高。当DSI控制器内部处理需要用户逻辑暂停提供新的发送净荷数据时，把tx_payload_en拉低来通知用户逻辑。

图3-10中，节拍③处，tx_payload_en高电平只保持一个周期，表明内部处理速度达到极限，需要外部暂缓提供数据；从节拍④开始，tx_payload_en高电平一共持续4个周期，节拍⑤处拉高tx_payload_en_last，用来向用户逻辑表示这是最后一个payload请求。

图3-11是一次数据传输只包含一个数据包，且该数据包不需要净荷数据时的接口信号时序示意图。

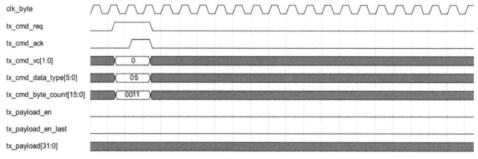

图3-11

传输的数据包就是唤醒显示模组的DCS 11h命令，如果使用的是低功耗模式传输，读者参考图2-49，就能更好地掌握大力神的DSI控制器发送数据包的控制时序。

DSI控制器在接受一个数据包传输请求后，可以立即接受下一个数据包传输请求，但是必须要等到对应的tx_cmd_ack才会请求发送相应的payload。图3-12描述的是DSI控制器在响应上一次tx_cmd_req后，tx_cmd_req继续为高，继续请求发送数据包时的接口信号控制时序示意图。

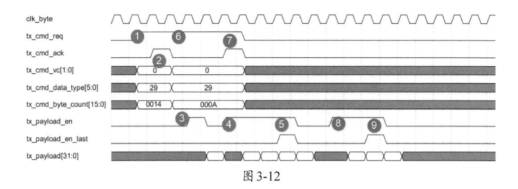

图 3-12

图3-12中，节拍①到节拍⑤描述的是与图3-10中相同的数据包传输过程。当DSI控制器在节拍②响应上一次tx_cmd_req后，tx_cmd_req继续为高，表示还需要发送新的数据包，并且新的数据包命令字段为0x000A29，是使用通用长包发送的10字节净荷。但是这时DSI控制器还在处理第一次tx_cmd_req的净荷，直到节拍⑦处，DSI控制器才能接收新的数据包发送，所以通过拉高tx_cmd_ack通知用户逻辑。这时用户逻辑后续没有新的数据包发送，必须拉低tx_cmd_req。

DSI控制器在节拍⑤处通过拉高tx_payload_en_last，表示完成第一个数据包的发送；由于DSI控制器已经接受了第二个数据包的传输请求，所以在节拍⑧到节拍⑨之间拉高的tx_payload_en，表示需要用户逻辑提供第二个数据包的净荷。

DSI控制器发送数据包接口的时序，可以总结为以下两条。

（1）当传输的是短包时，不需要净荷的传输，整个传输过程只有命令传输阶段，使用tx_cmd_byte_count信号来传输短包的两个字节内容。

（2）当传输的是长包时，需要传输净荷，这时传的净荷数据与传输的数据包之间的对应关系，需要以tx_payload_en_last和对应的tx_cmd_ack按各自的顺序一一对应，即第一个tx_payload_en_last之前的净荷对应第一个tx_cmd_ack所对应的数据包，第二个tx_payload_en_last之前的净荷对应第二个tx_cmd_ack所对应的数据包……

3.4.5 复位和时钟方案

大力神的MIPI硬核中，内置专用的PLL，为MIPI硬核内部高速工作的模拟、数字部分提供高频时钟，该PLL需要从FPGA输入时钟，并且只能是OSC输出的

80MHz时钟。图3-13给出了大力神MIPI硬核（包括DSI控制器硬核部分）的处理结构示意图。MIPI硬核中除了高速的模拟信号处理部分，以及通过APB接口进行配置的控制寄存器外，大致可以分为以下几个部分。

- 比特位流处理：这是高速的数字信号处理。在接收方向，实现MIPI通道上的数据流的串并转换。利用PLL输出的BitClk，对MIPI通道上的比特流进行"鉴别"，然后输出8比特位宽的并行数据。在发送方向，则进行的是并串转换，把已经分配到各个通道上的字节数据，转换成高速的比特位流。

- 字节处理：比特位流处理仅仅完成串并转换，字节处理部分完成包括字节边界的"鉴别"，即找到高速数据传输同步序列0xB8的边界。

- 协议处理：包括多通道对齐、按MIPI规范解包等处理。

- 低功耗数据传输的处理：包括低功耗数据包的接收和发送。

图3-13所示为这些处理模块工作的时钟域及需要的复位信号，本小节对这些时钟和复位信号进行简要说明。

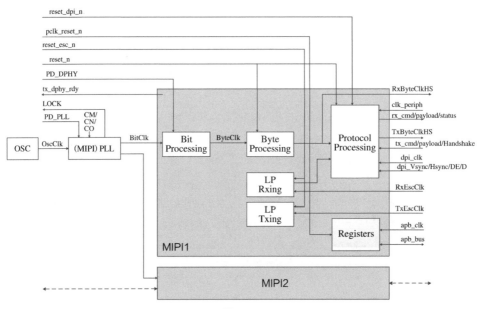

图3-13

一、MIPI硬核内部时钟域

大力神MIPI硬核内部处理涉及多个时钟域，需要各自从外部提供相应的时钟。

（1）OscClk。

OscClk是给PLL提供的输入时钟，必须由FPGA内OSC模块输出的80MHz时钟驱动。

MIPI硬核的PLL需要通过APB接口配置CM、CN、CO分频器的参数。在配置PLL的这3个参数时，需要设置PLL的测试管脚TST为'b1001的电平，同时PD_PLL需要驱动到高电平，即保持PLL内部模拟部分处于下电状态。等CM、CN、CO参数配置完成后，再释放PD_PLL。释放PD_PLL后，PLL开始工作，等输出时钟稳定后，输出LOCK信号表示PLL进入正常工作状态，如图3-14所示。

图3-14

（2）apb_clk。

apb_clk是配置MIPI硬核寄存器的APB总线时钟。其频率值不宜太高，最好低于80MHz。

（3）TxEscClk。

TxEscClk是MIPI硬核发送低功耗数据包时使用的时钟。

该时钟频率需要根据系统的需求进行设置。虽然MIPI规定低功耗数据包传输时，时钟信号的频率不应该高于10MHz，但是实际应用中，很多系统并没有完全遵循这个规定。所以，输入MIPI硬核的TxEscClk时钟频率可以为5~20MHz。

（4）RxEscClk。

RxEscClk是MIPI硬核接收低功耗数据包时使用的时钟。

MIPI规定，低功耗数据包传输时，时钟信号的频率不应该高于10MHz。MIPI硬核在接收数据通道D0上传输的低功耗数据包时，采用更高频率时钟过采样的方式捕获通道上传输的逻辑信号，所以提供的RxEscClk的频率应该不低于40MHz，建议使用60MHz、80MHz的时钟信号。

需要注意的是，RxEscClk只是MIPI硬核内接收低功耗数据包时的工作时钟，并不是输出低功耗数据包时使用的时钟。MIPI硬核内部接收到低功耗数据包后，经过一系列处理，最后使用clk_periph通过rx_cmd、rx_payload进行输出。

（5）dpi_clk。

当配置MIPI硬核支持DPI接口传输图像数据时，DPI接口各个信号使用dpi_clk时钟。

图3-9所示是使用DPI接口输入MIPI硬核接口的各个信号时序关系，其中的dpi_pclk即dpi_clk。

dpi_clk的时钟频率需要根据MIPI通道输出高速数据包时的通道速率（BitClk）、使用的MIPI通道数量、DPI传输的图像数据格式等诸多因素来计算确定。总的来说，传输数据所使用的全部MIPI通道的吞吐量，应该不低于DPI接口的吞吐量。

比如，如果DPI使用的是RGB888数据格式（MIPI硬核寄存器CFG_DPI_INTERFACE_COLOR_CODING配置值为0x05，CFG_DPI_PIXEL_FORMAT配置值为0x03），如果dpi_clk为70MHz的话，每个时钟周期向MIPI硬核提供数据的吞吐量为1680Mbit/s（$70 \times 24 = 1680$）。

如果设置硬核使用4通道MIPI，则MIPI每个通道的吞吐量要求至少为420Mbit/s；如果使用3通道MIPI，则每个通道的吞吐量要求至少为560Mbit/s。这两种情况分别要求PLL输出的BitClk频率至少为420MHz、560MHz（通常还需要预留一定的裕量）。

得到PLL输出的BitClk频率要求后，参考3.4.1小节，需要通过APB接口，配置PLL对应的CM、CN、CO的值。

（6）TxByteClkHS。

TxByteClkHS是MIPI硬核输出的时钟，提供给用户逻辑作为驱动MIPI硬核组包接口各个信号的工作时钟。

MIPI硬核对用户逻辑发起的数据传输请求（tx_cmd_req）的响应（tx_cmd_ack）、向用户逻辑请求净荷数据的请求信号（tx_payload_en、tx_payload_en_last）也是使用TxByteClkHS输出。

无论MIPI硬核最后用多少个通道发送数据，在组包接口，tx_cmd都是24比特，即3字节；tx_payload也都是32比特，即4字节。MIPI硬核以字节为单位，完成并串转换，因此TxByteClkHS的频率就是BitClk的1/8。

（7）RxByteClkHS、clk_periph。

RxByteClkHS是MIPI硬核输出的时钟，是MIPI硬核接收高速数据包并完成串并转换后的并行数据的时钟。

MIPI接收端完成的也是1∶8的串并转换，所以RxByteClkHS的频率也是BitClk的1/8。

但是MIPI硬核最后从rx_cmd输出接收到的命令，从rx_payload上输出接收到的净荷时，使用的时钟并不是RxByteClkHS，而是clk_periph。

clk_periph是用户逻辑提供给MIPI硬核的时钟，通常要求clk_periph的频率比RxByteClkHS的频率略高。

可以理解为在MIPI硬核内部，输出给用户逻辑时使用的是一个FIFO，该FIFO使用RxByteClkHS时钟作为写时钟，使用clk_periph时钟作为读时钟。

二、MIPI硬核的复位控制

MIPI硬核的处理涉及多个功能模块，不同功能模块也使用了不同的复位信号。为了让MIPI硬核正确工作，各个功能模块复位的生效和释放也要满足一定的要求，比如PLL没有锁定之前，其他模块就算处于工作状态，工作结果也无法保证正确。

（1）PD_PLL。

PD_PLL是MIPI硬核内部专用PLL的复位信号，高电平有效。

PLL内部既有模拟部分，也有数字处理部分。本质上来说，PD_PLL只控制PLL内部模拟部分电路是否处于工作状态。当PD_PLL为高时，不向模拟部分电路提供电源，所以PD_PLL是PLL模拟部分下电（Power Down）的控制信号。

因此，在PD_PLL为高期间，仍然可以配置PLL的CM、CN、CO分频器的寄存器参数。并且，如图3-14所示，在配置PLL的这3个参数时，也必须要控制PD_PLL为高电平，让模拟部分处于下电状态。

PLL的稳定输出是MIPI硬核其他模块工作的基本前提，所以，可以把PLL的锁定信号LOCK作为其他功能模块的复位释放控制信号。

（2）pclk_reset_n。

pclk_reset_n是配置MIPI硬核的APB总线的复位信号。

MIPI硬核的功能、工作状态取决于各个寄存器的配置，PLL的CM、CN、CO等参数的配置必须要在PD_PLL有效期间进行，所以pclk_reset_n是MIPI硬核中最早释放的复位信号。当然，MIPI硬核必须使用FPGA中OSC输出的80MHz时钟，所以pclk_reset_n也必须在OSC输出时钟稳定后才能释放。

（3）PD_DPHY。

PD_PLL是MIPI硬核中的DPHY硬核部分的下电控制信号。

PLL锁定前，PD_DPHY可以一直为高，让整个DPHY处于复位状态。

当PLL锁定后，可以释放PD_DPHY，让DPHY进入工作状态。DPHY硬核内部逻辑在适当时候输出tx_dphy_rdy信号，标注DPHY进入正常工作状态。

（4）reset_esc_n。

reset_esc_n是MIPI硬核内处理低功耗数据收发逻辑的复位控制信号。

低功耗数据收发处理，需要等DPHY进入工作状态后才能正确处理，所以reset_esc_n可以在tx_dphy_rdy被MIPI硬核驱动到高电平后再释放。

（5）reset_dpi_n。

reset_dpi_n是MIPI硬核DPI接口及其内部处理模块的复位控制信号。

当MIPI硬核被配置为使用DPI接口传输图像数据时，MIPI硬核内其他模块没有进入工作状态前，不应该使用DPI接口进行数据传输。所以，可以认为reset_dpi_n是MIPI硬核中最后释放的复位信号。

（6）reset_n。

reset_n是MIPI硬核内数字处理部分的全局复位信号。DSI收发控制器硬核中的多通道对齐、MIPI解包等处理的复位都由reset_n控制。

总的来说，大力神的MIPI硬核中，各种复位的释放基本遵循"先模拟再数字""先底层再高层"的顺序。图3-15所示为MIPI硬核的各个复位信号释放时序的示意图。

图 3-15

3.5 MIPI DSI方案

京微齐力的大力神系列FPGA，原本是专门针对MIPI应用而推出的产品，因此在MIPI应用上，基于大力神FPGA，京微齐力提供了关于MIPI应用的完备的方案集。

3.5.1 H1D03：内部不带PSRAM的方案

利用大力神H1D03系列器件中的MIPI硬核，可以快速实现对液晶显示模组（LCD）的驱动，图3-16所示是使用H1D03驱动LCD显示的简单系统框图。

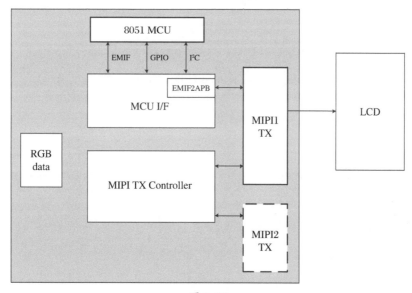

图 3-16

图3-16所示的几个功能模块中，"8051 MCU""MIPI1 TX"用粗实线表示，是FPGA内的硬核资源。"MIPI2 TX"用虚线框，表示大部分设计可能只需要一个MIPI硬核即可。当两个MIPI硬核都用于实现发送功能时，则可以大大提高支持的显示分辨率。

图中"RGB data"表示用FPGA内部逻辑资源产生驱动LCD的测试数据流，比如根据显示区域分别显示红、绿、蓝等横条纹或竖条纹，或者灰阶条纹等，即通常所说的ColorBar测试。

当然，也可以利用FPGA的管脚从外部获取显示图像数据。在H1D03系列FPGA中，内部的BRAM数量有限，能缓存的图像数据有限。按1080列分辨率计算的话，最多只能缓存两行的RGB888数据。所以，可以利用H1D03中的一个MIPI硬核，发送数据驱动LCD显示；另一个MIPI硬核则设置成接收模式，用于接收从主控处理器发出来的图像数据，如图3-17所示。

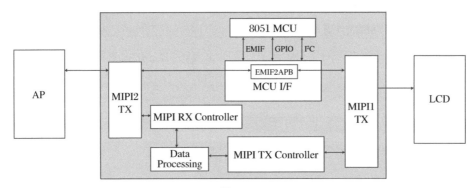

图 3-17

当然，H1D03还可以对收到的图像数据进行一些特定的处理，再驱动LCD。

大力神系列FPGA中集成一个8051硬核，因此可以用这个MCU来实现一些需要灵活控制的功能。比如在LCD进入工作状态前，首先需要让显示驱动芯片退出休眠状态（SleepOUT）。这通常通过发送DCS 11h命令来实现。图3-18所示是某驱动芯片对11h命令的说明。

Exit_sleep_omde (11h)

11h	SLPOUT (Sleep Out)											
	D/CX	RDX	WRX	D15-D8	D7	D6	D5	D4	D3	D2	D1	D0	HEX
Command	0	1	↑	-	0	0	0	1	0	0	0	1	11
Parameter	NO PARAMETER											
Description	This command turns off sleep mode. In this mode the DC/DC converter is enabled, Internal oscillator is started, and panel scanning is started.											

图 3-18

从驱动芯片接收到11h命令后，到内部相应功能模块进入正常工作状态，还需要一定时间。所以各种显示驱动芯片对于11h命令后发送的下一条命令，都提出了严格的时序要求，比如大多数显示驱动芯片都有120ms的要求，即11h命令之后，必须至少间隔120ms才能发送其他命令，否则发送的命令可能无法生效。

其他的一些命令，也可能有类似的时间要求。比如与退出休眠状态命令11h类似，当需要让驱动芯片进入低功耗模式时，可以向驱动芯片发送10h命令，该命令让驱动芯片进入休眠状态（SleepIN）。进入休眠状态时，驱动芯片内部需要进行一系列处理，比如关闭DCDC的电源等，因此从接收到10h命令，到能继续接收命令的状态，驱动芯片通常也会有一定的时间要求。

对于这些特殊延迟的控制，用H1D03内部的8051 MCU能方便地实现，并且也方便后续修改，调整延迟值。

8051另一个比较重要的用途是控制显示驱动芯片的复位及其释放。通常，由于系统复杂性的原因，显示驱动芯片会对复位管脚输入的复位信号提出比较复杂的时序要求，图3-19所示是一个驱动芯片的复位时序要求。

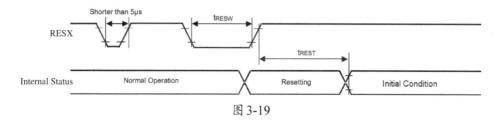

图 3-19

在这个驱动芯片的案例中，当RESX上的低电平脉冲宽度小于5μs时，该脉冲将被当作毛刺处理，不会对内部产生任何影响。只有当RESX上的低电平脉冲宽度大于5μs时，芯片内部才会开始响应。如果该脉冲宽度大于10μs，芯片内部将把该脉冲当作复位信号，开始执行内部复位流程。如果该脉冲宽度为5μs~10μs，芯片内部只会把它当作触发复位的控制信号，也就是内部并不立即启动复位流程，而是等待RESX上的下一个低电平脉冲，并且下一个低电平脉冲宽度必须大于10μs（t_{RESW}），芯片内部才会执行复位操作。

要点提示 在比较FPGA和MCU在处理能力上的差异时，最常见的说法是"FPGA是并行处理的，MCU是串行处理的"。处于其次的，就是处理步骤固定的控制逻辑，可以严格按照某种"流水"进行操作，或者数据处理流程可以用FPGA来实现；而需要灵活控制，尤其是随着时间会有多种变化的处理，如文件系统的管理等功能，用MCU来实现则更加有效。

对于这样的时序控制，FPGA逻辑可以进行处理，但是用8051处理就更加高效和灵活。

3.5.2 H1M03：64M比特 PSRAM方案

与H1D03相比，H1M03内置了两颗PSRAM。每颗PSRAM容量为32M比特，可以缓存一帧HD+分辨率的图像，两颗一共可以缓存两帧HD+分辨率的图像，或者可以缓存一帧FHD+分辨率的图像。因此，基于H1M03可以实现更复杂的图像数据处理，比如把PSRAM当作显存，可以支持HD+分辨率的LCD显示：一个PSRAM用于存储当前显示帧，另一个PSRAM用于缓存正在更新的内容。

图3-20所示是基于H1M03的MIPI收发硬核搭建的LCD显示系统的功能框图。

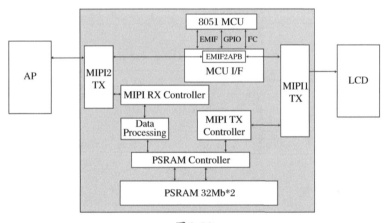

图 3-20

由于内部集成了两块总共64M比特的PSRAM，可以缓存FHD+分辨率的一整帧数据，或者HD+分辨率的两帧图像数据，所以H1M03能比H1D03实现更多的功能。

可以把AP的FHD+分辨率图像数据接收后保存到PSRAM，然后读出，进行图像内容的处理；或者把PSRAM划分成两个32M比特的存储器，通过乒乓操作，一个存储器用来接收当前AP正在发送的图像数据，另一个存储器用来更新LCD的显示，这样就相当于把H1M03的PSRAM当作显存对待了。

如果AP是超过HD+分辨率的图像格式，也想把H1M03当作显存处理，可以在

H1M03的FPGA中对接收到的AP数据进行缩放处理，把AP输入的数据缩放到HD+分辨率，再保存到PSRAM中，这样依然可以把PSRAM当作显示缓存处理。

3.5.3 ► H1C02：内部无MIPI硬核的方案

与H1D03/H1M03相比，对于H1C02来说，内部资源略微有些差异。首先，H1C02内部使用的是4输入查找表（LUT），查找表的数量为1536个；内部的寄存器总数为1024个，块存储模块为72K比特。而H1D03/H1M03内部使用的是6输入查找表，查找表数量为2048个，内部寄存器数量为4096个，块存储模块总共有144K比特。

除了这种常规资源的差异外，H1C02内部没有MIPI PHY硬核，也没有MIPI DSI控制器硬核和PSRAM。所以把H1C02用在MIPI应用上时，更多的是把它当作协处理器来使用，比如，通过解析AP发出的MIPI数据格式监测AP的分辨率、AP与LCD的工作状态等。H1C02内部也集成了8051 MCU核，因此也可以完成显示驱动芯片的复位、初始化等一系列功能，如图3-21所示。

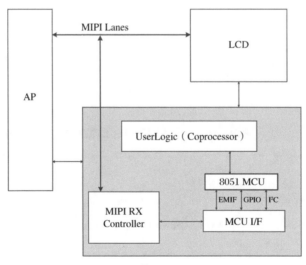

图3-21

H1C02内部没有MIPI PHY硬核，因此也是采用H1C02的高速IO特性来模拟MIPI接口电气特性，所以在接收方向上，H1C02能支持1.2G的MIPI应用，但是在发送方向上，只能支持800M的MIPI接口，这在应用中需要注意。

3.6 MIPI DSI/CSI方案硬件设计

大力神系列的H1D03、H1M03内部集成了MIPI D-PHY硬核，IO特性符合MIPI D-PHY规范，所以在应用中可以将MIPI D-PHY时钟通道、数据通道的信号线与FPGA的专用管脚直连，参考图3-22。

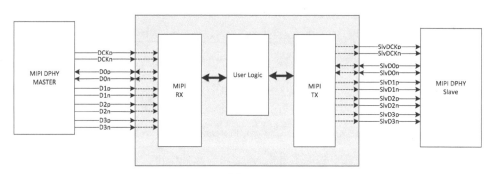

图 3-22

图3-23所示是使用H1M03的H1M03N3W68实现MIPI D-PHY单收单发系统的原理示意图，在MIPI接口上，使用MIPI1硬核作为主设备（MIPI TX），使用MIPI2作为从设备（MIPI RX）。不管是MIPI接收，还是MIPI发送，由于可以和外部MIPI设备直连，所以接口都非常简洁。

使用H1D03系列实现MIPI收发系统的原理与H1M03基本相同，唯一不同的是由于H1M03内部集成了PSRAM，所以多了给PSRAM供电的相关电路。

在使用大力神系列FPGA实现MIPI系统时，需要重点关注以下几个问题。

3.6.1 供电及其滤波

大力神系列FPGA核电压（VDD_COREx）是1.2V，但是各个IO BANK（VDDIOx）可以支持1.2V、1.5V、1.8V、2.5V及3.3V等不同电压。在图3-23中，几个IO BANK都使用1.8V电源。

OSC_VDD为FPGA内部晶振OSC的工作电源，工作电压是1.2V。由于OSC输出的时钟最后还需要提供给MIPI硬核，所以在OSC_VDD管脚外部，最好单独给OSC_VDD供电，或者加一个磁珠与其他1.2V电源进行隔离。

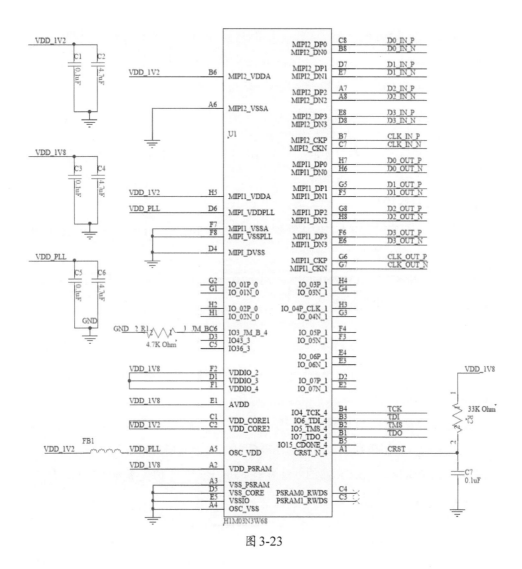

图 3-23

AVDD是FPGA内部锁相环（PLL）的工作电源，工作电压支持1.8~3.3V。该电压同时作为加密烧录时的工作电压（VDD_eFuse）。大力神系列FPGA在进行加密烧录时，该电压必须是2.5V，在使用中需要特别注意。如果按照图3-23进行设计，将无法支持加密烧录！

MIPI_VDDPLL、MIPI1/2_VDDA是MIPI硬核工作电源，工作电压为1.2V。

VSS_PSRAM给PSRAM供电，需要1.8V。H1D03内部没有PSRAM，不需要该路电源供电。

使用大力神系列FPGA时，工作电压相同的多个电源可以共用同一个电源，各个电源之间也没有上电顺序要求。为了器件能更好地工作，几个外部提供的电源都必须加上4.7μF和0.1μF的滤波电容，参考图3-23。

3.6.2 CRST脚的外部匹配网络

CRST脚是FPGA的专用管脚，不能用作普通IO，它是FPGA自加载使能管脚。当CRST从低电平跳变到高电平时，会触发芯片重新配置加载过程，将从配置FLASH中重新加载FPGA配置文件。

在硬件设计上，可以在CRST管脚上加RC延迟电路，对地接一个0.1μF的电容，同时接一个33kΩ的上拉电阻：对于H1D03、H1M03，JTAG下载接口分布在BANK4，该电阻要拉到BANK4的电源；对于H1M02，JTAG下载接口分布在BANK0，该电阻要拉到BANK0的电源。

3.6.3 JTAG口功能复用

大力神系列FPGA支持JTAG加载方式，其JTAG口在加载完成后，也可以作为普通IO使用。

大力神系列FPGA的JTAG口复用为普通IO时，无须在京微齐力集成开发环境中进行额外设置，只需在加载完成后将FPGA的JM_B管脚后接上高电平即可。

大力神系列FPGA在CRST的上升沿采样JM_B的电平值，来确认JTAG端口的4个管脚的功能，参见表3-2。

表3-2　JTAG端口复用功能

JM_B电平	JTAG端口功能
低电平0	JTAG端口的TCK、TMS、TDI、TDO为JTAG下载接口
高电平1	JTAG口的几个管脚为普通用户IO

需要强调的是，JTAG端口是做下载接口还是普通用户IO，是在CRST上升沿时就由JM_B的电平确定了的。之后FPGA进入工作状态，即使JM_B管脚电压发生变化，也无法改变JTAG端口的工作模式。一言以蔽之，不是JM_B管脚电压状态改变了，JTAG端口的复用功能就跟着改变。为了使用JTAG端口加载FPGA，需要在FPGA上电后CRST上升沿时确保JM_B的电平为低电平，这样加载完成后，JTAG

口再也无法被当作普通IO来使用。因此，如果用户在FPGA逻辑中使用了JTAG的这几个脚作为普通IO使用，必须要给FPGA下电，再次上电后才能使用其功能。并且再次上电后，在CRST上升沿，JM_B的电平必须为高电平。

大力神系列FPGA在MIPI行业的应用，除了要注意上述硬件设计问题，FPGA逻辑设计也需要满足本书第1章提到的一些设计规则。第4章将以大力神为例，说明FPGA逻辑设计的一些设计技巧。

3.7 小结

MIPI的发展也带动了很多行业的发展。比如有公司专门开发MIPI各个技术中的IP，并且还提供相关IP的硬核。FPGA除了向集成度越来越高的方向发展，也向集成越来越多的功能组件方向发展。京微齐力的大力神系列FPGA就是在原有FPGA架构上再集成了MIPI硬核，从而为用户有效提升设计效率提供可能。通过提供简洁的控制接口，可以让客户不用再花精力理解MIPI D-PHY的一些底层操作，从而最大限度地在应用上进行更快速的响应。

第4章

MIPI DSI的FPGA逻辑实践

4.1 MIPI DSI FPGA方案架构

第3章在介绍京微齐力FPGA实现MIPI DSI系统时，提到大力神系列H1D03/H1M03中有两个MIPI硬核，因此可以将其中一个配置为MIPI接收设备（从设备），将另一个配置为MIPI发送设备（主设备），从而可以利用FPGA实现一个MIPI DSI收发系统，把收到的MIPI命令、数据进行一定的处理后发送出去，驱动LCD显示，如图4-1所示。

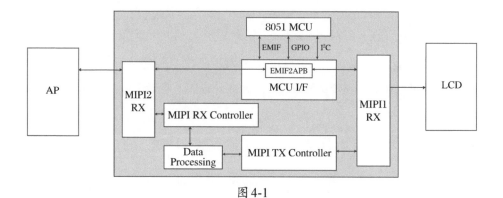

图4-1

本章将以该系统应用为例，来说明使用大力神系列FPGA实现MIPI DSI系统时应注意的一些设计问题。

4.1.1 SOC设计

在第3章中提及了大力神系列FPGA内部8051 MCU内核的一些内容。大力神系列FPGA本身是一个SOC系统，内部除了集成FPGA逻辑资源，还集成了一个微控制器子系统MSS（Microcontroller Sub System）。该MSS是一颗增强型8051 MCU，兼容标准8051指令系统，支持高达8MB的数据/代码存储器扩展，还支持丰富的外设，比如I²C接口、SPI接口、UART、计时器接口等，这些外设接口与FPGA逻辑无缝连接。所以一些需要灵活控制的"软件流程"，可以使用该8051 MCU实现，这不仅可以节省FPGA的逻辑资源消耗，而且能有效缩短开发周期。

当然，由于FPGA和MCU处理的实时性差异，需要根据系统需求和AP的性能要求等在两者间合理分配软硬件功能。

4.1.2 大力神MIPI DSI系统软硬件功能划分

在图4-1所示的MIPI DSI收发系统中，FPGA只是一个协处理器。通常"LCD"部分还应该包括一个DCDC模块以提供LCD显示所需的各种电压，同时也可能需要一个显示驱动专用芯片（DDIC，Display Driver IC），即"LCD"部分应该是一个LCD显示模组（LCM）。

如果LCM内部没有初始化处理，那么在每次上电后，仍然需要外部提供一系列初始化的处理，即对DDIC的复位时序、DDIC内部寄存器进行配置。在图4-1所示的系统中，这部分功能由FPGA来完成。

由于各种不同的DDIC需要的初始化过程并不完全相同，所以在FPGA内部，这部分功能可以用8051 MCU来完成。除此之外，以下功能也可以用8051 MCU来完成。

- DDIC的复位时序。
- MIPI硬核的寄存器配置。
- FPGA逻辑内各个功能模块的复位/复位释放控制，比如3.4.5小节描述的MIPI硬核的复位控制。
- FPGA逻辑中的一些功能模式选择控制逻辑。
- 更进一步，一些测试模式的配置、切换。

- 对于 H1M03，其 PSRAM 的初始化过程。

对于 FPGA 一些功能模式的选择控制，这里举个例子来说明。

在图 4-1 中，"Data Processing"模块有可能会需要内置一种透传工作模式。在该模式下，MIPI 接收模块收到的数据不做任何处理，直接透传给 MIPI 发送模块。对这种透传模式和正常工作模式的切换的控制，就可以用 8051 MCU 来完成。这在设计初期，尤其是在定位一些设计故障的过程中，可以大大提高故障定位的效率。

与此类似的是，FPGA 逻辑中还可能需要预先设计几种测试模式，通过 8051 MCU 来切换不同测试模式，这同样会对协助定位有很大帮助。在显示行业，最常见的就是 ColorBar 的测试逻辑。

另外，在支持视频模式时，必须根据 LCM 的要求提供合适的前后肩时序。很多情况下的显示异常问题都是由前后肩设置错误导致的。这时，用 ColorBar 进行测试，基于输入图像数据良好的规则特性，可以通过显示输出的图像偏移情况，方便地看出前后肩设置值"偏移"的大致情况。

在视频模式下，LCM 显示数据流需要实时提供，并且 LCM 对数据提供的最低速率通常也有要求，所以即使是简单的 ColorBar 测试数据，这时也无法通过 8051 MCU 来提供。最好的方式就是在 FPGA 逻辑中产生 ColorBar 测试数据，8051 MCU 只控制是否使用该测试数据。

但是，如果 LCM 工作在命令模式下，则可以通过 MIPI 接口以低功耗模式发送显示数据给 LCM。这时 ColorBar 测试数据也可以通过 8051 MCU 来产生，FPGA 逻辑只需要实现数据透传功能即可。这可以减少 FPGA 逻辑资源消耗。这也是前面提到可能需要在 FPGA 中内置透传模式、一些测试模式的缘由。

在逻辑设计、FPGA 设计中，如果设计资源允许，应尽量多地在设计中加入测试逻辑，这是设计可测试性（DFT，Design for Test）思想的一种体现。如果设计资源允许，设计、调试过程中添加的一些测试逻辑可以继续保留。这样在产品的后续应用中，如果出现问题，通过少量修改就能使用这些测试逻辑，从而更快地定位到问题发生点。

4.1.3 8051 MCU与FPGA逻辑的接口形式

大力神FPGA的8051 MCU（即MSS）与FPGA逻辑部分的接口如图4-2所示，即除了部分特殊功能寄存器（SFR，Special Function Register）是8051内核与FPGA逻辑的直接连接外，其他都是通过8051 MCU的外设与FPGA逻辑相连。

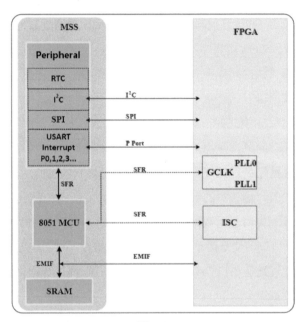

图 4-2

所以，在FPGA逻辑中，可以直接访问8051 MCU的I^2C、SPI、GPIO（P Port）资源，还可以通过EMIF访问8051 MCU的SRAM。

需要注意的是，8051 MCU与FPGA连接的这些端口，并不是FPGA器件外部可以访问的管脚，所以，如果器件外部想要访问8051 MCU的资源，或者8051 MCU需要与器件外部设备进行通信，必须经过FPGA逻辑转发。

4.2 MIPI硬核初始化

当使用8051 MCU来完成MIPI系统的一些功能时，需要注意的是，8051 MCU的复位、启动受FPGA逻辑控制；8051 MCU的工作时钟也由FPGA逻辑提供。所以，

8051 MCU必须等待FPGA逻辑进入工作状态后，才能开始工作。

由于MIPI硬核工作需要一系列的复位控制，还需要对MIPI硬核的一些寄存器进行配置，比如对MIPI硬核专用PLL的参数进行设置，因此根据图3-14、图3-15的说明，必须在这些参数配置完成后才能将PD_PLL释放。之后，MIPI硬核专用PLL进入锁定状态，输出有效的LOCK信号，其他模块的复位才能释放，进入工作状态。所以，除了MSS自身各个端口的初始化之外，8051 MCU进入工作状态后的第一件事就是对MIPI硬核进行配置，对FPGA的复位序列进行控制。

当然，一旦系统的各个配置固定后，对MIPI硬核寄存器的配置，也可以用FPGA逻辑来实现。选择用FPGA逻辑来实现，还是用8051 MCU来实现，除了取决于FPGA逻辑资源消耗外，还有一个需要考虑的参数，就是整个系统对完成MIPI硬核初始化的时间要求。

FPGA和MCU的优劣势，大家早已耳熟能详，比如MCU是串行处理机制，FPGA是并行处理机制；FPGA处理延迟短，MCU处理延迟长等。在MIPI DSI系统中，不同AP的性能也大相径庭。有些AP在上电后很快就进入工作状态，所以也相应要求下位机要很快进入工作状态。这时如果使用8051 MCU来配置MIPI硬核初始化，可能会导致配置时间过长，从而错过一些AP命令和数据，造成系统错误。在这种情况下，就必须用FPGA逻辑来配置MIPI硬核要求的各个寄存器，以让MIPI硬核尽快进入工作状态。

借鉴MIPI DSI规范的层次化实现，本节也尝试使用层次化的方法，介绍用FPGA逻辑实现MIPI硬核初始化功能模块的设计细节。

本节将采用自顶向下的设计方法学。在进行MIPI硬核初始化模块的设计之前，必须先理解和分析设计需求，再划分子系统，在子系统之间分配和细化设计需求的各个指标。

4.2.1 MIPI硬核寄存器地址空间：设计需求分析

大力神FPGA内部有两个MIPI硬核。两个MIPI硬核有各自独立的APB总线，所以每个MIPI硬核的寄存器地址空间也是独立的。

MIPI硬核初始化模块的设计需求，就是对这些寄存器进行配置。可以针对大力神的MIPI1、MIPI2两个硬核，设计各自的配置控制模块。对于图4-1的应用，可以转化为图4-3所示的功能框架，即不再需要EMIF2APB接口转换功能模块。

同时，由于是针对MIPI1、MIPI2来进行配置，所以在功能框图中，不再需要强调MIPI2实现RX功能、MIPI1实现TX功能。MIPI硬核是实现TX还是RX功能，体现在MIPI1、MIPI2的配置模块中。MIPI硬核被配置为RX还是TX功能，需要配置的参数并不完全相同。

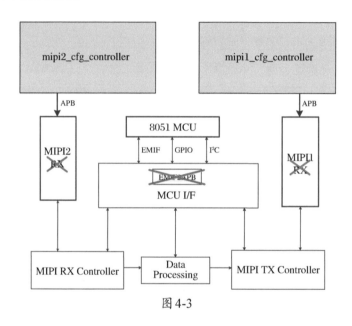

图 4-3

大力神FPGA内部两个MIPI硬核的寄存器地址空间是完全相同的，差别只在于使用时可能需要配置为不同的值，所以MIPI1、MIPI2的两个MIPI硬核不能使用同一个配置模块。当然，如果MIPI1、MIPI2使用的是完全相同的寄存器配置，那么可以只使用其中一个配置模块，然后采用MIPI1、MIPI2共享总线的方式完成配置。

MIPI硬核在实际使用过程中，并不需要把所有寄存器都配置一次，有些没有使用到的功能部分，其寄存器也不需要配置。

图4-4所示为每个MIPI硬核的寄存器地址空间分配示意图，每个MIPI硬核寄存器的地址空间可以划分为以下几部分。

• HOST_REG：当MIPI硬核配置为主设备（MIPI TX）时的一些寄存器。

• HOST_DPI：当MIPI硬核配置为主设备，且其DPI接口也使能时必须配置的寄存器。

- HOST_DPHY：当MIPI硬核配置为主设备时，必须配置的一些与DPHY相关的MIPI协议规定的一些参数。
- MIPI_PLL：配置MIPI硬核专用PLL。
- Periph_REG：当MIPI硬核配置为从设备（MIPI RX）时必须配置的一些寄存器。
- MIPI_LP：配置跟时钟通道相关的两个寄存器。

类别	偏移地址	数据总线（32比特） 31　　　　　　　　　　　　　　　　0
HOST_REG	0x000	CFG_NUM_LANES
	0x004	CFG_NONCONTINUOUS_CLK
	……	……
		CFG_STATUS_OUT
	……	保留
	0X1FC	保留
HOST_DPI	0x200	CFG_DPI_PIXEL_PAYLOAD_SIZE
	0x204	CFG_DPI_PIXEL_FIFO_SEND_LEVEL
	……	……
	0x240	CFG_DPI_VC
	……	保留
	0x2FC	保留
HOST_DPHY	0x300	INTFC_DPHY_M_PRG_HS_PREPARE
	0x304	INTFC_DPHY_MC_PRG_HS_PREPARE
	0x308	INTFC_DPHY_M_PRG_HS_ZERO
	0x30C	INTFC_DPHY_MC_PRG_HS_ZERO
	0x310	INTFC_DPHY_M_PRG_HS_TRAIL
	0x314	INTFC_DPHY_MC_PRG_HS_TRAIL
MIPI_PLL	0x318	INTFC_PLL_CN
	0x31C	INTFC_PLL_CN
	0x320	INTFC_PLL_C
	……	保留
	0x3FC	保留
Perigh_REG	0x400	CFG_NUM_LANES
	0x404	CFG_VC
	……	……
	0x430	CFG_STATUS_OUT
	……	保留
MIPI_LP	0x680	THS_SETTLE
	0x684	TCLK_SETTLE
	……	保留

图4-4

这些寄存器的基本操作规则如下。

• MIPI_PLL配置的是MIPI硬核专用PLL的参数。无论MIPI硬核被配置为主设备还是从设备，都必须配置。

• MIPI_LP配置的是跟时钟通道相关的两个参数。如果MIPI1/2只需要处理低功耗数据，该组两个寄存器可以不用配置。

• HOST_REG、HOST_DPI、HOST_DPHY只有在MIPI1/2被配置为主设备时才需要配置。即使被配置为主设备，但没有使用DPI接口，HOST_DPI也可以不用配置。

• Periph_REG在MIPI1/2被配置为从设备时才需要配置。

大力神FPGA的MIPI硬核有两种基本的配置模式：被配置为主设备（Host，TX功能模式）或被配置为从设备（Peripheral，RX功能模式）。所以，为了增加模块自身的应用范围，可以针对MIPI硬核的配置模式来设计初始化模块：设计好两个功能模块，一个可以完成被配置为主设备时的MIPI硬核初始化（比如命名为host_cfg），一个可以完成被配置为从设备时的MIPI硬核初始化（比如命名为prph_cfg）。这样，一个MIPI硬核被配置为主设备时，就调用host_cfg来实现初始化；而被配置为从设备时，就调用prph_cfg来实现初始化。

由于本节后续内容主要针对大力神系列的设计展开，所以一些读者可以适当跳过一些内容。在这里，有必要对于模块设计前的需求分析做一些说明。

著名的牛尾效应将需求的变异放大比喻为牛尾的运动，就是牛尾巴的根部动一点点，牛尾巴尾端就要动一大截。在逻辑设计领域，设计需求就是这条牛尾巴的根部。因此，设计之初的需求分析对一个设计至关重要。

对于需求的理解和分析程度，可能会影响子系统的划分和设计，进而会影响整个系统的框架结构。比如本节后面的介绍，将首先从最直观的角度理解设计需求，得到一种初始设计结构；后续的分析发现这个设计可以优化成按应用来区分，从而获得第二种设计架构；再到更深入的分析，发现这个设计最后要实现的其实就是APB总线的读写操作，所以产生了设计APB总线操作的PHY模块、APB的读写应用这两层的层次结构。显然，这样的系统层次划分，完全可以独立于MIPI硬核作为主从设备时的寄存器配置这一最初设计需求。

这相当于IP化的设计思路，也是一种自底向上的设计方法学，就是针对各种可能的应用场景，先把底层功能模块设计好（功能单一且在以后的设计中还可能被复用的模块，可以转化为IP），再用这些功能模块搭建上层系统。

4.2.2 MIPI硬核初始化模块的层次划分

图4-1所示的MIPI DSI收发系统中，配置MIPI1为主设备（MIPI TX），MIPI2为从设备（MIPI RX），所以MIPI1的APB需要用host_cfg驱动，MIPI2的APB需要用prph_cfg驱动，如图4-5所示。

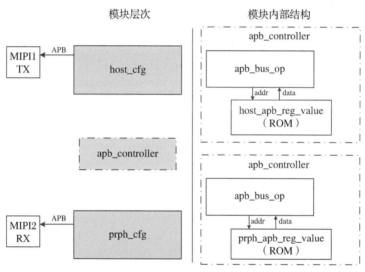

图4-5

继续对host_cfg、prph_cfg进行划分，发现两个模块的本质是对APB总线的写操作，只是不同寄存器需要不同地址、不同的数据。如果把操作地址、操作数据当作"参数"，那么两个模块的控制流将完全一样，只是需要不同的参数而已。因此这两个模块的底层架构完全相同，参考图4-5中右侧部分，两个模块均划分为apb_bus_op、host_apb_reg_value两个部分：apb_bus_op实现APB总线操作的控制流；host_apb_reg_value提供MIPI硬核作为主从设备时的APB寄存器地址值和对应的寄存器值。

从上一小节的说明可以知道，MIPI硬核做主、从设备时，需要配置的地址空间也不完全相同，所以这两个模块无法实现统一。但是一旦MIPI硬核应用场景确定，其寄存器地址和寄存器值也就是固定的，所以这是一个ROM的功能模型。

因此，MIPI硬核初始化模块的设计需求，就转化为对APB总线操作的实现和两个ROM的实现。

4.2.3 MIPI硬核初始化模块逻辑设计

大力神FPGA内部的MIPI硬核，采用APB总线进行寄存器配置。

APB总线是ARM提出的AMBA总线的一部分，图4-6所示是大力神系列内部采用的APB接口写操作控制时序图。APB总线也采用主从结构，主设备发起操作，提供工作时钟。在大力神系列内部，MIPI硬核为APB从设备。

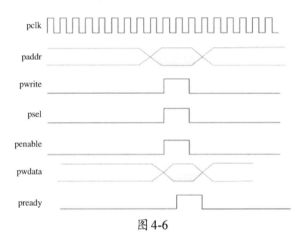

图 4-6

对MIPI硬核的寄存器进行写操作时，需要先提供地址paddr、写数据pwdata，然后再使能pwrite、psel、penable等控制信号。MIPI硬核读取到对应数据，完成内部寄存器写操作后，通过使能pready信号来表示操作完成。只有在pready信号被置高后，才能释放pwrite、psel、penable等控制信号。

大力神系列MIPI硬核的APB总线，数据总线采用32比特，地址为18比特。但由于有效的地址空间并不需要这么大，所以APB地址总线的高位可以固定驱动到低电平。

ARM提出APB总线时，对APB的操作状态跃迁做了比较明确的规定，如图4-7所示。

在初始状态下，APB总线处于空闲（IDLE）状态，
这时PSEL与PENABLE均为低。当需要传输数据时，主
设备拉高PSEL，进入启动（SETUP）状态，启动状态
下PENABLE仍然保持为低。

然后再将PENABLE拉高，进入激活（ENABLE）
状态。在激活状态下，主设备进行写操作时，从设备完
成数据读取操作；主设备进行读操作时，从设备用对应
的数据驱动总线。

激活状态后，如果还需要继续传输下一个数据，则
直接把PENABLE拉低，重新进入启动状态；如果数据
传输结束，则同时把PSEL与PENABLE都拉低，进入
空闲状态。

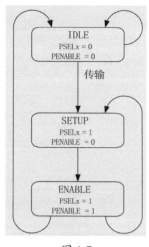

图 4-7

早期版本的APB总线采用开环控制模式，启动状态、激活状态都只有一个时钟
周期的持续时间。所以在启动状态，就要用PWRITE（图4-7中未显示）给出是读
操作还是写操作。是写操作时，在启动状态之前，地址总线和数据总线都必须已经
被稳定驱动。

后续版本的APB总线进行了优化，采用闭环控制的模式。提供PREADY信号
来表示从设备进入可操作状态，也用作写操作完成标志。所以启动状态、激活状态
也不一定只有一个时钟周期。图4-6所示是对APB的操作时序进行了一些调整，将
PENABLE与PSEL同时使能，并且也同步释放。

所以，可以把实现APB一次读写操作当作最底层功能单元模块（相当于PHY）。
这样，MIPI硬核初始化（相当于应用层）模块就可以实现为：根据是主设备还是
从设备，从ROM中顺序读取配置地址、配置参数值，然后启动一次APB写操作，
直到需要的全部寄存器配置完成。这个流程的控制如果用状态机来实现，可以参考
图4-8左半部分的示意图。

如果套用层次化的思想，可以把图4-8左半部分当作MIPI硬核初始化模块的应
用层，描述了如何使用APB写操作完成MIPI硬核初始化；而右侧则对应物理层，描
述了"APB写操作"的具体实施过程。

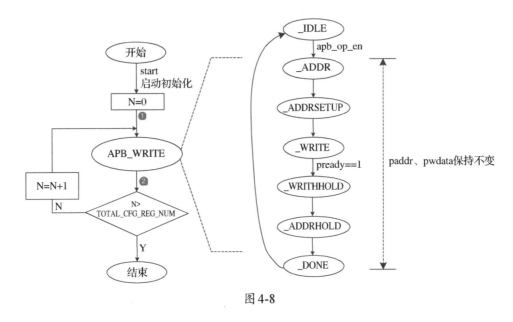

图 4-8

要对APB进行多少次操作，取决于把MIPI硬核配置为主设备还是从设备，所以设计时可以把执行次数作为模块参数（图4-8中的TOTAL_CFG_REG_NUM），在例化模块时再进行重定义。

图4-8右半部分，就是APB总线写操作状态机示意图。

在该状态机中，除了_IDLE、_WRITE状态外，其他状态都只需要一个时钟周期，所以也不需要跳转控制信号。只有_IDLE状态是没有操作时的默认状态，维持多长时间不确定。_WRITE状态是APB从设备执行写寄存器值的状态，如前所述，早期的APB版本中，该状态也只需要一个时钟周期，但是新的版本进行了修改，用pready信号来表示已经完成了写操作，所以用pready信号为高来作为跳出_WRITE状态的使能信号。

设计时还必须考虑一种错误场景：如果进入_WRITE状态后，APB从设备一直没有输出有效的pready信号怎么办？

在设计中需要对等待pready信号为高的时间做一个超时错误处理，否则就会一直停留在_WRITE状态无法退出（除非重新复位）。即退出_WRITE状态的条件，除了pready信号为高外，如果等待预先设定的时间后，仍然没有检测到pready信号为高，也应该退出该状态。这个预先设定的时间值，最好采用参数化设计，以便于后续修改。

在逻辑设计中，当使用状态机时，最好让每个状态都有超时机制，否则容易出现"跑飞"的问题，即停留在某个状态一直无法退出。

在逻辑设计中，有一个"自愈"的设计理念，即使某一次操作出现问题，也不应该影响下一次操作。所以设计的系统应该能在某种错误发生后，自动回到某种既定的状态。如果设计中的状态机会停留在某一个状态，无法退出，系统就无法自愈。以上述的 APB 写操作为例，系统如果是能"自愈"的，就意味着，即使上一次写操作出现 pready 信号一直为低的情况，下一次写操作（或者不一定是下一次，而是一定时间后再执行的写操作）还能继续执行。如果没有为_WRITE 状态添加超时处理，那么某一次操作后，pready 信号一直无效，就会一直停在_WRITE 状态，除非系统复位，否则之后全部的写操作都将无法进行。这个系统就不是一个能"自愈"的系统。

因此，在逻辑设计中，对于一些外来状态的检测，或者在一些闭环控制系统中，最好都加一个超时处理机制，让系统在任何情况下，经过特定时间后，都可以回到某个"初始态"，不影响后续的操作，并通过适当方式，将通过超时处理回到该初始态的情况进行上报。

同样，在图4-8左半部分的"应用层"部分，还应该考虑一个问题：如何确定图中的"start"为高的时间？基于 MIPI 硬核的应用，MIPI 硬核的配置应该是最先需要完成的事。FPGA 一退出复位状态就可以开始配置，还是需要再等待别的触发条件？

首先，FPGA 刚刚退出复位状态，是不能进行 MIPI 硬核的配置的。因为 MIPI 硬核的 APB 的时钟需要 FPGA 来提供，除非该时钟是从 FPGA 外部提供的稳定时钟，否则该时钟只能由 FPGA 内的 OSC 模块产生，可能还会经过 PLL 处理后再输出。如果时钟是经过 PLL 输出的，至少应该等 PLL 进入锁定状态后才能进行 MIPI 硬核的配置。

所以在设计对应的功能模块时，可以在图4-8中的①、②两处，各自添加一个延迟控制功能，延迟时间值也采用参数化设计，以方便后续根据实际情况进行调整。

在逻辑设计中，善用参数化的设计方法，不仅可以提升设计的可读性、可维护性，还可以有效提升设计的灵活性。

一、状态机及其编码风格

有限状态机（FSM，Finite State Machine）是逻辑设计中一种重要的实现方式，尤其在实现一些控制逻辑时，FSM是最接近设计者原始想法的表现形式。

根据输出的受控模式，FSM有两种基本的分类：输出只与当前状态有关，这种状态机称为摩尔型（Moore）状态机；输出不仅和当前状态有关，还和当前输入有关，这种状态机称为米利型（Mealy）状态机。虽然有这样的分类，但是状态机的状态本身也是由一系列的输入来形成的，所以这两种类型的状态机可以互相转化。很多设计者虽然写了很多状态机，但是从来没有关注过自己写的状态机到底是摩尔型还是米利型的，这也是原因所在。

关于FSM的编码风格，逻辑设计的初学者通常在一个always语句中就把状态机的全部功能，包括信号处理都实现了，即采用的是一段式FSM编码风格。有人推荐使用两段式编码风格，有人认为三段式会更好。笔者对这些方式进行了改动：虽然编写状态机采用的是两个always块，这符合两段式的形式，但是两个always块都是时序逻辑。这样做主要还是为了更好地保证FSM综合后能获得更好的时序性能。同时，有一个状态机次态到当前态的赋值语句，所以笔者使用的FSM编码风格，本质上是三段式FSM。

依然沿用层次化的思想，两个always块分别完成如下功能。

第一个always块完成FSM的状态跃迁。这可以算是FSM的应用层，只根据需要实现的功能来定义FSM状态，以及各个状态之间在什么条件下如何切换。在整个always块中，先不考虑这些条件如何产生，把这些条件怎么产生放到第二个always块中去解决。

比如，从状态A跃迁到状态B，需要对一个计数器值cnt1与另外一个计数器值cnt2进行比较，那么在第一个always块中，不采用cnt1==cnt2的写法，而是采用比如命名为copy_line_num_reach的单比特信号的形式，来表示"行复制数量达到预定值"后就跳到状态B的设计预期。这不仅能提升设计可读性，也不会让第一个always块的代码过于臃肿，从而利于后续维护，提高可维护性。

第二个always块完成FSM各个状态下的逻辑处理，包括FSM各个状态的功能处理、各个状态退出条件判断处理、输出信号的产生等。

根据状态的复杂程度，第二个always块可能会占用比较多的代码行。

在状态机编码风格中，可以再单独使用一个always块来描述输出信号的处理。

二、APB总线写操作状态机的代码

以实现APB总线写操作的状态机为例，来说明这种两段式FSM风格的代码结构。当然，本质上，笔者的FSM还是三段式的风格。如图4-9所示，因为有一个次态到当前状态的赋值语句，直接使用了"wire类型信号在声明时赋值"的编码方式。这个赋值语句当然也可以写成always块语句，这样就是一个三段式FSM。

```
reg  [5:0] nxt_exe_cfg_st;
wire [5:0] cur_exe_cfg_st = nxt_exe_cfg_st;
    localparam CFG_1EXE_IDLE      = 6'b000000 ;
    localparam CFG_1EXE_ADDR      = 6'b000001 ;
    localparam CFG_1EXE_ADDRSETUP = 6'b000010 ;
    localparam CFG_1EXE_WRITE     = 6'b000100 ;
    localparam CFG_1EXE_WRITEHOLD = 6'b001000 ;
    localparam CFG_1EXE_ADDRHOLD  = 6'b010000 ;
    localparam CFG_1EXE_DONE      = 6'b100000 ;

    localparam WAIT_UP_LIMIT = 8'd10 ;
```

图 4-9

首先是一些使用到的信号变量的声明，如图4-9所示，这里除了给出该状态机的状态信号变量的声明，主要是给出状态机各个状态的编码值。可以看到，对这个状态机，各个状态的编码采用了独热码（one-hot）的编码方式。

特别说明一下，图4-9所示的代码是使用UltraEdit（UE）软件编辑的。本书中如非特别说明，列出的全部代码均是使用UE进行编辑的。

常见的状态机编码方式有自然码、格雷码、独热码等。每种编码方式都有各自的优缺点，一个设计到底使用哪种编码方式，需要根据具体设计具体分析。比如，对于一个设计资源非常紧张的设计，降低资源消耗是必须要考虑的问题，那么应该首先考虑自然码。除了这些特殊情况，笔者建议对于状态机编码，尽量采用独热码。

独热码的各个比特位值为1是互斥的，不会有两个比特位同时为1，这相当于每个状态都用一个比特位来表示，所以译码简单，是公认速度最快的编码方式；其缺点是随着状态增加，占用的寄存器资源也会增加。但是，在FPGA内部，LUT和寄存器资源的有效数量通常都是成比例的，状态机处理消耗的LUT资源，一般都会超过对应比例的寄存器数量，所以即使编码状态增加几个比特位，多占用几个寄

存器资源，对FPGA实现影响并不大。同时，随着FPGA集成度的提高，越来越多设计的瓶颈出现在设计速度性能指标上，而不是资源消耗上。所以，可以尽量采用一些时序优化的技术，比如独热码。

图4-9中，状态机各个状态的编码值采用了参数化变量的方式。在Verilog HDL中，有两种方式可以定义参数化变量：parameter、localparam。两者定义的变量都是局部变量，作用域仅仅局限于声明该变量的模块。两者的区别在于，parameter定义的参数可以通过参数端口重映射的方式，在例化该模块时重新定义该参数的值。如果该参数逐层传递到顶层模块，就可以在系统的顶层模块方便地修改底层模块的参数值。而localparam定义的参数，无法在该模块外重定义该参数值，要改变其值只能在模块内修改这些localparam语句。

在Verilog HDL中，一切变量最好都先声明再使用。

虽然很多综合工具，在检测到一个变量使用前没有声明语句时，会把该变量"推断"（Infer）为一个单比特的wire变量，但是在有些工具中，这可能会导致一些综合结果错误。

有些设计者在知道综合工具有这一条"推断规则"后，为了减少代码行数量，就省略了代码中1比特位宽的wire变量声明，或者甚至违背先定义再使用的原则，虽然在代码中也声明了变量，但是声明语句出现在第一次使用该变量之后。这样并不是一种很好的编码风格。

笔者就曾经遇到过这样的编码方式导致系统故障的异常问题。并且这种问题的定位非常困难，尤其是对模块进行系统移植时，绝大多数设计者会有"我这个模块之前一切正常，不会出错"的想法。这会给问题故障点定位带来额外的时间成本。

图4-10所示的代码，是该状态机的第一个always块语句。把这段代码和图4-8比较，不难发现，它用最简洁的方式，把图4-8描述的状态跃迁过程"直白地复现"了出来。

new_cfg_en信号就是图4-8中的apb_op_en信号。

图4-11所示的代码，是该状态机的第二个always块语句。

```
always @ (posedge pclk, negedge rst_n)
    if(!rst_n)
        nxt_exe_cfg_st <= CFG_1EXE_IDLE ;
    else
        case ( cur_exe_cfg_st )
            CFG_1EXE_IDLE      : if ( new_cfg_en ) nxt_exe_cfg_st <= CFG_1EXE_ADDR ;
            CFG_1EXE_ADDR      : nxt_exe_cfg_st <= CFG_1EXE_ADDRSETUP ;
            CFG_1EXE_ADDRSETUP : nxt_exe_cfg_st <= CFG_1EXE_WRITE ;
            CFG_1EXE_WRITE     : if( pready | pready_timeout )nxt_exe_cfg_st <= CFG_1EXE_WRITEHOLD ;
            CFG_1EXE_WRITEHOLD : nxt_exe_cfg_st <= CFG_1EXE_ADDRHOLD ;
            CFG_1EXE_ADDRHOLD  : nxt_exe_cfg_st <= CFG_1EXE_DONE ;
            CFG_1EXE_DONE      : nxt_exe_cfg_st <= CFG_1EXE_IDLE ;
            default : nxt_exe_cfg_st <= CFG_1EXE_IDLE ;
        endcase
```

图 4-10

```
always @ (posedge pclk, negedge rst_n)
    if(!rst_n)
        begin
            wraddr          <= 18'h0 ;
            wrdata          <= 32'h0 ;
            wren            <= 1'h0 ;
            select          <= 1'h0 ;
            enable          <= 1'h0 ;
            cfg_exe_done <= 1'b0 ;
            pready_timeout <= 1'b0 ;
            prdy_wait_cnt <= 8'd0 ;
        end
    else
        case ( cur_exe_cfg_st )
            CFG_1EXE_IDLE :
                begin
                    wraddr          <= {8'd0,wraddr_asgn[9:0]}      ①
                    wrdata          <= wrdata_asgn ;
                    wren            <= 1'h0 ;
                    select          <= 1'h0 ;
                    enable          <= 1'h0 ;
                    cfg_exe_done <= 1'b0 ;
                    pready_timeout <= 1'b0 ;
                    prdy_wait_cnt <= 8'd0 ;
                end
            CFG_1EXE_ADDR       :
                begin
                    wraddr          <= {8'd0,wraddr_asgn[9:0]} ;
                    wrdata          <= wrdata_asgn ;
                    wren            <= 1'h0 ;
                    select          <= 1'h0 ;
                    enable          <= 1'h0 ;
                    cfg_exe_done <= 1'b0 ;
                    pready_timeout <= 1'b0 ;
                    prdy_wait_cnt <= 8'd0 ;
                end
            CFG_1EXE_ADDRSETUP :
                begin
                    wren            <= 1'h1 ;
                    select          <= 1'h1 ;
                    enable          <= 1'h1 ;
                    cfg_exe_done <= 1'b0 ;
                end
            CFG_1EXE_WRITE      :
                begin
                    cfg_exe_done <= 1'b0 ;
                    prdy_wait_cnt <= prdy_wait_cnt + 1'd1 ;          ②
                    pready_timeout <= prdy_wait_cnt >= WAIT_UP_LIMIT ;
                end
            CFG_1EXE_WRITEHOLD :
                begin
                    wren            <= 1'h0 ;
                    select          <= 1'h0 ;
                    enable          <= 1'h0 ;
                    cfg_exe_done <= 1'b0 ;
                    pready_timeout <= 1'b0 ;
                    prdy_wait_cnt <= 8'd0 ;
                end
            CFG_1EXE_ADDRHOLD  :cfg_exe_done <= 1'b0 ;
            CFG_1EXE_DONE      : cfg_exe_done <= 1'b1
            default :
                begin
                    wraddr          <= 18'h0 ;
                    wrdata          <= 32'h0 ;
                    wren            <= 1'h0 ;
                    select          <= 1'h0 ;
                    enable          <= 1'h0 ;
                    cfg_exe_done <= 1'b0 ;
                    pready_timeout <= 1'b0 ;
                    prdy_wait_cnt <= 8'd0 ;
                end
        endcase
```

图 4-11

这部分的代码量明显多于第一个always块语句，其功能不再详细分析，但有两个地方需要简单说明一下：第一个是图中标注为①的地方，在CFG_1EXE_IDLE状态下，就对wraddr、wrdata赋值了。通常，在空闲状态是等效为复位状态的，很少有进行赋值操作的。这里的操作可以理解为，只有在退出CFG_1EXE_IDLE状态前一拍的wraddr_asgn、wrdata_asgn被采样使用。所以这个地方的赋值语句，与CFG_1EXE_ADDR状态下的赋值语句，两者使用一个就可以了。

第二个是图中标注为②的地方，是对检测pready高电平的超时判断处理。如果该状态维持了WAIT_UP_LIMIT+1个时钟周期后还没有检测到pready高电平，就跳到下一状态。

当然，这个状态机没有体现"错误上报"的实现情况。错误上报的机制是一个需要进行系统考虑的问题，如果系统需要这种上报机制支持，需要再对pready_timeout信号进行进一步的处理。

三、MIPI硬核初始化模块的应用层状态机

如果把图4-8左半部分当作MIPI硬核初始化模块的"应用层"，这部分功能可以用图4-12所示的状态机来实现。该状态机也采用前述的两段式来描述，为了方便对比，图中把图4-8左半部分也复制过来与代码放在一起。

图4-12与图4-8相比，标记为②的延迟功能处理的位置并不完全相同。图4-8中是把延迟功能放在APB_WRITE状态之后，即希望每次进行APB写操作后，都延迟一段时间。而图4-12中，则修改为在MIPI硬核全部寄存器配置完成后，等待一定时间再退出整个配置流程。

在设计过程中，不可避免地会对上层设计架构进行修改。这种设计迭代中的修改点，最好用版本修订记录的方式记录下来。如果可能，将修改的缘由也进行说明。

同时，在编写代码的过程中，应当对编码进行适当注释。良好的注释是设计可读性、可维护性的必要保障手段。为了节省篇幅，本节所列的代码都进行了适当的修剪，并把相关注释都删除了。

坊间流传着一句极为精辟的名言：所有工程师最痛恨的事情有两件，一件是给代码写注释，另一件是别人的代码不写注释！

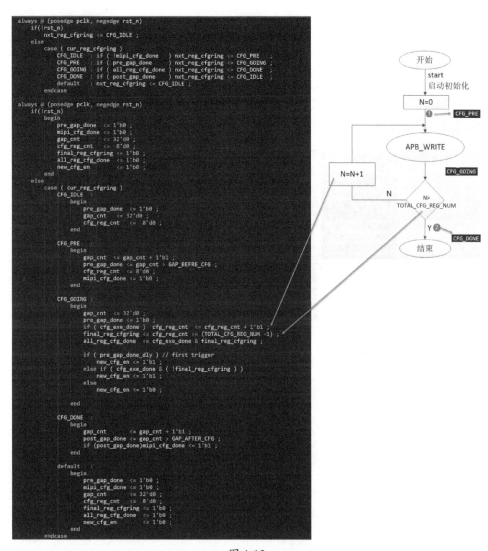

图 4-12

四、模块声明及端口声明的方式

一个 Verilog HDL 模块以关键词 module 开始，以关键词 endmodule 结束。跟在关键词 module 之后的是模块名的声明，接下来是模块的端口信号声明。Verilog 2001 规范、优化了端口信号声明方式，把之前最多可能需要出现 3 次的端口声明，缩减为 1 次即可；同时引入了新的可重定义的参数声明方式。

图 4-5 给出了 MIPI 硬核初始化功能模块的设计思路，是根据 MIPI 硬核配置为主

设备还是从设备，预先设计好对应的两个功能模块，两个模块都是一个apb_bus_op功能模块加一个ROM模块。

ROM模块定义了主设备或从设备的寄存器列表及其对应的寄存器值。apb_bus_op功能模块则完成这些寄存器的配置操作，图4-13所示是该模块的模块声明和端口信号声明部分。

```
module mipicore_cfg_controller  # (
        parameter GAP_BEFRE_CFG      = 32'd30 ,
        parameter GAP_AFTER_CFG      = 32'd50 ,
        parameter TOTAL_CFG_REG_NUM = 8'd3
)
(
    output  [7:0]  cfg_rom_raddr ,
    output         pcfg_done     ,
    output  [17:0] paddr         ,
    output         pwrite        ,
    output         psel          ,
    output         penable       ,
    output  [31:0] pwdata        ,
    input          pready        ,
    input   [49:0] cfg_rom_rdata ,
    input          rst_n         ,
    input          pclk
) ;
```

图 4-13

最新的 Verilog HDL 规范，可以在模块端口声明之前，用下面的格式声明该模块的 parameter（参数，但是"参数"容易引起歧义，所以本节直接用 parameter）。

```
#(
  parameter列表
  )
```

图4-13中的声明，表明给该模块定义了3个parameter：GAP_BEFRE_CFG是设置第一个寄存器配置前的延迟；GAP_AFTER_CFG是全部寄存器配置完成后的延迟；TOTAL_CFG_REG_NUM则设置总共需要配置多少个寄存器。前面已经说明，MIPI硬核配置为主设备或从设备时，需要配置的寄存器数量并不相同。

Verilog HDL语法规定，最后一个parameter声明之后不能有逗号；有多个parameter时，除最后一个声明外，其他parameter声明之后要加逗号。

端口信号列表声明也采用这种规则，除了最后一个端口声明外，其他端口声明之后需要加逗号，参考图4-13中的编码方式。

关于端口声明的顺序，Verilog HDL并没有规定必须采用什么样的顺序，但是为了提高设计代码的可维护性、可读性，很多设计者推荐了一些很好的编码风格，比如按照信号分类逐组声明、输入端口在前/输出端口在后等。

图 4-13 所示的是笔者推荐的关于模块端口声明的一种编码风格，其特点如下。

- 先声明输出端口信号，再声明输入端口信号。
- 如果沿用按功能分组的编码风格，那么功能组内也是先声明输出信号。
- 最后声明的一个端口信号是模块的复位信号（或者时钟信号）。

前面两个特点，可以概括为"先输出再输入"。提倡这一写法的原因在于这样可以提高模块集成时的效率，尤其是团队协作的项目。如果我们需要使用一个物件，我们首先关心的通常是这个物件能够实现什么功能。我们想在一个系统中使用 FPGA 时，首先会关心 FPGA 能提供什么功能，这些功能就是 FPGA 的输出。所以进行类比，如果一个模块的输出信号在最前面，能更方便使用者了解该模块实现的功能；之后再去关心，为了实现这些功能，需要提供什么样的输入信号。

肯尼迪说过，不要问国家能为你做什么，而要问一下你能为国家做什么。如果借用一下这种表述的格式和思想，来说明为什么要先声明输出信号，那就是：不要先告诉我（使用者）要提供什么，请先告诉我你（模块）能为我提供什么！

至于为什么要把复位信号（或者时钟信号）放在端口列表声明的最后面，根源在于 Verilog HDL 要求最后一个端口声明之后不能有逗号，而其他端口声明之后必须要有逗号。

笔者可以大胆推断，绝大多数逻辑设计工程师，必然经历过增加或减少模块端口信号的设计修改，并都应该经历过如下两种场景的"疏忽"。

（1）如果需要在原最后一个信号之后，再增加一个信号，那么常常在新加信号后，忽略了给原最后一行加逗号，导致综合工具报告错误，从而不得不进行第二次修改。

（2）如果正好需要删除原最后一个端口信号声明，常常在直接删除或直接添加行注释后，忽略了将新的"最后一个端口"信号声明语句的逗号删除，导致不得不再次修改。

但是，如果采用端口列表声明最后一行是复位信号（或者时钟信号）的方式，上述两个"疏忽"发生的可能性都将变得极低！因为通常我们的设计都是同步设计，并且通常都要求加全局异步复位信号，一个设计模块需要修改这两个信号的概率是最低的，所以，将一个模块的时钟信号或复位信号放在端口声明的最后一行，即使需要修改模块端口信号列表，也不会更改最后一行的代码。

五、文件名和模块名一致的编码风格

编码风格一直是众口难调的一个话题，但是有很多优秀的编码风格，是大家公认应该尽量遵循的。比如，声明一个模块时，最好一个文件中只声明一个模块。还有一条是，模块名和文件名采用相同的命名。

其实不仅在模块命名、文件命名时应该遵循这种"一致性"规范，在设计文档（或者设计备注）与设计模块中也应该保持一致性，这对于设计维护、设计移植，或者团队其他成员理解设计功能，都是大有帮助的。

笔者不太确定，是否有很多读者读到这里时，对"MIPI硬核初始化模块"的实际结构已经开始有些发晕了。一部分原因就是笔者在这之前的描述中，没有遵循"一致性"这条原则。比如，在图4-5中，使用了"apb_bus_op"这个名称，还出现了"apb_controller"的命名；而在图4-13中，声明的模块却采用了"mipicore_cfg_controller"的名字。

为此，笔者先将前述内容重新梳理一下，再接着描述后续设计的相关内容。

为了实现图4-1描述的MIPI DSI收发系统，将大力神系列FPGA的MIPI1硬核设置为主设备（MIPI TX），而将MIPI2硬核设置为从设备（MIPI RX）。为完成对MIPI1、MIPI2硬核的寄存器配置，可以设计两个独立的功能模块，分别针对MIPI1、MIPI2，即图4-3所示的结构。这种结构下，MIPI1/2不管设置为主设备还是从设备，对应的配置模块都能使用。即这种设计，其对象就是MIPI1硬核、MIPI2硬核。

但是这样会占用比较多的资源，且通用性不强，于是修改为图4-5所示的结构，即先开发出两个模块，一个模块针对MIPI硬核被配置为主设备的应用，另一个针对MIPI硬核被配置为从设备的应用。即这种设计，其对象是主设备、从设备。

再继续分析后，这两个模块都采用"APB总线写操作"+"对应的ROM"架构，划分为apb_bus_op、_apb_reg_value两个部分分别实现，但是设计的模块却采用了"mipicore_cfg_controller"的名字。

因此把图4-5进行修改，为实现图4-1描述的MIPI DSI收发系统，其MIPI硬核初始化模块的结构图如图4-14所示。

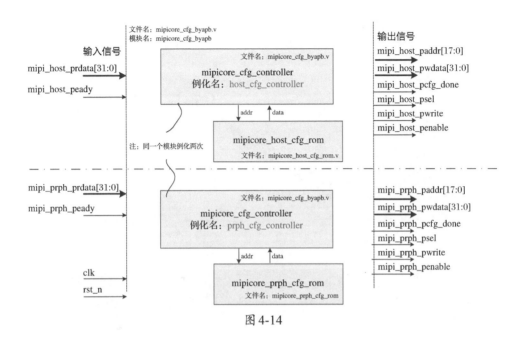

图 4-14

可以看到，这个设计模块的输入输出信号都是以主从设备为对象的，并不是直接以MIPI1、MIPI2为对象。图4-1中，MIPI1为主设备，应该用图4-1中的 mipi_host 打头的信号驱动；MIPI2为从设备，应该用mipi_prph打头的相关信号。如果另外一个设计需要把两个MIPI硬核都设置成从设备，就应该修改该模块内部结构，将图中上半部分的功能模块替换为与下半部分相同的模块，端口名也需要随之进行修改。如果不修改端口信号名，功能上是没有问题的，但是在上一层次模块例化该功能模块时，就会出现连接信号和模块端口信号"看起来感觉不对"的不一致现象。

六、MIPI硬核初始化模块的顶层设计

图4-14所示的mipicore_cfg_byapb模块，就是MIPI硬核初始化模块的顶层，其Verilog HDL 代码简要说明如下。

图4-15所示是模块 mipicore_cfg_byapb的端口声明，以及内部信号声明。

同样地，模块输入输出信号，采用输出信号在前的方式。这个模块与之前的模块声明的差别在于，这个模块使用了信号分组的方式，同时模块最后一个端口的声明使用的是复位信号（之前的模块声明使用的是时钟信号）。

图 4-15

由于 mipicore_cfg_byapb 模块需要例化两次 mipicore_cfg_controller 模块，每次例化时采用的 TOTAL_CFG_REG_NUM 参数值不同，所以在 mipicore_cfg_byapb 模块定义了两个 parameter：PRPH_CFG_REG_NUM、HOST_CFG_REG_NUM，并分别给它们赋值为 10、20。这两个值都与图 4-13 中定义的 TOTAL_CFG_REG_NUM 参数值不同。由于 parameter 值可以在模块调用时传递真正使用的值，所以在模块声明时定义模块 parameter，很多时候更像是一种象征意义。

图 4-16 所示是 MIPI 硬核初始化模块的主体内容，例化了两个 mipicore_cfg_controller 模块，根据其功能分别使用了 prph_cfg_controller、host_cfg_controller 的例化名。如前所述，例化的两个模块分别使用 PRPH_CFG_REG_NUM、HOST_CFG_REG_NUM 来传递 TOTAL_CFG_REG_NUM 的参数值。

注意传递 parameter 参数值的方法，可以采用显式传递或隐式传递的方式。图 4-16 所示是采用显式传递参数值的方式，这也是推荐的编码风格。这种方式下，有些 parameter 不需要重新传递值，就可以不用列在参数列表中。隐式传递必须要按照模块声明时 parameter 定义的顺序，逐个传递 parameter 值，所以更容易出现错误。

```
35
36   /////////   MIPI Peripherial APB controller
37   mipicore_cfg_controller  # (
38       .GAP_BEFRE_CFG      ( GAP_BEFRE_CFG       ),
39       .GAP_AFTER_CFG      ( GAP_AFTER_CFG       ),
40       .TOTAL_CFG_REG_NUM  ( PRPH_CFG_REG_NUM    )
41   )  prph_cfg_controller
42   (
43   /*output [7:0]  */.cfg_rom_raddr  ( mipi_prph_rom_raddr ),
44   /*output        */.pcfg_done      ( mipi_prph_pcfg_done ),
45   /*output [17:0] */.paddr          ( mipi_prph_paddr     ),
46   /*output        */.pwrite         ( mipi_prph_pwrite    ),
47   /*output        */.psel           ( mipi_prph_psel      ),
48   /*output        */.penable        ( mipi_prph_penable   ),
49   /*output [31:0] */.pwdata         ( mipi_prph_pwdata    ),
50   /*input         */.pready         ( mipi_prph_pready    ),
51   /*input  [49:0] */.cfg_rom_rdata  ( mipi_prph_rom_rdata ),
52   /*input         */.rst_n          ( rst_n               ),
53   /*input         */.pclk           ( clk                 )
54   );
55
56   mipicore_prph_cfg_rom mipicore_prph_cfg_rom (
57       .rdaddr ( mipi_prph_rom_raddr[7:0] ),
58       .dataq  ( mipi_prph_rom_rdata[49:0] )
59       );
60
61   /////////   MIPI HOST APB controller
62   mipicore_cfg_controller  # (
63       .GAP_BEFRE_CFG      ( GAP_BEFRE_CFG       ),
64       .GAP_AFTER_CFG      ( GAP_AFTER_CFG       ),
65       .TOTAL_CFG_REG_NUM  ( HOST_CFG_REG_NUM    )
66   )  host_cfg_controller
67   (
68   /*output [7:0]  */.cfg_rom_raddr  ( mipi_host_rom_raddr ),
69   /*output        */.pcfg_done      ( mipi_host_pcfg_done ),
70   /*output [17:0] */.paddr          ( mipi_host_paddr     ),
71   /*output        */.pwrite         ( mipi_host_pwrite    ),
72   /*output        */.psel           ( mipi_host_psel      ),
73   /*output        */.penable        ( mipi_host_penable   ),
74   /*output [31:0] */.pwdata         ( mipi_host_pwdata    ),
75   /*input         */.pready         ( mipi_host_pready    ),
76   /*input  [49:0] */.cfg_rom_rdata  ( mipi_host_rom_rdata ),
77   /*input         */.rst_n          ( rst_n               ),
78   /*input         */.pclk           ( clk                 )
79   );
80
81   mipicore_host_cfg_rom mipicore_host_cfg_rom (
82       .rdaddr ( mipi_host_rom_raddr[7:0] ),
83       .dataq  ( mipi_host_rom_rdata[49:0] )
84       );
85
86   /// Output Drivers :
87
88   endmodule
```

图 4-16

在Verilog HDL编码中，关于例化名的编码风格，建议直接使用模块名。有些也建议使用"inst_模块名"或其他的形式。当同一个模块需要例化多次时，再在例化名后加_01/02等后缀，或者前缀就改为inst01_、inst01_。笔者推荐的例化名，如果只例化一次，直接使用模块名；如果例化多次，可以根据其功能进行适当修改。比如，例化两个相同的FIFO，但是一个用于接收数据处理，一个用于发送数据处理，就可以使用"rx_data_process_fifo" / "tx_data_process_fifo"的例化名。

现在很多工具都能够提炼出设计模块的层次结构，直接用模块名作为例化名，最大的好处就是在这些工具下，各个例化模块使用的模块/文件信息一目了然。

七、MIPI硬核主从设备的寄存器配置ROM建模

图4-16中，给prph_cfg_controller、host_cfg_controller两个例化模块提供数据的分别是mipicore_prph_cfg_rom、mipicore_host_cfg_rom两个模块。这两个模块是MIPI硬核作为从设备、主设备时定义其配置寄存器及其值的ROM模块。

ROM的建模，是逻辑设计者必须掌握的基本技巧之一，所以本节直接列出主设备的寄存器配置ROM模块关键内容，如图4-17所示。

图 4-17

本节的描述中，只说明了通过APB总线对MIPI硬核各个寄存器的配置过程。为获得更稳健的系统，保证MIPI硬核各个寄存器配置正确，在这些寄存器配置完成后，应该把这些寄存器的值全部读出来，与配置值进行比较。那么，如何通过APB读取MIPI硬核各个寄存器的值呢？又如何完成这个比较过程呢？更进一步的问题是，如何确保比较结果是正确的呢？

文无第一，武无第二。本节描述的设计层次划分和模块设计，不一定就是最好的，读者可以根据设计需求和大力神FPGA内的MIPI实际使用情况，对上述模块进行修改。

比如，仔细分析上述设计可以发现，在这种应用场景下，设计结果就是图4-4中的各个有效配置空间都被配置了一次，并且只被配置了一次。这样就可以把"MIPI硬核初始化"模块的设计需求调整为：把图4-4中描述的全部有效寄存器，"合理"地分配到MIPI1、MIPI2中去配置。

显然，这将是完全不同的设计架构。总的来说，就是可以抽象成一个数据产生、数据分配的功能模块。读者可以自己完成这个功能模块的详细设计。

4.3 显示驱动芯片初始化配置模块设计

在3.5.1小节中提到，为了让显示驱动芯片（DDIC）退出休眠状态，需要向驱动芯片发送11h命令。在发11h命令之后，发送其他命令前必须要保证一定的时间间隔。可以利用大力神系列FPGA内的8051 MCU硬核来实现11h命令的发送。本节将说明用FPGA逻辑资源实现向显示驱动芯片发送11h命令的功能。

4.3.1 设计需求分析

DDIC包含了很多寄存器，为了让DDIC进入预期的工作模式和工作状态，很多寄存器不能直接使用上电后的默认值，需要从外部写入新的寄存器值。有些寄存器用MIPI DSI的命令DCS直接命名，比如上述的11h命令；有些是DDIC自定义的寄存器（DCS规定了可以使用用户自定义命令，UCS）。图4-18所示是一个显示驱动芯片数据手册中对设置部分显示区域的30h寄存器及其参数的说明。

Set_partial_area (30h)

30H	D/CX	RDX	WRX	D15-D8	PLTAR (Partial Area) D7	D6	D5	D4	D3	D2	D1	D0	HEX
Command	0	1	↑	-	0	0	1	1	0	0	0	0	30
1st parameter	1	1	↑	-	SR15	SR14	SR13	SR12	SR11	SR10	SR9	SR8	xx
2nd parameter	1	1	↑	-	SR7	SR6	SR5	SR4	SR3	SR2	SR1	SR0	xx
3rd parameter	1	1	↑	-	ER15	ER14	ER13	ER12	ER11	ER10	ER9	ER8	xx
4th parameter	1	1	↑	-	ER7	ER6	ER5	ER4	ER3	ER2	ER1	ER0	xx
Description	This command defines the partial mode's display area.												

图 4-18

使用大力神系列FPGA的MIPI硬核配置DDIC的寄存器时，只能使用MIPI硬核的组包接口（Packet Interface。DPI接口只能传输视频数据流数据包）。所以发送的数据包需要满足图4-19所示的时序。

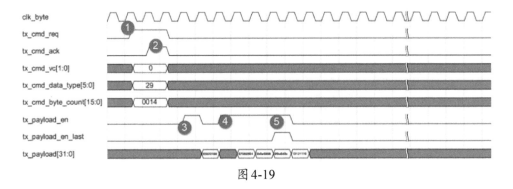

图 4-19

该操作时序可以简单概括为，要发包前，需要先发起传输请求（①），然后等待MIPI硬核响应（②）。如果传输的是短包，数据包传输过程结束，因此，要求在发起请求时tx_cmd总线上的数据要保持稳定。如果传输的是长包，MIPI硬核会通过tx_payload_en为高来请求净荷数据（③、④、⑤），并且最后一次数据传输请求，MIPI硬核同时还会拉高tx_payload_en_last（⑤）；用户需要在tx_payload_en为高的下一个周期提供对应的数据，数据位宽是32比特。

使用DDIC时，有一个特点与使用大力神系列FPGA的MIPI硬核类似，一旦系统特性确定后，需要配置的寄存器及其值也就固定下来。所以，本节的设计需求也就转化为使用图4-19所示的控制时序，向MIPI硬核配置 n（根据不同DDIC、不同应用而不同）个数据包。可以说，与"MIPI硬核初始化"的设计架构是相似的，唯一不同的是，MIPI硬核初始化是通过APB总线向MIPI硬核配置寄存器。因此，可以把使用图4-19所示操作时序的一个数据包传输当作最底层（相当于物理层PHY）功能模块，上一层（相当于应用层）再对需要发送多少个数据包进行控制，发送的数据包内容使用ROM进行存放。

4.3.2 模块功能设计

图4-20所示是这两个层次的状态机设计图。由于这两个状态机都不复杂，因此可以放在同一个模块中来实现，也可以独立设计为各自的功能模块。

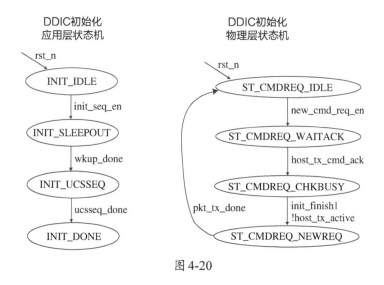

图 4-20

大力神系列FPGA的MIPI硬核在配置显示驱动芯片的寄存器时，FPGA的MIPI硬核需要被配置为主设备模式。如果MIPI硬核被配置为从设备模式，会出现由从设备向主设备发送数据包的情况。

不管是哪种情况，最后都是控制组包接口向外输出数据包，所以如果图4-20中的两个状态机是各自独立设计的模块，那么物理层的模块就可以复用在从设备的MIPI硬核上。但是应用层状态机无法复用，因为DDIC的初始化是在系统一上电后，需要对DDIC进行的操作，并且只需要进行一次。在全部寄存器配置完成后，进入

INIT_DONE的状态，除非系统复位，否则就会一直处于该状态。

MIPI硬核作为从设备向主设备传输数据时，一定是主设备发起操作请求，经过BTA流程，从设备才能向主设备发起数据传输。但是主设备在什么时间点要回读什么数据，不是预先能确定的，所以从设备需要做到"按需传输"：通常可以按照主设备可能会读取的内容，通过某些操作预先准备好要回读的数据包净荷，再在主设备发起回读操作时，通过多路选择器（MUX）选择数据包进行传输。也就是说，从设备响应主设备的读操作时，不需要状态机，用多路选择器结构就可以了。

  DDIC初始化配置模块的详细设计，读者可以当作练习自己完成。

4.4 LP数据传输接收模块的设计

大力神系列的H1C02 FPGA，内部没有MIPI PHY硬核，如果需要处理MIPI DSI信号，需要专门的硬件设计，将MIPI DSI信号转换为FPGA能够处理的信号，然后由FPGA内部进行处理。

本节将以LP数据包传输为例，说明MIPI DSI LP数据传输接收模块的设计。

4.4.1 设计需求分析

第2章介绍MIPI DSI规范内容时，已经提到MIPI D-PHY工作模式分为高速模式和控制模式两种。在控制模式下，通过一些传输请求类型，可以进入逃逸模式、BTA流程等LP数据传输状态。

其实在MIPI DSI规范中，对于这些流程都有详细描述，只是在第2章没有介绍得这么深入。比如，图4-21所示就是逃逸模式完整的状态跃迁图，这基本上就是MIPI DSI规范中使用的图，只是结合本书前面介绍的一些内容，添加了一些简单注解，比如TX-LP_Rqst，其实就是发送LP10。

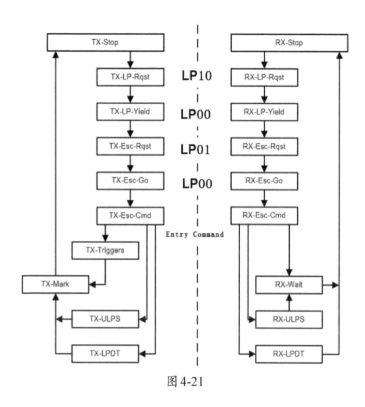

图 4-21

结合其他几个模式请求序列，在图2-45和图2-46中对这些模式请求序列进行了整理。在接收端，要检测发送端的工作模式，进而接收发送的数据包，设计需求其实就转化为对各种模式请求的"比特序列检测器"设计。图4-22所示是把图2-45进行轻微修改的结果。

在进行LP传输数据的接收处理时，必须要对包括高速数据传输请求在内的全部请求序列进行检测，但是对于高速模式，LP接收器检测到的都是低电平，所以LP处理模块无法接收到高速数据包，因此把"高速模式"状态用虚线表示，表示这个模块不处理数据接收，只是标注这个状态。

而BTA流程中，当主设备发出BTA请求后，从设备响应BTA请求，之后从设备驱动数据通道0，属于LP发送数据的流程。并且之后主从设备要退回到控制模式，才能进行后续数据的传输。所以，本节介绍的LP数据传输接收模块的功能，也只是检测主设备发起的BTA请求序列，然后给出相应的状态指示信号，本模块并不处理完整的BTA流程，"BTA流程"这个状态也用虚线表示。

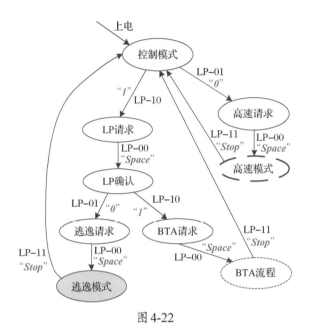

图 4-22

但是在逃逸模式下，如果主设备进入逃逸模式，退回到控制模式前，会根据不同的逃逸命令（Entry Command）发送一些数据，所以在本模块设计中，除了标注逃逸模式外，还把逃逸模式下传输的各个数据字节也进行解析。

由于LP数据传输只会在数据通道0上进行，所以把模块名命名为d0_lp_rx。

4.4.2 模块功能设计

同样地，按照本章前面的"风格"，本小节只给出关键代码，图4-23所示是模块声明和端口声明部分。

```
3
4  □module d0_lp_rx # (
5        parameter BTA_ACK_TIMEOUT = 32'd100  // correspond to chk_bta_rsp
6        ) (
7        output reg    chk_bta_rsp_done ,  // correspond to chk_bta_rsp
8        output reg    bta_ack_err      ,  // correspond to chk_bta_rsp
9        output [15:0] dphy_rx_status   ,
10       output        lp_pkt_cyc       ,
11       output reg    rx_byte_vld      ,
12       output reg [7:0] rx_byte       ,
13       output reg    tx_bta_ack_en    ,  // indicate BTA cmd rxed,and then FPGA begin to TXing data
14       input [1:0]   lp_input         ,
15       input         chk_bta_rsp      ,
16       input         sysclk           ,
17       input         rst_n            ,
18       );
```

图 4-23

一个模块的端口输出信号，如果是reg类型的变量，那么可以直接在关键字output后加reg变量类型声明，d0_lp_rx采用了这样的端口声明方式。如果端口输出信号是wire类型变量，可以不加wire关键词。输入信号在模块内一定是wire类型的变量，所以所有输入端口的声明都可以不加wire类型声明。

图4-24所示是d0_lp_rx模块内关键状态机的状态参数化定义，以及状态变量的定义，还有一些常量的参数化定义。

```
32   localparam LP11 = 2'b11;
33   localparam LP10 = 2'b10;
34   localparam LP01 = 2'b01;
35   localparam LP00 = 2'b00;
36
37   localparam DLANE_RX_ST_WID      = 9 ;
38
39   localparam DLANE_RX_IDLE        = 'h000;// 11
40   localparam DLANE_RX_LP_RQST     = 'h001;// 11 - 10
41   localparam DLANE_RX_LP_YIELD    = 'h002;// 11 - 10 - 00
42   localparam DLANE_RX_ESC_RQST    = 'h004;// 11 - 10 - 00 - 01
43   localparam DLANE_RX_ESC_GO      = 'h008;// 11 - 10 - 00 - 01 - 00
44   localparam DLANE_RX_BTA_RQST    = 'h010;// 11 - 10 - 10
45   localparam DLANE_RX_BTA_GO      = 'h020;// 11 - 10 - 00 - 10 - 00
46   localparam DLANE_RX_HS_RQST     = 'h040;// 11 - 01
47   localparam DLANE_RX_HS_YIELD    = 'h080;// 11 - 01 - 00
48   localparam DLANE_RX_CHK_BTARSP  = 'h100;
49
50   reg  [DLANE_RX_ST_WID-1:0] d0_line_rxst_nxt;
51   wire [DLANE_RX_ST_WID-1:0] d0_line_rxst_cur;
```

图4-24

由于该状态机状态比较多，并且可能后续会根据需求进行优化，状态数量可能会发生变化，所以把状态信号d0_line_rxst_nxt的位宽也采用参数化方式设计，用DLANE_RX_ST_WID来表示。

d0_lp_rx模块中的状态机，依然采用笔者的两段式编码方式，图4-25所示是该状态机的第一段，描述状态跃迁部分。

在这个状态机中，对多数状态都设置了一个error_en信号，用来在一些特定条件下做强制退出处理，回到控制模式。

下面是一些比较好的 Verilog HDL 编码风格。
- 在端口声明中同时完成信号变量类型声明。
- 状态机的状态信号，当前状态可以加后缀_cur，下一状态可以加后缀_nxt。
- 代码应该适当注释，尤其是一些关键处理部分，最好进行详细注释。变量声明的地方，最好用行注释的方式对变量的功能、意义进行概要说明。

- 不同层次的语句块进行适当的缩进，可明显提高代码的可读性。
- case语句一定要加default分支。
- 有些信号／变量的位宽有可能还会改动，尤其是可能频繁改动时，可以采用参数化设计方法。
- 常量的位宽不确定之前，可以不指定位宽，直接用 'h/'b/'d 等前缀。
- 编码风格不是 Verilog HDL 规范，所以没有一成不变的风格。比如上述例子中，仅仅是为了整个代码看起来更美观，就把 else 放在了行尾。

```verilog
97   // D0 line state machine
98      assign  d0_line_rxst_cur = d0_line_rxst_nxt ;
99
100     always@(posedge sysclk ,negedge rst_n)
101         if ( !rst_n )
102             d0_line_rxst_nxt <= DLANE_RX_IDLE;
103         else
104             case ( d0_line_rxst_cur )
105                 DLANE_RX_IDLE :
106                     if ( chk_bta_rsp    ) d0_line_rxst_nxt <= DLANE_RX_CHK_BTARSP; else
107                     if ( dline_hs_rqst ) d0_line_rxst_nxt <= DLANE_RX_HS_RQST   ; else
108                     if ( dline_lp_rqst ) d0_line_rxst_nxt <= DLANE_RX_LP_RQST   ;
109                 DLANE_RX_CHK_BTARSP :
110                     if ( chk_bta_rsp_done ) d0_line_rxst_nxt <= DLANE_RX_IDLE;
111                 DLANE_RX_HS_RQST : // HS-RQST confirmed
112                     if ( error_en      ) d0_line_rxst_nxt <= DLANE_RX_IDLE     ; else
113                     if ( dline_hs_yield ) d0_line_rxst_nxt <= DLANE_RX_HS_YIELD ;
114                 DLANE_RX_HS_YIELD : // HS bridge confirmed .. wait until HS transmission Stop
115                     if ( error_en      ) d0_line_rxst_nxt <= DLANE_RX_IDLE;
116                 DLANE_RX_LP_RQST :
117                     if ( error_en      ) d0_line_rxst_nxt <= DLANE_RX_IDLE; else
118                     if ( dline_lp_yield ) d0_line_rxst_nxt <= DLANE_RX_LP_YIELD;
119                 DLANE_RX_LP_YIELD :
120                     if ( error_en      ) d0_line_rxst_nxt <= DLANE_RX_IDLE     ; else
121                     if ( dline_esc_rqst ) d0_line_rxst_nxt <= DLANE_RX_ESC_RQST; else
122                     if ( dline_bta_rqst ) d0_line_rxst_nxt <= DLANE_RX_BTA_RQST;
123                 DLANE_RX_ESC_RQST :
124                     if ( error_en      ) d0_line_rxst_nxt <= DLANE_RX_IDLE; else
125                     if ( dline_esc_go  ) d0_line_rxst_nxt <= DLANE_RX_ESC_GO;
126                 DLANE_RX_BTA_RQST :
127                     if ( error_en      ) d0_line_rxst_nxt <= DLANE_RX_IDLE; else
128                     if ( dline_bta_go  ) d0_line_rxst_nxt <= DLANE_RX_BTA_GO;
129                 DLANE_RX_ESC_GO : // inside Escape mode
130                     if ( exit_escape_mode)d0_line_rxst_nxt <= DLANE_RX_IDLE;
131                 DLANE_RX_BTA_GO : // BTA Packet confirmed,then switch to TX BTA ack, and then exit back to IDLE
132                     if ( tx_bta_ack_en ) d0_line_rxst_nxt <= DLANE_RX_IDLE;
133                 default : d0_line_rxst_nxt <= DLANE_RX_IDLE;
134             endcase
```

图 4-25

4.5 小结

本节以大力神系列FPGA在MIPI中的应用场景为例，说明FPGA逻辑设计的一些细节问题，并穿插说明了HDL的一些问题。对于逻辑设计者来说，应该要牢记，HDL只是硬件描述语言，而不是硬件设计语言，所以在逻辑设计中，不应该一开始就用HDL编码，而是应先进行硬件设计。这种设计过程，体现的就是类似于本章图4-8、图4-22所示的状态机，或者专门的设计说明书（文档化）。

有了详细设计方案，再用HDL进行逻辑编码，用综合工具或对应的FPGA厂家工具进行逻辑实现。尽量避免在HDL编码过程中，再来进行设计细节的考虑。当然，这也是对逻辑设计流程的不同实践方式。就像编码风格一样，一直是一个被重点讨论的话题，但永远没有一个完备的放之四海而皆准的编码风格。正应了一句话：没有最好，只有更合适。读者可以在设计实践中逐渐形成自己最合适的编码风格。

第5章

高云MIPI解决方案

5.1 LCD显示驱动方案框架结构

如第2章中所述，MIPI原本是专注于智能手机互联的技术规范合集，MIPI DSI是专门针对手机显示的接口，但现在MIPI已经渗透到各个行业。

如果说，武器是人手的延伸，通信技术是人喉舌的延伸，那么显示器就是人眼睛的延伸。通信技术的发展，让世界变得越来越小；而显示技术的发展，让世界越来越清晰，让被处理过的远方实景更真实地被呈现出来。从最初的CRT（阴极射线管，Cathode-Ray-Tube）显示器，到目前炙手可热的VR，显示技术的发展大概经历了如下几个阶段：CRT技术时代、平板显示技术时代、虚拟现实/增强现实时代。

平板显示技术时代，显示技术的最大特点就是显示设备外形终于"减负"了，终于去掉了CRT技术时代显示界面后面厚重的"尾巴"，图5-1、图5-2是两种显示设备最直观的比较。

在平板显示技术时代，除了现在大多数人熟知的OLED（有机发光二极管，Organic Light-Emitting Diode）、LCD（液晶显示，Liquid Crystal Display），还有FED、PDP等过渡技术。FED全名是场致发射平板显示器，其原理类似于CRT，可以理解为FED是把CRT的电子枪换成了电子枪阵列。而PDP等离子体显示技术，则是一种利用气体放电的显示装置，其发光元件是等离子体管。PDP最大的特点是图像清晰逼真，可提供在任何环境下的大屏视角，可以说是最接近自然显示效果的技术。但是PDP逐渐在与液晶显示的市场竞争中败下阵来，随着2013年松下宣布停产，等离子显示技术最终黯然离场。

图 5-1

图 5-2

　　LCD 开启了一个显示无处不在的辉煌时代。尤其是 TFT-LCD（薄膜晶体管 LCD，Thin Film Transistor-Liquid Crystal Display）技术，可以说是微电子与液晶显示技术的完美结合，在众多 LCD 技术中独领风骚，使得 TFT 几乎成了 LCD 的代名词。

　　目前，OLED 技术日益成熟，很多手机使用 OLED 屏。OLED 技术与 LCD 技术相比，最大的特点是不需要背光灯。由于采用非常薄的有机材料涂层和玻璃基板，当有电流通过时，这些有机材料就会发光，所以又称自发光技术。OLED 还有别的特点，比如功耗更低、厚度更薄、可视化角度更大、响应时间更短等。但是 OLED 的缺点是寿命比 LCD 要短，成本更高，所以，LCD 还占据着很大的市场空间，尤其是在智能手机之外的其他领域，LCD 依然是很多设备首选的显示设备。

　　TFT-LCD 的驱动系统通常划分为 DC/DC、TCON、GAMMA 3 部分，图 5-3 所示为一个 TFT-LCD 模组的实物中这 3 个功能模块的示意图。

　　如图 5-4 所示，图中 DC/DC 为 TFT-LCD 提供 COMMON 电压、Gamma 电压等各种电源；GAMMA 部分为 TFT-LCD 的灰度调整、Gamma 调整子系统；TCON 是 TFT-LCD 显示的时序控制部分。

　　LCD 的显示还需要一个背光源，以及背光控制电路。把 TFT-LCD、控制器、背光源及相关电路板等组装成液晶显示模组（LCM，LCD Module），可以更方便地把液晶显示器用在各种场合。根据不同的应用，LCM 可以使用不同的输入接口。常见的

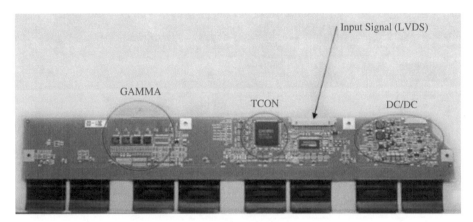

图 5-3

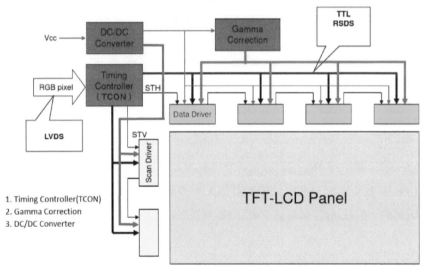

图 5-4

接口除LVDS外，还有OpenLDI、DVI、HDMI等，对应的物理接口除TTL、LVDS外，还有TMDS（最小化传输差分信号，Transition-minimized differential signaling）、RSDS（低摆幅差分信号，Reduced Swing Differential Signal）等。这些接口技术的发展，为LCD支持的分辨率（Resolution）、DPI（每英寸点数，Dots Per Inch）等技术指标的提升提供了物理支撑。

在LCD的发展过程中，分辨率一直是一个很关键的指标。图5-5所示是各种常见分辨率的规格。

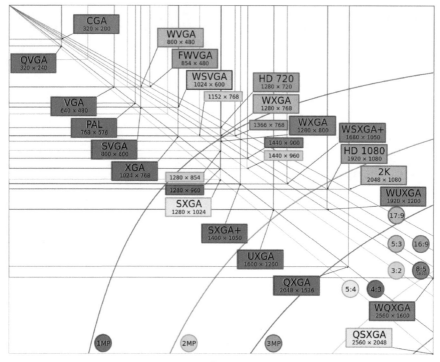

图 5-5

　　近年来，显示技术继续朝着更高分辨率的方向快速发展，新技术也不断推陈出新，但是中小尺寸LCD应用依旧有着很大的市场空间。本章将以高云FPGA为例，来说明FPGA在LCM显示驱动系统中的一些应用。

5.2 高云小蜜蜂系列应用特点

　　高云目前主推的FPGA有晨熙（GW2A）和小蜜蜂（GW1N）两个系列，其中小蜜蜂系列的特点是低功耗、低成本、瞬时启动、高安全性、非易失的可编辑逻辑器件，又细分为GW1N、GW1NR、GW1NS、GW1NZ、GW1NSE、GW1NRF等子系列。

　　GW1N系列产品是高云小蜜蜂家族的第一代产品，具有低功耗、瞬时启动、低成本、非易失性、高安全性、封装类型丰富、使用方便灵活等特点。

　　GW1NR系列产品是一款系统级封装芯片，在GW1N基础上集成了容量丰富的SDRAM存储芯片，同时具有低功耗、瞬时启动、低成本、非易失性、高安全性、封装类型丰富、使用方便灵活等特点。

GW1NS系列包括SoC产品、非SoC产品两类。SoC产品在原FPGA架构基础上内嵌ARM Cortex-M3硬核处理器，通过在封装前加"C"来进行区分。此外，GW1NS系列产品将规划内嵌USB 2.0 PHY、用户闪存及ADC转换器。

因此，以ARM Cortex-M3硬核处理器为核心，GW1NS系列具备了实现各种系统功能所需要的最小内存。内嵌的逻辑模块单元方便灵活，可实现多种外设控制功能，能提供出色的计算功能和异常系统响应中断，具有高性能、低功耗、管脚数量少、使用灵活、瞬时启动、低成本、非易失性、高安全性、封装类型丰富等特点，可大幅降低用户成本，广泛应用于工业控制、通信、物联网、伺服驱动、消费等多个领域。

GW1NSE安全芯片产品提供嵌入式安全元件，每个设备在出厂时都配有一个永远不会暴露在设备外部的唯一密钥，这使GW1NSE适用于对保密性要求高的各种消费和工业物联网、边缘和服务器管理应用。GW1NSER系列安全芯片产品与GW1NSE系列产品具有相同的硬件组成单元，唯一的区别是在制造过程中，在GW1NSER系列安全芯片产品内部非易失性User Flash中提前存储了一次性编程（OTP）认证码。具有该认证码的器件可用于实现加密、解密、密钥/公钥生成、安全通信等应用。

GW1NZ系列产品是小蜜蜂系列中的低功耗产品，可广泛应用于通信、工业控制、消费类、视频监控等领域。

经过多年的发展，高云也在各种应用系统中提供了比较丰富的解决方案，图5-6所示是小蜜蜂系列的突出特性及其应用场景示意图。

图 5-6

5.3 高云FPGA在工业显示领域的应用

工业显示，指的是应用在工业控制类设备中的显示器，由于工作环境千差万别，所以对相关设计要求较高。高云FPGA能够方便地用在这些工业显示设备中：工业现场控制显示器，电信、网络机房显示器，列车、地铁站、港口等显示器，车载显示影像，加固级显示器，广告机等。图5-7所示是将高云FPGA用在工业现场控制显示场景下的典型应用框图。

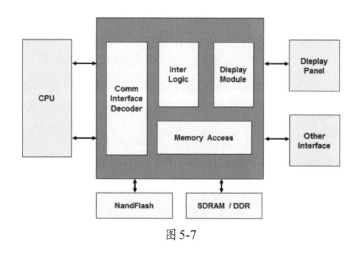

图 5-7

5.4 高云FPGA在MIPI中的应用

高云FPGA也能完美支持基于MIPI D-PHY的应用。

目前，MIPI联盟已经发布了D-PHY、M-PHY、C-PHY、A-PHY等4种PHY规范。即使最成熟的D-PHY，也需要在一条连线上实现两种截然不同的电气特性，传统的FPGA无法直接用一个IO来实现。要使用传统FPGA实现MIPI DSI或MIPI CSI收发系统，通常提供两种方案解决MIPI通道电气特性到FPGA IO电气标准的转换。

• 第一种方案是在FPGA外部使用电阻网络，利用FPGA的4个管脚来实现一个MIPI通道。这种方式的缺点是需要在电路板上增加比较多的电路，并且支持的速度也不能太高。

• 第二种方案是在FPGA外部使用专用的MIPI电气转换芯片。这种方案能实现较高的接口速率，但是成本相对较高，可用于一些对成本不敏感的系统中。

随着 FPGA 的发展，一些器件的高速 IO 也集成了 MIPI D-PHY 硬核，能够将一个 MIPI 通道的两根信号线直接连接到 FPGA 相应管脚。还有一些器件，在集成 MIPI D-PHY 硬核的基础上，集成了 MIPI DSI/CSI 的链路管理层、低阶协议层的控制器硬核。

5.4.1 高云 FPGA MIPI 接口硬件方案

在高云 FPGA 器件系列中，只有 GW1N-9K、GW1NR-9K 两个器件集成了 MIPI D-PHY 硬核，能实现 FPGA 管脚与 MIPI 信号直连。这时无论 FPGA 用作 MIPI 主设备输出 MIPI 信号，还是用作从设备接收信号，都可以将 FPGA 管脚与对端 MIPI 器件直连，如图 5-8 所示。这种情况下，需要在高云的集成开发环境中，设置对应管脚的电气标准类型为 "MIPI IO"。

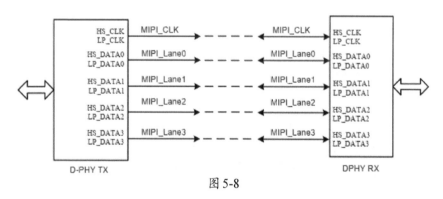

图 5-8

除了这两个器件外，高云的其他 FPGA 器件没有集成 MIPI D-PHY。在支持 MIPI DSI/CSI 的应用时，可以在 FPGA 外部使用专用电气转换芯片，也可以在 FPGA 管脚外搭建匹配网络，将 MIPI 信号转换到适合 FPGA GPIO 处理的信号电气规范。

图 5-9 所示是高云 FPGA 作为 MIPI DSI/CSI 从设备，接收 MIPI 信号时外部的匹配网络示意图。可以看到，每个通道的 P、N 两个信号都需要使用 FPGA 的两个管脚来"对接"，并且在处理 LP 部分功能时，还需要在管脚外串接一个约 50Ω 的电阻。

在这种应用场景下，需要在高云集成开发环境中，将处理 HS 信号的管脚设置为 "LVDS" 电气标准，同时设置处理 LP 信号的管脚为 "LVCMOS12" 类型。

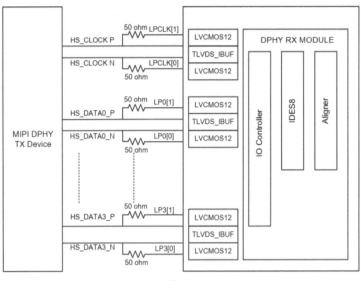

图 5-9

如果把高云FPGA配置为MIPI主设备，用FPGA发送MIPI信号，需要采用不同的匹配网络，如图5-10所示。与接收MIPI信号相比，需要把LP管脚外部串接的电阻从50Ω改为100Ω。

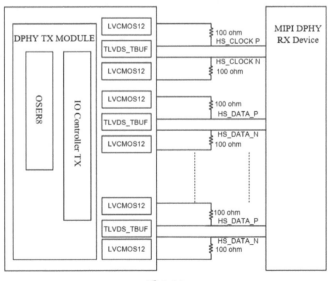

图 5-10

同样，在这种应用场景下，也需要在高云集成开发环境中，将处理LP信号的管脚的电气标准设置为"LVCMOS12"，将处理HS信号的管脚设置为"LVDS"。

如果FPGA提供的True LVDS管脚数量无法满足特定的应用，可以利用FPGA提供的ELVDS类型管脚，实现MIPI信号的输出。不过这时外部匹配网络需要进行适当修改，如图5-11所示。这时不仅处理HS部分功能的管脚需要设置为不同的电气标准类型，在HS对接管脚外部，也需要串接一个约320Ω的电阻。

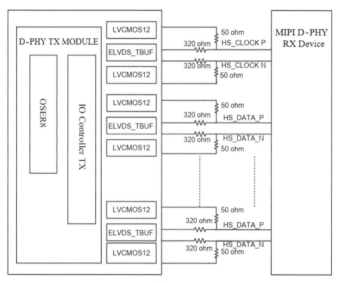

图 5-11

上述几种端口管脚匹配方式，几乎适用于任何没有集成MIPI D-PHY硬核的FPGA器件，即可以把高云提供的这种匹配网络，用到别的厂家提供的FPGA器件上。这时需要根据这些厂家的管脚特性，与MIPI的电气特性重新进行换算，计算得到外置的匹配网络中的各个电阻阻值。因此，本节出现的几种外部匹配网络，也是高云所推荐使用的，其中的各个电阻值也是一个参考值。

5.4.2 高云FPGA MIPI接口软核处理方案

将MIPI信号转化为FPGA传统管脚就能识别的信号后，进入FPGA内部，就可以利用高云提供的软核，实现指定的MIPI处理功能。

在发送端，FPGA内部首先将需要发送的数据包进行多通道分配，然后在每个通道上进行比特映射，包括进入高速数据传输、LP数据传输的各种传输请求的传输和高速数据同步头的设计等，最后再利用FPGA管脚上的逻辑处理资源，实现高速MIPI信号输出。

在输出MIPI信号时，用FPGA管脚内部的OSER8实现并串转换；在接收端则利用管脚上的IDES8结构实现MIPI数据的串并转换，再将并行数据输入FPGA内部逻辑进行进一步的处理。

高云提供了处理MIPI PHY的两个IP核：MIPI TX IP、MIPI RX IP。两个IP核都被归类到IP Core Generator中的Interface and Interconnect类别。图5-12所示是高云的云源软件相关界面示意图。MIPI TX将FPGA当作主设备，接收用户逻辑输入的并行数据，实现各个通道数据的串行化处理；MIPI RX将FPGA当作从设备，从管脚接收到MIPI信号后，实现数据解串处理。

其他更高层次的处理，即图5-12中的"DSI/CSI-2 TX""DSI/CSI-2 RX"这两个功能模块，需要用户根据自己的需要进行设计。

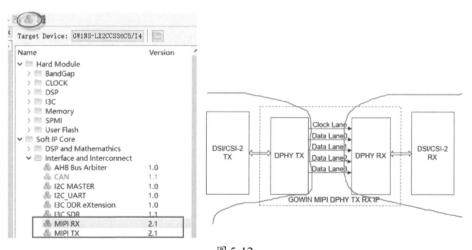

图 5-12

总的来说，高云的软核方案解决了MIPI高速链路上串行数据到并行数据的转换处理，以及接收方向的字节边界定界处理，相当于实现了MIPI D-PHY的功能。

5.4.3 高云MIPI TX/RX IP的资源消耗

高云提供的MIPI TX IP，由于只实现并串转换功能，并且很多处理都是用FPGA

管脚内的逻辑资源实现的，所以占用资源非常少，只需要占用FPGA的8个寄存器资源即可。

MIPI RX IP内除了实现MIPI信号的串并转换，还实现了多通道字节对齐功能，消耗的FPGA资源情况如图5-13所示。

器件系列	速度等级	器件名称	资源利用	备注
GW1N-4	-5	LUT	318	• 1：8 Mode • 包含4个HS数据通道 • 包含字对齐与通道对齐模块 • 不包含clk_cross_fifo
		IODELAY	4	
		REG	300	
		BSRAM	4	
		IDES8	5	
		CLKDIV	1	
		DHCEN	1	

图 5-13

当然，这只是选用指定器件的一种资源消耗估计。由于器件类型不同，IP设置也有很多可选参数，设计者实际使用该IP时，可能会有一些差异。

高云还提供了详细的IP管脚列表、操作时序等内容，本章不再赘述，需要的读者可以通过合适渠道获得相应的资料。

5.5 小结

在工业控制的各个细分领域，总能看到FPGA应用的身影。本章对高云的FPGA系列在传统工业控制行业及MIPI系统中的应用作了简单的说明。由于MIPI链路电气特性的特殊性，使用FPGA传统管脚无法直接对接MIPI收发器件的管脚，为了降低硬件成本，本章给出了使用低成本的高云FPGA器件实现MIPI D-PHY时的FPGA管脚匹配网络的方案，以及高云提供的一些设计软核。除了本章简单介绍的MIPI TX IP、MIPI RX IP，高云还提供任意比例的视频图像数据缩放软核等设计，为用户提供更多的集成应用。

第6章

逻辑分析仪

6.1 逻辑分析仪概况

在电子测试领域最早的测试设备中，示波器占据着重要位置，它能检测实际系统中的电子信号，并用显示器直观地再现出来。其在测量信号的一些电压特征时非常方便，比如测量信号是不是稳定，有没有纹波、毛刺、过冲等。

示波器的采样深度通常较小，其优势在于"实时性"。如果一个信号的波形需要很久才会出现改变，就很难同时捕捉到信号发生两次跳变的完整波形；如果监测的是某些通信协议，要进行一些跟时序相关的分析，示波器更显得心有余而力不足。因此，逻辑分析仪应运而生，尤其是数字化大潮及数字化系统的测试需求，使逻辑分析仪得到了迅猛发展。

逻辑分析仪可以分为状态分析仪和定时分析仪两大类，两者最大的差别在于一个是同步的，一个是异步的。状态分析仪采用的是同步分析方式，捕获的是被测信号（DUT）的状态信号，根据被测系统的时钟来完成信号的采样。来自DUT的时钟信号确定了什么时候采集数据、多长时间采集一次数据。定时分析仪采用的是一种异步分析方式，使用自身内部时钟来进行数据采样和分析，创建时序图。定时分析仪更类似于示波器的功能，不同的是，定时分析仪完成信号采样后，根据用户设置的电平阈值，只显示高低两种电平，没有中间状态。

逻辑分析仪软件界面通常把所支持的通道数全部显示在信号显示区域。图6-1所示是皇晶科技（Acute）的LA系列逻辑分析仪的软件界面概览图。

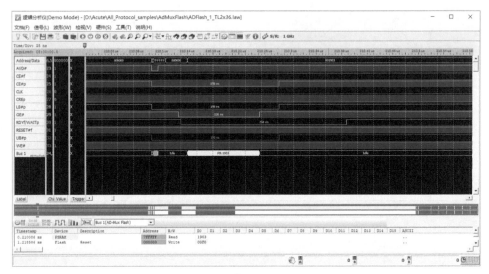

图 6-1

逻辑分析仪的发展也出现了几种不同的分支。一种是针对分析对象，出现各种不同的协议分析仪，比如USB协议分析仪、MIPI DSI协议分析仪等，这种发展方向可以叫作专用协议分析仪。

一种是按照逻辑分析仪自身实现架构的不同，分为传统逻辑分析仪和基于PC的逻辑分析仪。传统逻辑分析仪是指与示波器架构类似的自带显示设备的设备。基于PC的逻辑分析仪是将逻辑分析仪的显示部分交给PC来处理，甚至一些信号的处理也交给PC，逻辑分析仪仅提供信号采集、特定的协议分析和逻辑处理等功能。由于PC的发展，包括逻辑分析仪在内的各种基于PC的测试设备也越来越普及。

从1996年就开始进行基于PC的各种测试仪器开发的皇晶（Acute）科技公司，是这个分支的重要生力军。本章将用一些应用简单说明其逻辑分析仪在FPGA逻辑设计中对提高设计效率、调试效率方面的促进作用。

6.2 皇晶逻辑分析仪概述

皇晶除了提供一些差分探头、数据发生仪之外，从1996年开始开发基于PC的测试测量仪器，其主营产品理念之一是开发基于PC的逻辑分析仪、协议分析仪合而为一的分析仪产品，以及基于其BusFinder逻辑分析仪开发专用的高速协议分析仪,如eMMC协议分析仪、SD协议分析仪、MIPI D-PHY协议分析仪;二是以其便携式理念(Travel系列)为支撑,开发便携式测试仪器设备,包括数字存储示波器TravelScope,逻辑分析仪TravelLogic、TravelBus等系列产品。

表6-1是皇晶主流产品的概略介绍。由于皇晶的产品基本上都是逻辑分析仪、协议分析仪二合一产品,所以除非特别说明,本章后面提到的逻辑分析仪就是包含逻辑分析仪和协议分析仪两种功能的二合一产品。

表6-1 皇晶主流产品概略

产品类别	型号系列	显著特点
专用协议分析仪	BusFinder: 通用协议分析仪套件 eMMC 5.1分析套件 MIPI D-PHY分析套件 NAND FLASH分析套件 SD 3.0/SDIO 3.0分析套件 SD 4.1/UHS-II分析套件 UFS 2.1分析套件	2.4GHz时序分析 64通道 32GB设备内存 8阶流程图式触发 实时显示协议包内容 提供波形显示 可用命令触发或数据包触发 不同协议分析用各自专用探头,优化各自阻抗匹配 强大的数据、数据包搜索功能 两组电压监测及触发,便于定位掉电位置 长时间的协议数据监控和存储 主机+不同套件分类单独提供
逻辑分析仪	LA3000	最多136通道 2.4GHz时序分析、300MHz状态分析 触发电平−0.5~4.5V 自带32GB内存,USB 3.0接口 有源探头,便于接线并稳定采样 支持示波器叠加 丰富的触发设置:逻辑、状态、总线 支持硬件解码、硬件协议触发的总线协议包括I^2C、I^2S、I^3C、SPI、UART、USB PD 3.0、eMMC 5.1、eSPI、NAND Flash、SD 3.0、SVID 软件解码、触发的协议近百种

续表

产品类别	型号系列	显著特点
Travel- 系列	TravelLogic4000 系列	34通道，通道可分组设置不同的触发电平 2.0GHz时序分析/250MHz状态分析 触发电平 −5V~5V 自带8GB内存，USB 3.0接口 可叠加示波器输入 支持硬件解码的总线协议包括I^2C、I^2S、I^3C、SPI、UART、USB PD 3.0、eSPI、CAN、USB1.1等近30种 软件解码、触发的协议近百种
	TravelBus2000 系列	16通道 200MHz时序分析/支持状态分析 触发电平 −5V~5V 无机载内存，数据通过USB 3.0接口传输到PC保存 可叠加皇晶的示波器 带独立的CAN、RS485接口 支持I^2C、SPI、RS232硬件触发 软件解码、触发的协议近70种

备注：

1. SVID协议解码功能仅限于获得Intel CNDA许可的客户使用。

2. 现Travel- 系列的TL3000系列已停产，与TL3000系列对应的是TL4000系列产品。

3. TravelBus系列的TB1000系列也停产，与之对应的是TB2000系列，各型号与TB1000系列一一对应，但性能都有所提升。

皇晶科技的产品中，还有25MHz、100MHz的差分探头，DG3000系列的协议数字信号发生器，便携式数字信号发生器TravelData，1GHz采样率、200MHz带宽的数字存储示波器TravelScope等产品。

6.2.1 皇晶逻辑分析仪的通用特性

在基于PC的逻辑分析仪中，皇晶科技是走在行业前列的公司之一。其公司产品都是逻辑分析仪、协议分析仪二合一产品，支持近100种总线协议的解析。入门级的TravelBus系列，也能支持近70种总线协议分析。除了协议分析，皇晶的协议触发功能也很丰富，除了专用协议分析仪可以支持eMMC、MIPI D-PHY、SD、UFS的硬件解码和触发外，TravelLogic系列能支持包括I^2C、I^2S、I^3C、SPI、UART等在内共30种协议硬件解码和触发。

很多低速协议在数据传输时，时间跨度较大，皇晶使用循环存储技术，在存储空间不足时也可以继续采样；TravelLogic系列引入跳变存储技术，将采样数据进行高效率的压缩，从而使数据保存需求的空间大幅减少，进而可以保存更长时间的数据。

皇晶的逻辑分析仪有以下典型特点。

- 逻辑分析仪、协议分析仪二合一。
- 基于PC，不单独带显示器，体积小，便于携带。
- 软件解码协议支持丰富，应用领域广。
- 硬件解码和触发支持协议丰富，解码速度快。
- 跳变存储技术使采样效率大幅提升，存储空间大幅缩减。
- 可以叠加示波器输入波形，同步显示信号波形和逻辑分析结果。

6.2.2 逻辑分析仪、协议分析仪的差异体现

皇晶科技的产品虽然都是逻辑分析仪、协议分析仪二合一的产品，但是各个产品系列对二者仍然有所区分，每个产品都可以分别设置为逻辑分析仪模式、协议分析仪模式。可以这样理解，在逻辑分析仪模式下，也可以进行一些总线协议的解码和分析，但是更强调其软件解码能力，比如表6-1提到的"近百种"协议的支持，指的是软件解码和触发的能力。而协议分析仪模式，则重点强调硬件解码能力。能支持的硬件解码协议种类比软件解码协议种类少得多，图6-2所示是TravelLogic系列在协议分析仪模式下，能支持的硬件解码协议种类的列表。

而TravelBus系列在协议分析仪模式下，则只能支持I^2C、SPI、RS232/422/485等3种协议的硬件解码和分析，如图6-3所示。

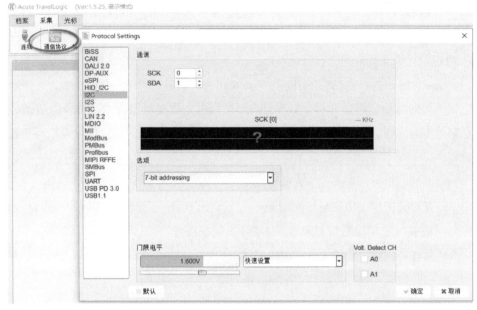

图 6-2

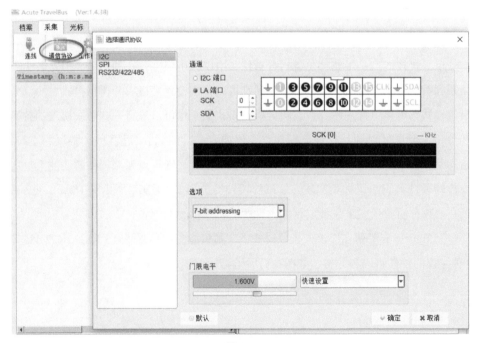

图 6-3

对各个系列的产品，皇晶目前使用的是不同的软件，软件启动时可以选择采用协议分析仪还是逻辑分析仪模式，如图6-4所示。

图 6-4

在软件启动进入工作界面后，也可以在【档案】菜单中选择【新增协议分析仪】或【新增逻辑分析仪】来重新打开协议分析仪、逻辑分析仪工作界面，如图6-5所示。

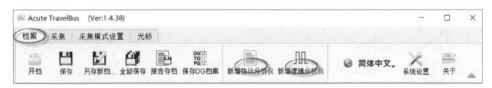

图 6-5

6.3 皇晶逻辑分析仪基本应用

TravelBus系列是皇晶入门级的低成本逻辑分析仪、协议分析仪二合一产品。产品内没有存储空间，数据通过USB 3.0接口保存到PC，再进行协议分析。TravelBus系列产品定位于中低端的逻辑分析需求，对于I^2C、I^3C、I^2S、SPI、UART、PMBus、SMBus、MDIO等低速接口的分析非常有效。TravelBus系列的TB2016B，还设计了专门的CAN-FD、RS485独立接口（CAN更是可以耐压1000V），方便用户使用。

I^2C是电子系统中很常见的一种总线协议，它只需要两条线，就可以实现对很多芯片的控制，每个连接到总线的器件通过唯一的地址进行识别。I^2C是一个多主机总线，每个连接到总线的器件都可以成为主机。I^2C通过开漏（OD，Open Drain）的器件结构，以及总线冲突检测和仲裁机制，防止数据被破坏。I^2C接口直接作用在设备上，占用的空间小，降低了芯片之间的互连成本。由于其简单性和有效性，I^2C成为现代电子系统中常用的通信总线结构之一。

由于器件的OD结构，以及多主机架构，I^2C总线出现通信错误的时候，问题定位也变得困难。比如，常常无法确定是哪个设备出现了错误；同时，I^2C属于低速通信协议，一次数据传输时间跨度比较大，要想在同一次采样中保存两次故障之间全部的通信数据，很多设备都无能为力！

皇晶的TravelBus系列逻辑分析仪可以有效地协助进行I^2C总线通信问题的定位。本节以I^2C协议分析为例，说明皇晶逻辑分析仪软件的一些常见操作。

总的来说，皇晶的逻辑分析仪定位I^2C通信故障问题有如下的优势：采用施密特电路结构，可以保证采样到质量良好的I^2C信号；同时可以采用跳变存储技术，压缩数据存储空间，从而增加可采样时间；通过叠加皇晶自己的示波器或第三方示波器，可以在显示协议分析结果的同时，同步显示示波器抓取的信号波形，从而更能方便设计者定位和分析总线上故障发生时的明确结果。

使用皇晶的逻辑分析仪进行相关协议分析时，可以在信号显示区域左侧，单击对应通道的信号，对通道信号的一些属性进行设置，图6-6所示为进行I^2C协议分析时的一些操作设置界面。

在图中②处的下拉列表中选择【I^2C】总线时，会弹出如③所示的【I^2C参数设置】对话框。如果在②处选择的是【信号】，则可以将该信号与逻辑分析仪的某个通道探头对应；如果选择的是【总线分析】，用户可以将多个探头对应的信号组成符合自己需要的多比特位宽的总线。

I^2C的地址有7位、8位及10位的区分，在【I^2C参数设置】对话框中根据实际使用的地址位宽进行设置。完成相关设置后，单击【确定】按钮可保存设置并退出对话框。

皇晶逻辑分析仪软件在打开后，默认设置为【触发自动】模式。在这种模式下，

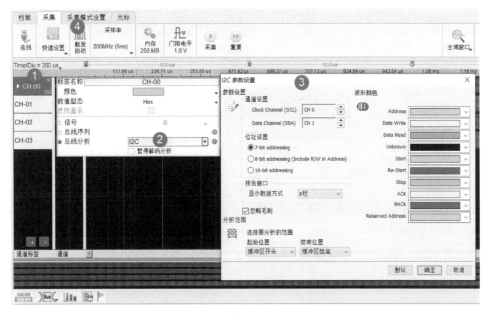

图 6-6

单击工具栏中的【采集】按钮，通道信号区全部信号中只要有一个信号出现有效电平，就开始采样信号。

为了高效利用逻辑分析仪，应该至少进行如下设置，再开始采集信号。

6.3.1 设置门限电平

逻辑分析仪本质上只对数字信号进行处理。实际需要分析的系统，虽然基本上也都是数字系统，但是其工作电压不尽相同，判定为逻辑电平1、0时的电压值也不同，所以使用逻辑分析仪首先应该设置逻辑分析仪采样信号时判定逻辑电平为0还是1的门限电平。

皇晶的TravelBus系列，只能对全部通道设置同一个门限电平；TravelLogic系列则允许每8个通道为一组，各自设置独立的门限电平。

图6-7所示是TravelBus系列设置各个通道的门限电平的操作界面。

 通常情况下，可以把门限电平设置在逻辑电平1对应电压值的一半左右。

243

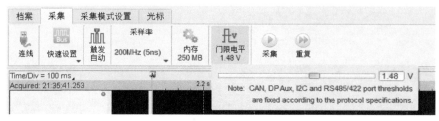

图 6-7

6.3.2 设置采样率

TravelBus系列能设置的最大采样率是200MHz。按照使用经验，逻辑分析仪的采样频率最好是待分析信号的5~10倍，所以使用TravelBus系列，待分析信号的频率最好在40MHz以下。需要分析更高频率的信号，可以选择皇晶的TravelLogic系列，TravelLogic系列最高可以支持2GHz的采样率。

 采样率定律指出：采样率至少应该是采样信号频率的2倍。在逻辑分析仪领域，为了更好地保证采样结果的正确性，通常建议采样率为采样信号频率的5~10倍。

6.3.3 设置触发条件

如果不设置一定的触发条件，在单击工具栏上的【采集】按钮后，逻辑分析仪就开始采集数据并进行分析。这样通常无法满足定位问题的需要。比如，接口中通常会有复位信号，在复位信号释放前，一些数据信号并没有任何意义，所以，至少可以设置为在复位信号的上升沿处再开始采样和分析数据。

类似地，在SPI等接口中，cs信号是低有效的控制信号，在cs信号为高时，对应器件不会有数据传输，因此可以设置为在cs的下降沿处开始采样信号。这可以使用逻辑分析仪的【单一条件】触发方式来实现。

图6-8所示是皇晶逻辑分析仪的【单一条件触发设置】界面，在其中可以选择多个信号通道的不同逻辑组合作为触发条件。允许设置多个信号通道的逻辑电平状态，但是只能设置最多一个通道的上升沿、下降沿或双沿作为条件。比如图中所示的设置，就是只有在通道2为低电平、通道1为高电平且在通道3上出现上升沿时才会触发。

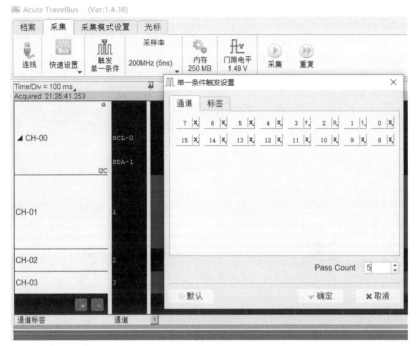

图 6-8

图6-8中的【Pass Count】字段，可以设置相同条件出现多次后，再触发采样信号。图6-8中所示的设置，表示"通道2为低电平、通道1为高电平且在通道3上出现上升沿"这一条件出现5次后，才开始采样。

这里描述逻辑分析仪"开始采样"，其实并不是指逻辑分析仪探头开始采样数据。从单击【采集】按钮开始，逻辑分析仪已经开始采样信号，并进行存储，只不过根据设置的内存用量、触发点位置的不同，最后只"截取"采集内容的一段进行分析，并显示分析结果。图6-9所示是这种采样存储机制的示意图。

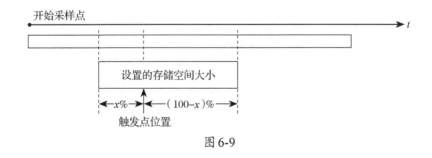

图 6-9

在逻辑分析仪软件界面下，单击【内存】按钮，可以进入图6-10所示的【内存用量设置】界面。图中右侧是TravelBus系列的设置界面，由于TravelBus系列逻辑分析仪中没有存储空间，所以采样数据只能保存到PC端，使用计算机内存缓存采样数据。

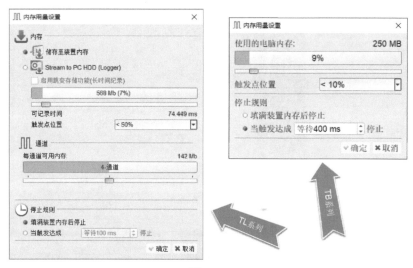

图 6-10

图中左侧是TravelLogic系列的【内存用量设置】界面，如果设置为【储存至装置内存】，采样数据将被保存到逻辑分析仪内部的存储空间，最大可以设置为8GB。Travel-Logic系列支持跳变存储模式，将采样到的数据进行压缩。这种模式可以大幅缩减数据的存储空间，所以也称为长时间记录模式。有人把这种模式理解为数据没有翻转时就不占用存储空间，虽然皇晶采用的算法不是这样，但是这样无疑可以形象地理解【跳变存储】的效果。

"数据没有翻转时就不占用存储空间"，有一种波形文件格式符合这个特征，即VCD（值更改转储，Value Change Dump）文件。你所知道的"数据压缩算法"有哪些呢？

【触发点位置】用于设置触发条件被满足之前的数据量占设置的总存储空间的比例。比如设置触发点位置为10%，存储空间为1GB，那么触发点之前的数据量就是0.1GB。触发点位置的设置，是根据不同场景考虑的。一些场景需要分析某种特定情况出现后，接口上还进行了哪些数据通信，信号是什么序列，这时需要将【触发点位置】设置得小一点，这样就能捕获触发条件满足之后更多的数据。而在另外一些场景中，需要分析故障发生点之前发生了哪些数据通信，从而分析是什么原因导致了故障，这时就可能需要将【触发点位置】设置得偏大一点，这样更多的数据就是触发点前面的信号波形。

6.3.4 ▶ I²C 的时序违例设置

I²C协议也可以理解为一种同步接口，SDA是数据线，SCL是时钟。无论是数据传输期间，还是在数据传输开始标志START、数据传输结束标志STOP，SDA、SCL的翻转都应该满足一定的建立时间、保持时间。当这些时序条件不满足时，I²C通信就有可能出现错误。在实际系统中，并不容易捕捉到出现这种时序违例时的情况。用示波器的长余辉功能，可以监测到这种违例确实发生过，但也不容易捕捉到发生违例时的情景，更不用提同时捕获到两次时序违例发生的情况。

使用皇晶的逻辑分析仪，可以对I²C的各种时序违例进行检测，在出现时序违例的时候再触发数据采样。图6-11所示是I²C的【Timing Violation Settings】设置界

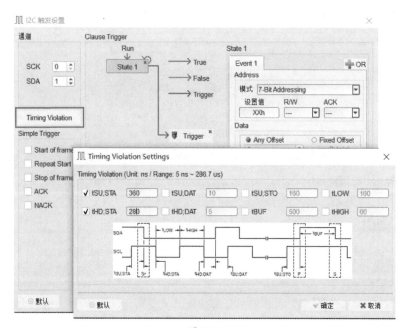

图 6-11

面，从图中可以看到，I²C的START（STA）的建立时间（tSU）、保持时间（tHD），数据通信过程中的建立时间、保持时间，通信结束STOP的建立时间、保持时间，都可以独自设置各自的违例时序时间。

需要注意的是，只有TravelLogic系列才支持【Timing Violation Settings】的设置。同时，为了采样更长时间的数据，需要使用跳变存储功能。也只有TravelLogic系列才支持跳变存储功能。

6.4 TravelLogic系列的应用

TravelLogic系列是皇晶科技的重要产品，也是众多硬件设计者、逻辑设计者、系统设计者，甚至软件设计者必不可少的工具之一。皇晶科技提供了所支持的各种协议的样本波形文件，这些波形文件可以作为初学者学习各种协议的第一手形象资料。

使用皇晶逻辑分析仪打开之前保存的波形文件，并不需要硬件设备的支持。在软件没有检测到硬件设备时，软件界面中会显示"找不到装置""展示模式"等信息。如果检测到硬件设备，则会显示"已联机"和硬件设备对应的硬件序列号等信息，如图6-12所示。

图 6-12

由于皇晶逻辑分析仪软件的使用并不需要硬件设备的支持，所以可以充分利用皇晶科技提供的各种协议的样本波形，作为学习这些协议的辅助资料。

6.4.1 利用TravelLogic系列辅助协议学习

在皇晶科技官方网站中，提供了各种协议分析的样本文件下载链接，如图6-13所示。

下载文件包后解压缩，可以看到各种协议的文件夹。以I²C为例，有两个I²C协议的目录，如图6-14所示。其中【I2C_TL2x36】目录下，有一个文件为I2C_3000second.

law，这是用皇晶逻辑分析仪TravelLogic抓取总长为3000秒的I²C数据，占用的存储空间仅为2.3MB。

图 6-13

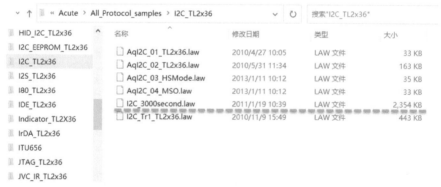

图 6-14

用TravelLogic软件打开该文件，可以看到该波形一共存储了I²C数据3400多秒，如图6-15所示。

该文件还演示了使用皇晶逻辑分析仪叠加外部示波器的波形显示情况。将视图切换到触发点附近（图6-16中光标T位置），可以看到协议分析结果与对应的示波器波形，如图6-16所示。即使没有这样的波形显示，逻辑分析仪的这些图形化显示方式，对于初学者理解I²C的通信协议也是非常有帮助的。

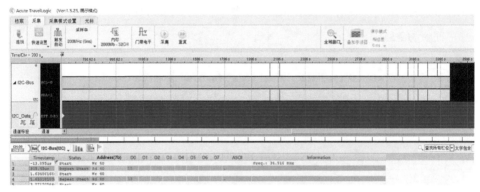

图 6-15

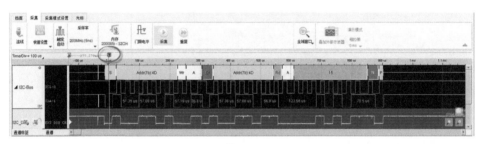

图 6-16

在图6-15中看不到这个示波器的显示波形，这是什么原因呢？这是因为该示波器数据总长度只有20ms左右，而逻辑分析仪总共显示了3400多秒的数据结果，因此这20ms的数据显示被图6-15所示密集的数据显示效果所淹没。

在示波器信号的起始点添加光标A，在示波器信号的结束点添加光标B，在软件的右下角位置，就可以直接测量光标A、B之间的时间间隔。如图6-17所示，光标A、B之间的时间间隔是20.4735ms，而光标B、C之间的时间间隔是−387.5ms。光标B、C之间的时间间隔为负值，表示光标C在光标B前面。

使用皇晶逻辑分析仪，可以方便地显示任意两个光标之间的时间间隔。
使用Shift键，可以方便地在波形显示区域添加光标。先单击显示区域某个位置，然后按Shift+A键，就可以在该单击点添加光标A；然后再在键盘上按A键，软件就可以直接切换到光标A的位置进行显示，并且这种操作适合A~Z的任意字母。

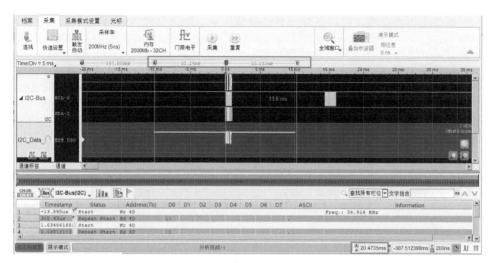

图 6-17

6.4.2 TravelLogic 系列在 MIPI 系统中的应用

在 2.3.7 小节，笔者希望能形象化地描述 MIPI DSI 层次化内容，已经使用了皇晶逻辑分析仪的一些数据。本节继续讨论皇晶逻辑分析仪在 MIPI 系统设计、调试中的一些应用。

由于应用场景是手机接口，很多人自然而然地把 MIPI 归类为高速接口。但由于其电气特性的独特性，在低功耗模式下，MIPI 数据也只有不超过 10Mbit/s 的传输速率，这显然属于低速通信协议。使用皇晶的 TravelLogic 系列逻辑分析仪，对于 MIPI 低功耗数据传输的分析有着其独到的优势；甚至在有些场景下，使用 TravelBus 系列也能满足需求。

一、BTA 过程的分析

随着智能手机的发展，接口速率越来越高，对带宽的要求也逐步提高。在实际的 MIPI 系统中，也越来越倾向于尽量使用高速数据传输方式。但是，从设备向主设备传输数据，只能使用低功耗数据传输，并且必须主设备先发起 BTA 请求，得到从设备响应后才能交出总线控制权。

在总线控制权切换过程中，主设备先将数据通道 D0 的 P、N 信号线都驱动到低电平，然后释放对总线的驱动，再等待从设备将 P、N 信号拉高。如果从设备一直没有响应，经过一定时间主设备依然检测到 P、N 为低电平，则表示从设备无法响应，那么主设备也会主动拉高D0的P、N端，结束BTA请求过程。

这种情况，被MIPI统一归类为"False Control Error"错误类型。

如何确定最后D0的P、N是主设备拉高，还是从设备响应BTA请求拉高的呢？

图6-18所示是MIPI以图示化方式给出的BTA过程示意图，图6-19所示是其中一些时延参数的意义和取值范围。可以看到，在主设备发出BTA请求序列后，主设备先驱动LP00大约$T_{\text{TA-SURE}}$时间，从设备如果检测到该序列，会同时驱动D0的P、N到LP00，这中间有一段时间是主从设备都在驱动。之后主设备释放驱动，从设备驱动D0到LP00，从设备驱动LP00大约$T_{\text{TA-GET}}$时间后，就会驱动D0到LP10。

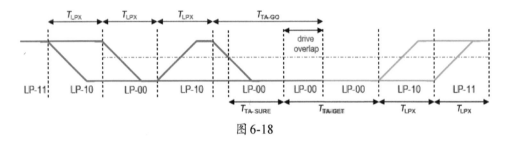

图6-18

T_{LPX}是主设备低功耗模式下一个比特持续的时间。由于在低功耗模式下，采用了归零码的方式，每个比特传输后都必须回到LP00的状态，所以，可以认为MIPI低功耗模式下传输一个比特需要的时间是$2 \times T_{\text{LPX}}$。如图6-19所示，T_{LPX}的最小值为50ns，即可以认为传输一个比特的低功耗数据最少需要100ns，传输速率最高是10Mbit/s——这也是大家都说"MIPI低速模式下是10Mbit/s"的原因。

$T_{\text{TA-GET}}$的值大约为T_{LPX}的5倍，所以在从设备能响应BTA的情况下，从设备大约250ns可以输出LP10。

当然，T_{LPX}是由发射器确定的参数，50ns只是协议规范的最小值。所以通常设备响应时间应该大于250ns。MIPI规范明确指出，发起BTA的一端，应该考虑对端没有回复响应时的超时处理，但没有指定多长时间判定为超时，需要系统设计者根据各自的系统来确定。图6-20所示是一个MIPI系统的主设备发起BTA请求后，对端一直没有响应的情况。

图6-20的下半部分是BTA发起时间点附近D0的P、N信号波形显示放大后的示意图，可以看到主设备发起的LP11→LP10→LP00→LP10→LP00的BTA请求序列；

Parameter	Description	Min	Typ	Max	Unit	Notes
T_{LPX}	Transmitted length of any Low-Power state period	50			ns	4, 5
Ratio T_{LPX}	Ratio of $T_{\text{LPX(MASTER)}}/T_{\text{LPX(SLAVE)}}$ between Master and Slave side	2/3		3/2		
$T_{\text{TA-GET}}$	Time that the new transmitter drives the Bridge state (LP–00) after accepting control during a Link Turnaround		$5*T_{\text{LPX}}$		ns	5
$T_{\text{TA-GO}}$	Time that the transmitter drives the Bridge state (LP–00) before releasing control during a Link Turnaround		$4*T_{\text{LPX}}$		ns	5
$T_{\text{TA-SURE}}$	Time that the new transmitter waits after the LP–10 state before transmitting the Bridge state (LP–00) during a Link Turnaround	T_{LPX}		$2*T_{\text{LPX}}$	ns	5

图 6-19

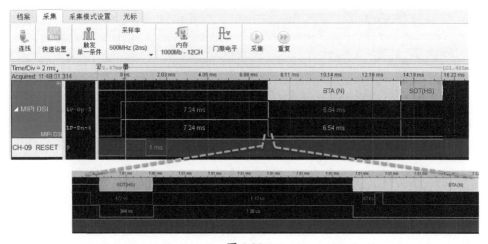

图 6-20

两个LP10之间的LP00持续的时间是82ns，考虑到逻辑分析仪的判决电平设置不同会影响"高低电平显示"的宽度，所以可以把82ns作为 T_{LPX} 的参考值。参考前述内容，在 T_{LPX} 的5倍时间左右，即大约410ns之后，D0应该出现对端发出的LP10。但是在图6-20中，BTA请求序列之后，一直持续了6.54ms，D0的P、N依然保持为低电平，所以软件判定为BTA超时，用【BTA（N）】来表示。

图6-21所示是MIPI主设备发起BTA请求后，对端正确响应BTA请求的例子。可以看到，图中信号开始处、结束处两个地方的BTA，软件都标注为【BTA】，以便与NACK响应时的【BTA（N）】进行区分。

图6-21

 根据图6-21所示的数据传输过程，能不能确定第一个BTA是主设备发起的还是从设备发起的？

图6-21中，发起BTA请求，对端正常响应后，对端用LPDT传输了两个数据包：第一个包是21 A2 00 08（ECC值为08），第二个包是02 00 80 30（ECC值为30）。

根据这两个包的内容，尤其是第二个包的DI为0x02，可以判定第一个BTA是主设备向从设备发起的读数据请求的BTA过程。

因为如果这是从设备发起的BTA请求，那么主设备向从设备发起数据传输时，DI为0x21表示"Sync Event, H Sync Start"数据包，而DI为0x02表示"Color Mode (CM) Off Command"数据包，这两个数据包都不需要参数，所以与从数据包格式不相符。

而从设备向主设备发起数据包时，如果DI值为0x21，表示"DCS Short READ Response, 1 byte returned"数据包，是一个短包，该数据包回传1个字节内容的数据；如果DI值为0x02，表示"Acknowledge and Error Report"数据包，是一个短包，回传两个字节的从设备状态和错误信息。

第二个数据包，传输的字节内容为00、80两个字节，根据图2-32，可以确定这表示从设备在上次回读状态之后，发生了DSI协议违例（DSI Protocol Violation）错误。在MIPI DSI规范中，定义了两种基本的DSI协议违例场景：一种情况是在接收到的数据包后，没有检测到EoTp数据包；另一种情况是在接收到主设备发起的读请求后，没有检测到发起的BTA请求序列。当然，由于回读数据包的位宽限制，还有一些别的违例场景，无法直接回读，需要在系统设计层面考虑在从设备中设置对应的特定寄存器，收到DSI协议违例后，主设备通过对这些寄存器的回读，可以获得更多的错误信息。

二、通过数据传输形式分析视频模式相关参数

在MIPI规范中，将显示模组的工作模式分为命令模式、视频模式两种，两种模式下使用的UCS并不同。如本书前面章节所述，视频模式下AP必须实时提供模组显示需要的数据流，因此其数据流是持续不断的，而命令模式是在需要更新数据内容时再发送数据给显示模组。利用皇晶的逻辑分析仪，可以简便地看出显示模组使用的是命令模式还是视频模式。

比如，在一个显示模组的显示过程中，其MIPI接口上的数据传输如图6-22所示，可以初步判定该模组工作在视频模式下，因为从5.81～8.61s的将近3秒钟都在持续发送数据！

图 6-22

在视频模式下，很重要的一个参数是模组显示的前后肩（Porch）值，参见2.3.2小节的描述。使用皇晶的逻辑分析仪，可以通过查找视频数据流中的前后肩数据包数量，来确认视频模式。图6-23所示是将图6-22中的显示内容放大后，截取出来的一部分的显示结果。中间有一段显示内容的格式与前后时间段的显示格式明显不同：一共重复24处，每处都是很短的一个数据包，然后MIPI进入STOP状态。这24处显示格式不同的地方，就对应视频模式的消隐行期间。24处很短的数据包，就是主设备发的VSS、HSS等数据包。图6-23表明，该显示模组工作在视频模式下，其使用的消隐行总行数为24，即前后肩总行数是24（VSA+VFP+VBP的值为24，这是针对VSA独立计算的模式；有些模组VSA是包含在VBP内计算的，如果是这种情况，则VFP+VBP的值为24）。

图 6-23

前后肩的一行持续的时间，与正常数据显示一行的时间相同，所以在逻辑分析仪中的信号波形显示区域，找到两组前后肩，计算其间的时间间隔，就能计算出该显示模组一帧图像总共包含多少行。该数据减去前后肩的行数，就可以得到模组的行分辨率（VACT）值。

图6-24所示是将图6-22放大后的图，第一组前后肩开始处标注为光标A，第二组前后肩开始处标注为光标B，参考图中①处指示的值，两组前后肩之间的时间为17.066ms，这表示模组显示一帧的时间为17.066ms。

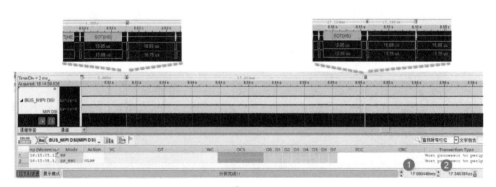

图 6-24

光标B处是一个HSS的位置，下一个HSS的位置用光标C标注，如图中②处所示，光标B、C之间大约为17.345μs：这可以理解为一行总共持续的时间为17.345μs。

所以，可以计算出该显示模组的行分辨率为960行：

$17.066 \times 1000/17.345 = 983.9 \approx 984$

其中消隐行24行，所以该模组VACT值为960。

由于一帧时间为17.066ms，可以计算出该模组的显示刷新率大约为58.6Hz：

$1000 \div 17.066 \approx 58.59$

因此，可以推断驱动该模组的AP，其预期的刷新率应该为60Hz。

基于图6-23，可以分析出前后肩总行数是24，即VSA+VFP+VBP值为24，还可以进一步推断出显示模组的分辨率行数、刷新率等信息。

那么，可以推算出VFP、VBP的值吗？分辨率的列数呢？

虽然皇晶科技的TravelLogic系列逻辑分析仪支持高达2GHz的采样时钟，但是依然无法解析MIPI高速传输模式的数据包。在图6-23中，只能通过这24处高速传输模式的数据包持续的时间，来推断该处为一个VSS或HSS数据包，但是无法知道VSS包在什么位置。所以，可以推断出VSA+VFP+VBP值为24，却无法继续推断VSA、VFP、VBP的值。

三、通过数据传输形式分析命令模式相关参数

与视频模式相比，命令模式下主设备只有在需要更新显示内容时才会向从设备发送MIPI图像数据，所以在传输连续性上，除非特殊情况，命令模式不会像视频模式那样持续进行数据传输。如果一个AP和显示模组之间的MIPI信号传输如图6-25所示的"断断续续"，那么该显示模组就极有可能是工作在命令模式下。

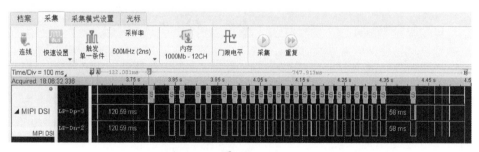

图6-25

将信号波形显示区域放大，然后在软件底部的信号文本信息显示区域双击对应的数据包，软件将在图形显示区域自动给该数据包加上光标。如果这时波形显示可视区域内显示的是其他数据包，软件还将自动把波形显示视图切换到该数据包内容的显示。

图 6-26 所示的操作，是在信号文本显示区域双击第 5 行，这时软件就给该数据包加光标 H（软件根据当前已经设置的光标情况自动添加，读者操作时不一定是 H 光标），参考图中的①、②两处。

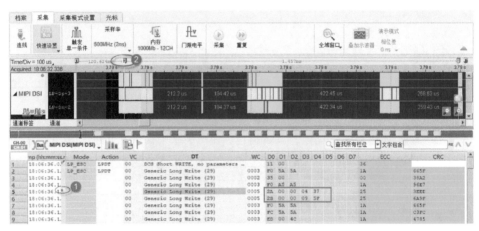

图 6-26

将鼠标指针放在信号波形显示区域的 H 光标位置，向上滚动鼠标滚轮，将波形放大（向下滚动则将波形显示缩小），可以看到对应的数据包如图 6-27 所示。

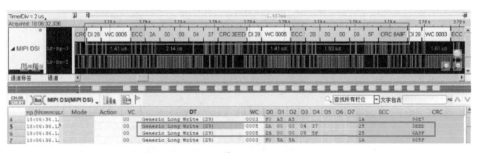

图 6-27

通过 2.3.3 小节关于 DT 的介绍可知，这是用通用长包（Generic Long Write，29h）发了一个数据包。该数据包净荷第一个字节值是 2Ah，对照表格 2-3，这是 DCS 的设置列地址（set_column_address）的命令。

紧跟着 2Ah 命令，还通过通用长包发了 2Bh 命令，这是 DCS 设置页地址（set_page_address）的命令。设置列地址 2Ah 命令、设置页地址 2Bh 命令，是命令模式显示模组才会使用的命令，所以由此可以判定图6-25的显示模组工作在命令模式下。

2Ah、2Bh命令各自带4个字节的参数，每两个字节分别表示设置"小窗口"的行、列的起始、结束像素点位置：2Ah两个参数分别为0x0000、0x0437，表示起始列坐标为0、结束列坐标为1079；2Bh两个参数值分别为0x0000、0x095F，表示起始行坐标为0，结束行坐标为2399。这表明主设备在显示模组开了一个1080×2400的显示小窗口，这可以初步判定该显示模组的分辨率不低于1080×2400。

当然，这是主设备用低功耗数据传输模式传的相关命令和数据。如果主设备用高速模式传输命令和数据包，则使用TravelLogic系列逻辑分析仪无法解析出这些数据包内容。可以理解为TravelLogic系列逻辑分析仪只能解析MIPI的LP数据包。

高速数据传输请求序列是控制模式下发送的低功耗序列，按照MIPI D-PHY的规范，一旦进入高速数据传输状态，其发送信号的电平值，必须在LP接收器低电平判决的最大电压之下，所以TravelLogic系列逻辑分析仪只能解析到LP00状态。皇晶科技的逻辑分析仪软件在图形化界面中用【SOT(HS)】来表示收到了高速数据传输请求。要解析MIPI D-PHY传输的高速数据包，需要使用皇晶的专用协议分析仪。

6.5 专用协议分析仪应用

基于BusFinder系列，皇晶科技的专用协议分析仪可以实现NAND FLASH、eMMC、UFS、MIPI D-PHY、SD 3.0、SD 4.1等协议分析仪功能，参见表6-2。

表6-2　皇晶专用协议分析仪

产品分类	构成
eMMC 5.1协议分析仪	BusFinder+eMMC 5.1分析套件
MIPI D-PHY协议分析仪	BusFinder+MIPI D-PHY分析套件
NAND FLASH协议分析仪	BusFinder+NAND FLASH分析套件
SD 3.0/SDIO 3.0协议分析仪	BusFinder+SD 3.0/SDIO 3.0分析套件
SD 4.1/UHS-II协议分析仪	BusFinder+SD 4.1/UHS-II分析套件
UFS 2.1协议分析仪	BusFinder+UFS 2.1分析套件

图6-28所示是为支持MIPI D-PHY协议分析，皇晶科技提供的BF7264B设备与MIPI D-PHY分析套件示意图。

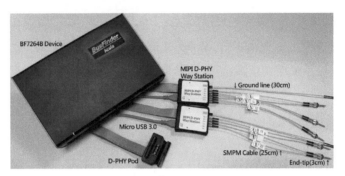

图 6-28

为了解析MIPI高速传输的数据包内容，在硬件测试换件上需要一些特别的处理，皇晶科技的软件操作过程也更加复杂。本节将以一种简洁的方式，来说明其中的一些操作要点。

6.5.1 ▶ 搭建测试环境

在BusFinder的软件界面下，单击【通信协议】按钮，在弹出的【Protocol Settings】对话框中可以进行各种分析协议的选择和相关参数的设置，图6-29所示是选择对MIPI DSI协议进行分析时的一些可设置参数。

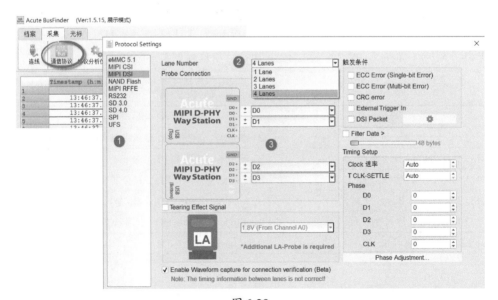

图 6-29

选择【MIPI DSI】后，首先需要在图中②位置处的下拉列表中，设置MIPI DSI
使用的数据通道数；图中的③位置处可以设置探头与数据通道的对应关系，这里的
设置要与图6-30所示的MIPI D-PHY分析套件连接关系一致。

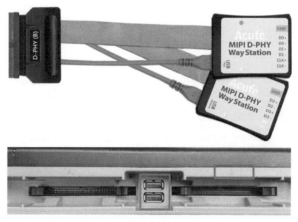

图 6-30

由于需要解析高速传输数据包，因此对探头与待测系统的连接也提出了较高的
要求，比如，每个通道（包括时钟通道）的探头都需要跳地线与被测物地线连接，
如图6-31所示。

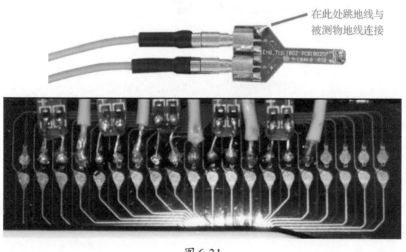

图 6-31

6.5.2 命令模式显示模组相关分析

搭建好测试环境之后，皇晶科技的MIPI D-PHY协议分析仪在分析MIPI DSI或CSI协议上的一些功能时，能帮助使用者更快地分析和定位设计中的问题。

完成数据采集和分析后，协议分析仪的软件界面概览图如图6-32所示。在这个界面下，默认是不显示波形窗口的。在菜单栏中单击【显示波形】下拉菜单，选择【显示波形】命令，在软件底部就会显示额外的【波形】子窗口，以上操作如图中①、②所示。

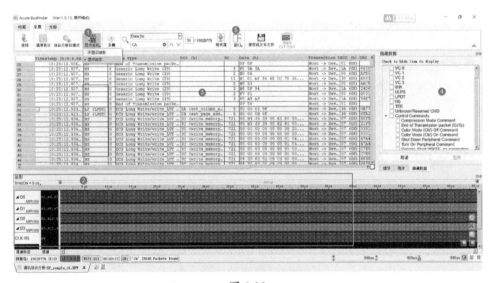

图 6-32

图中的③区域，是采样到的MIPI高速数据的分析结果显示区域。对于 MIPI D-PHY，将数据包分为【Timestamp】【Mode】【VC】【Data Type】等协议规定的多个字段，分别显示其内容。比如，图6-32所示的第33行、第34行，【Mode】字段（被【显示波形】下拉菜单覆盖）分别是【HS】【LP】，表明第33行的数据包是高速数据包，第34行的数据包是低功耗模式传输的数据包。

根据各个字段的内容，可以获得传输的各种数据包的完整内容，比如第32行，传输的完整数据包内容如表6-3所示。

表6-3 MIPI D-PHY数据包分析结果示例

字段	DT	WC		ECC	Payload			CRC	
取值	29	03	00	1A	F0	A5	A5	E7	96

　　第33行是一个EoTp数据包。之前各个数据包的【Mode】字段值都是"HS"，因此可以确定这之前的多个高速数据包是使用同一个突发数据传输的，在该数据突发结束时使用了一个EoTp包。

　　第34行、第35行的数据包，【Mode】字段值为"LP"，表明主设备用低功耗模式传输了两个数据包。这两个数据包是命令模式下设置列地址和页地址的DCS命令2Ah、2Bh。从这两个命令的参数值，可以确定该显示模组的分辨率不低于1440×2960（059Fh对应十进制值1439，0B8Fh对应十进制值2959）。提法"不低于"是因为DCS 2A/2B命令只是在显示模组中设置一个显示区域，所以根据图中两个命令只能判定显示模组的分辨率不会小于1440×2960。

　　除了在③区域显示多个数据包的信息外，在该区域选择其中一个数据包后，在右侧的④区域还会显示该数据包的一些细节信息。图6-33所示是选择2Ah命令这一行时，【细节】选项卡显示的内容，它将被选择的数据包的Virtual Channel值、Mode值、数据传输方向、对应的DCS命令值及其意义等信息详细地列了出来；如果数据包有净荷，则按每行8个字节的方式，列出完整的净荷内容。

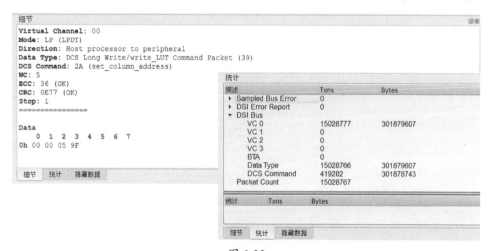

图6-33

263

【统计】选项卡的显示结果，是全部数据的协议分析结果。

【隐藏数据】选项卡则对③区域显示的数据包进行筛选，将一些指定数据包隐藏不显示。比如图6-32中有很多3Ch数据包，如果不希望看到这些数据包的显示结果，可以按照图6-34所示方式进行设置。

需要屏蔽不同类别的数据包时，注意要选择恰当的分类。比如，如果要再屏蔽解析到的【Null Packet】数据包的显示，因为【Null Packet】是由DT来区分的，所以需要在【Video Commands】中选择对应的数据包类型，如图6-34右侧部分所示。

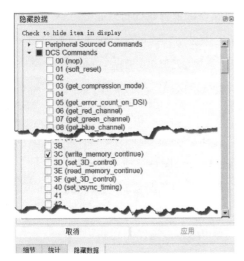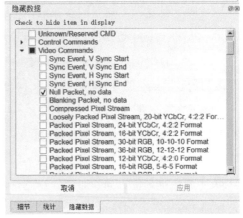

图 6-34

图6-35所示是设置屏蔽3Ch命令和【Null Packet】后的软件显示界面。

屏蔽掉一些数据包显示后，可以清晰地看到，在第37行、第38行的位置，主设备又发了一组2Ah、2Bh命令，设置了新的显示窗口，是从360（0168h）行到2799（0AEFh）行的窗口区域。

可以在两组2Ah/2Bh命令之后的2Ch命令处添加书签，进行相关分析。操作步骤如图6-35所示。

①是在协议数据包显示区域中对应数据包行处单击鼠标右键，在弹出的快捷菜单中选择添加书签（Add Bookmark）。然后在软件的菜单栏中选择【窗口】中的【报告列表】命令，如图6-35中②所示，这会在协议数据包显示区域下方新增一个列表视图。

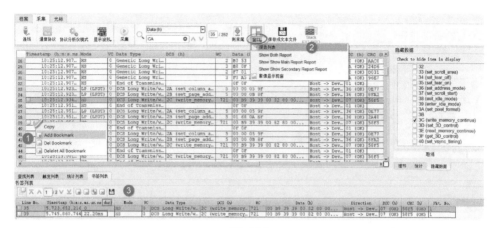

图 6-35

然后在【书签列表】子栏目中，可以对添加的各个书签进行分析。比如，如图 6-35中③所示，对第35行、第39行两个2Ch命令添加书签后，自动计算出两个数据包的时间间隔是22.20ms。

双击【书签列表】中的对应数据包，上方的数据包内容显示区域自动跟随切换，右侧的【细节】选项卡内容也同步跟着切换。

6.5.3 视频模式显示模组相关分析

如果显示模组工作在视频模式下，通过皇晶MIPI D-PHY专用协议分析仪，也便于对MIPI的链路特性进行一些分析。图6-36所示是工作在视频模式下的主从设备之间MIPI协议数据传输分析结果示意图。为了方便分析，图中对原始解析结果中的一些数据包进行了屏蔽。

由于在第8、第9等多行解析到HSYNC的21h命令（Data Type），并且在第26行解析到"Packed Pixel Stream, 24-bit RGB, 8-8-8 Format（3E）"命令，通过这两个命令可以确定该显示模组工作在视频模式下。

利用书签功能，①处显示前后两个HSYNC的时间间隔是15μs左右，继续分析出该显示模组的总行数就可计算出该模组的显示刷新率。

图中②处，3Eh命令表示每个像素点使用的是RGB888的图像格式，即每个像素点需要3个字节，该数据包的WC为2160，表明该模组的列分辨率为720（2160/3=720）。

图 6-36

在③、④两处，一些HSYNC包出现时只发了一个数据包，一些HSYNC包发完后继续发了"Blanking Packet, no data（19）"包。通过这个特性，可以判定VSYNC的宽度为单独发HSYNC的个数，即VSYNC=6。第一个3Eh数据包前的HSYNC数量，可以当作消隐行的总数量。如图6-36所示，可以初步判定消隐行总数量为11。

注意，这里使用"初步判定"有两个原因：第一，第6行发的11h命令和第7行发的29h命令，表明这时系统刚刚完成初始化，有可能数据不完整；第二，没有找到VSYNC命令。根据2.3.2小节的内容，在VSYNC之前有VFP，在VSYNC之后有VBP。

 如何尽快找到解析数据包中VSYNC的位置？如何确定VFP、VBP？

进一步分析图6-36中解析的数据包信息，在⑤处出现不正常的数据包。该数据包没有解析出DT值，直接在净荷中输出"19 EA 00……"的内容。结合第15行，"Blanking Packet"数据包显示也异常，而⑤处解析出的净荷的第一个字节是19h，这正是"Blanking Packet"的DT字段的值。所以，通过这个结果，可以判定逻辑分析仪解析数据已经出现错误。因此，需要重新检查搭建的测试环境，通过检查探头焊接情况、逻辑分析仪的波形显示功能，定位输入信号出现解析错误的原因。

为了确定视频模式下支持的VBP、VFP，可以在逻辑分析仪的快捷菜单中进行相关内容的搜索。为了搜索VSYNC，因为其关键特性是在DT字段的值为01h，可以在搜索框的【查找所有栏位】下拉列表中选择【Data Type】，然后在其下方的【查找】文本框中输入"01"，也可以按图6-37所示直接输入"V sync"。

图6-37所示是搜索后再屏蔽不相关数据包的显示结果。可以看到，从VSYNC到上一个3Eh数据包中间，有10个HSYNC，所以VBP值为10；从VSYNC到之后的3Eh数据包中间，一共有12个HSYNC，所以VFP值为12。

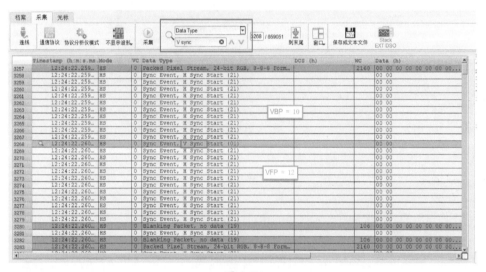

图 6-37

需要强调的是，第3281行的HSYNC命令已经不算是VFP，而是正常图像显示行的开始标志。如图2-22所示，有图像显示的每一行，也都是以HSYNC开始的。

6.5.4 还原图像显示功能

无论是命令模式，还是视频模式，皇晶协议分析仪在解析到MIPI链路上的数据包后，可以将收到的图像数据用图形方式还原显示出来，如图6-38所示。

软件会根据解析出的数据包，逐帧还原显示收到的图像数据。用户可以在界面下设置图像的显示格式、分辨率等参数。对于命令模式，如果主设备也发送了相应的列地址设置的2Ah命令、页地址设置的2Bh命令，软件会直接根据收到的命令设置其

图 6-38

后图像显示的分辨率和在显示区域的相对位置。在图像显示的右下角，【Information】字段显示的值就是通过解析出的命令而获得的图像分辨率信息。

在协议分析仪软件的快捷菜单中，单击【窗口】菜单，选择【影像显示视窗】，如图 6-39 所示，就可以弹出图 6-38 所示的界面。

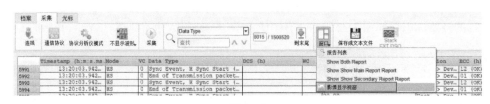

图 6-39

6.5.5 还原 DSC 压缩图像显示功能

皇晶 MIPI D-PHY 协议分析仪还支持对使用视频流压缩模式（DSC）的图像的还原显示。

视频流压缩模式（DSC，Display Stream Compression）是VESA（视频电子标准协会，Video Electronics Standards Association）发布的关于视频图像压缩的算法，为支持4K及更高分辨率的显示而被MIPI联盟所引用。到目前为止，两个组织共同开发该算法。

为了还原主设备发送的经过DSC压缩的图像，需要在【影像显示视窗】的【模式】下拉列表中选择【DSC Command mode】或【DSC Video mode】，然后在其下方输入解压缩系数文件，如图6-40所示。

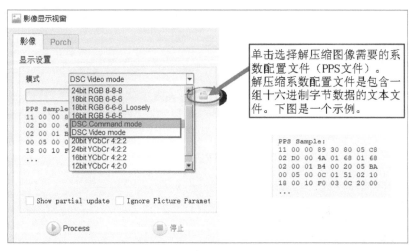

图 6-40

不同的DSC图像会使用不同的解压缩系数文件，因此，为了解DSC压缩图像并进行显示，必须先获得DSC图像所使用的压缩系数文件。

6.6 小结

第1章提到，随着系统复杂度的提高，验证和测试成本在整个逻辑设计中所占的比例越来越高。随着集成度的提高，设计缺陷也不可避免地增加。在测试中发现设计缺陷后，如何快速、准确地找到造成设计缺陷的根本原因，是缩短设计迭代时间的重要因素。套用二八原则，那么，发现设计缺陷可能只需要20%的时间，而定位到设计缺陷的原因，需要80%的时间！在专用芯片设计内部或FPGA设计内部，可以通过一些可测试性设计来缩短隔离设计缺陷的时间。而在系统测试中发现系统故障时，明确芯片/FPGA 外部的芯片之间、子系统之间的通信是否出现问题，故障触发点在芯片/FPGA 的内部还是外部，是隔离问题点的首要任务。充分利用逻辑分析仪的特性，可以达到事半功倍的效果。或者在明确是芯片之间的通信出现故障时，逻辑分析仪也是能提高问题定位效率的有效工具。本章通过对皇晶科技的几种逻辑分析仪的介绍，说明了逻辑分析仪的一些基本概念和基本操作，希望能对读者定位逻辑设计中遇到的一些问题有所帮助。

第 **7** 章

UltraEdit 文本编辑器

7.1 UltraEdit 概述

工欲善其事，必先利其器。

在 FPGA 开发流程中的各个阶段，都有各自对应的软件工具，用于完成相应操作。布局布线阶段的工具，只能是各个厂家自己提供的工具；在综合阶段，除了厂家自己的综合工具外，还有很多厂家支持的第三方综合工具，比如 Synplify。传统的设计输入，包括 Verilog HDL/VHDL 源代码输入、原理图输入、IP 文件输入、网表输入等多种形式。当然，随着设计复杂度的提升，原理图输入越来越少见。网表输入和 IP 文件输入，通常都是已经用第三方工具处理好的文件输入。在 FPGA 设计流程中，对于逻辑设计者来说，设计源代码的输入反而至关重要。随着设计复杂度的提升，设计文件编码行数也急剧增加，设计错误的概率相应地提高，当然编码输入本身导致的错误也相应增加。

显然，只要存在源代码的编辑和修改，错误就会相伴而生。任何编辑和修改的地方，都不可避免地会出现编辑错误，也就存在"返工"的概率。如何减少源代码编辑过程中的编辑错误，如何选择一个好的文本编辑器，也成为逻辑设计者需要考虑的一个问题。IDM（IDM Computer Solution）公司是一家从 1993 年开始运作的软件解决方案公司，图 7-1 所示是目前 IDM 公司的软件产品名录。

UltraEdit

UEStudio

UltraCompare

UltraFinder

UltraFTP

图 7-1

从开发UltraEdit（简称UE）替代Windows下的文本编辑器NotePad开始，UE已经运作了快30年，版本也发布到V27，是IDM公司的主力产品。UE是一款商业软件，但是一个用户许可可以在3台计算机上同时使用，并且支持Windows/Mac/Linux等多平台。

经过长时间的积累，UE已经发展为一款功能非常强大的软件。以文本编辑为核心，不仅深受各种程序员喜爱，也是系统管理、搜索和替换、FTP等网络处理的有力工具。图7-2所示是UE的重要功能性覆盖。

文本编辑

网站编辑

系统管理

效率提升

桌面开发

文件比较

图 7-2

经过近30年的开发，UE完整的功能可谓不胜枚举。但如前所述，其核心功能依然是文本编辑，除此之外还衍生出适合程序员习惯、网络开发工程师习惯的一些功能等。表7-1分类列出了UE V27.10的部分特性。

表7-1　UE V27.10部分特性

分类	特性
文本编辑	• 传统Windows软件界面，功能区可自定义选项卡和命令 • 基于硬盘的文本编辑，支持4GB以上的文件编辑 • 文件拖曳即编辑功能 • 按住Shift键再双击，在全文件中突出显示所选内容 • 换行自动缩进 • 智能鼠标滚动支持 • 编辑区按住Ctrl键，滚动鼠标滚轮自动放大/缩小字体 • 可设置UE"总是显示在最顶层" • 可以打开多个UE集成界面 • 倒退编辑和恢复编辑功能 • 强大的复制、剪切、粘贴功能

续表

分类	特性
文本编辑	• 智能帮助系统 • 支持 Unicode、UTF-8 文件，并可实现和 ASCII 互相转换 • 支持超长行 • 多文件名多种停靠方式 • 丰富的排序功能 段落对齐 • 左/中/右/填充对齐等多种方式 • 段落重格式化 • 单行、1.5 行、双行行距设置 修改提示 • 文件修改未保存，文件名前用红色菱形标注 • 文件修改已保存，用暗绿色圆圈标注 • 上次保存后新修改行，行首边线红色标注 • 文件保存后全部修改行用绿色标注 • 关闭 UE 时不提示有文件未保存，但重新打开 UE 时自动打开全部文件，未保存文件自动恢复 • 鼠标滚轮可直接关闭文件 收藏文件列表/新近打开文件列表/关闭文件列表 • 最多可配置显示 32 个文件 • 使用 Ctrl 键可同时选择多个文件一次打开 • 可一次打开全部所列文件 • 收藏文件列表可保存 50 个文件 可选择显示项 • 可选择显示空格符、制表符、换行符 • 可选择显示行号、列标尺 • 编辑位置所在行、列高亮显示 列编辑模式 • 按 Alt+C 键快速进入列编辑模式 • 行、列模式下可设置不同字体大小 多行模式 • 可同时选择多行的不同列，同时输入相同内容 • 多行折叠/平铺显示时行首边线外 "+" / "−" 标注 • 多行选择后显示选择行数和字符数

续表

分类	特性
文本编辑	书签功能 • 行首边界区单击可切换书签的添加/删除状态 • 书签数量无上限 • 动态命名书签，可使用行号、列号、文件中文本或文件路径 • 书签查看器中可以任何参数排序 • 可一次性删除全部带书签的行 • 可一次性清除全部书签标识 编辑器主题 • 预置多种主题 • 用户可创建自己的主题 • 主题可导出、导入，并可共享 着色方案 • 编辑器着色方案可自定义 • 新加入语言高亮方式时自动选择主题的默认颜色 人性化提示条 • 根据用户最近经常性的操作显示相应的操作提示条 • 可以方便切换显示全部提示条 • 淡化提示条显示，不影响用户编辑体验 拼写检查 • Windows 8及更高版本关联Windows拼写检查器 • Windows 8以下系统使用第三方拼写检查器 • 输入时交互式拼写检查 • 可以设置只检查注释、只检查字符串或两者都检查，或者设置为全文检查 ……
查找和替换	快速查找（类似于网页搜索功能） • 按Ctrl+F键弹出简洁搜索框，输入搜索内容立即跳转 • 连续两次按Ctrl+F键弹出多功能搜索框 • 未匹配到搜索内容，红色显示提示 • 高亮显示全部匹配的内容 • 搜索结果方便前后匹配切换 • 搜索到文件头、尾时，人性化地提示 • 包含搜索字符的行的快速全部显示、隐藏、切换

续表

分类	特性
查找和替换	• 如果关闭查找对话框，按F3键继续搜索并高亮显示下一个匹配内容；按Shift+F3键匹配上一个内容 • 匹配到搜索内容的全部行可一次性添加书签 • 可计算内容匹配到的次数 • 支持增量查找 快捷替换 • 查找和替换可在打开的全部文件中进行 • 可保存查找/替换字符 • 支持全部正则表达式 • 替换时可保留大小写 • 可显示替换完成的个数 • 可配置一些特殊字符可查找、替换，包括制表符、各种操作系统的换行符等 ……
编程/网络开发	FTP全功能支持 • 支持FTP、SFTP、FTPS • 可直接从FTP打开文件，并保存到FTP • 强大的服务器支持 • 支持公钥/私钥加密 高可配性的着色方案 • 不限数量的语言语法支持 • 从配置中直接快速添加和删除高亮语言 • 为各种主流编程语言预置高亮着色方案 • 数百个语法高亮文件可供下载使用 • 允许不同的背景颜色 • 支持突出显示以特定字符开头的单词 • 基于文件扩展名，甚至基于文件名的自动高亮显示 • 除显示为不同颜色外，不同语法还可显示为不同的字体 代码折叠 • 可折叠任何函数或结构 • 折叠全部、平铺全部（或者称为展开全部）的折叠功能节点显示 • 折叠线用特殊颜色的线表示 • 多层次的可折叠显示，当前折叠层次高亮显示 • 支持忽略字符串和注释字符串

续表

分类	特性
编程/网络开发	• 折叠功能使用单独线程处理（提升性能） 可停靠显示或隐藏的函数列表 • 在树状图中查看源代码中的全部函数 • 支持项目中的全部函数列表显示 • 双击函数可快速跳转 • 高亮显示活动函数 • GUI界面操作添加、移除、修改函数组 丰富的HTML特性支持 • HTML自动检测、编码缩进、折叠 • HTML5全功能支持 • 实时HTML预览 • 拖曳图像/文件即可插入HTML/CSS文件 • JavaScript/XML/JSON等的一些特性支持 ……
高级功能	• UE中可执行Windows程序 • 可运行DOS命令 • 集成脚本语言，可编程执行自动化任务 • 用户可自动录制宏，完成后可编辑 • 可设置宏自动运行 • 文件加密/解密功能 • 集成UltraCompare软件 • 输出窗口大小可调整，显示方式、显示内容灵活 • 文本内容灵活，方便转化：大小写转换、制表符空格转换、ASCII/Unicode/UFT-8转换等 • 自动保存和备份文件 • 系统/应用异常关闭后自动恢复到关闭前的状态 ……
十六进制编辑	• 按Ctrl+H键快速切换十六进制编辑 • 十六进制字节可查找/替换 • 插入或删除指定长度的十六进制字节 • 无转换的EBCDIC/十六进制组合显示视图 • 可将选定文本复制到剪贴板 ……
云服务	• 不同系统之间的基于云的安全同步设置

续表

分类	特性
云服务	• 与谷歌、GitHub 或微软账户关联验证 • 所有设置通过推/拉按键操作即可完成云备份和恢复 • 通过云账号对全部云内容进行管理 ……

上述只列举了 UE 全部功能的一小部分，所以每一个功能分类的最后都加了一个省略号。

云同步服务是 UE V27 才新增的功能，它基于云技术，实现团队高效开发的需求。图 7-3 所示是 UE 的云同步服务框架结构示意图。

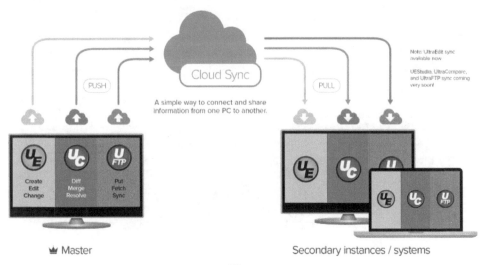

图 7-3

UE 的云服务，目前可使用谷歌、微软或 GitHub 的账号进行登录。可以把 UE 的设置、相关工程文件等通过"单击按钮"的简单操作方式备份到云服务器上，之后用相同账号登录，可以管理、重新获取之前同步到云端的全部内容。

7.2 UE 在提升编码效率上的特征及操作

本节，笔者将根据自己的使用感受，列举一些笔者认为对于提高编码效率非常有用的功能及其操作方式。UE本身也是一个功能非常庞杂的工具软件，这些功能点和整个UE的功能比起来，可以说是"九牛一毛"。

7.2.1 多行不同列位置同时编辑

在图7-4中，如果为了显示更加美观，需要在205~210行及216~219行的赋值符号"<="前加入一些空格，让全部赋值语句的赋值符号的显示列都相同，也就是使它们对齐。为达到这个目的，可以在UE中按住Ctrl键，然后在需要行的"<="前单击，这样可以完成多行相应列位置的选择，图7-4所示是选择对应行之后的显示效果。

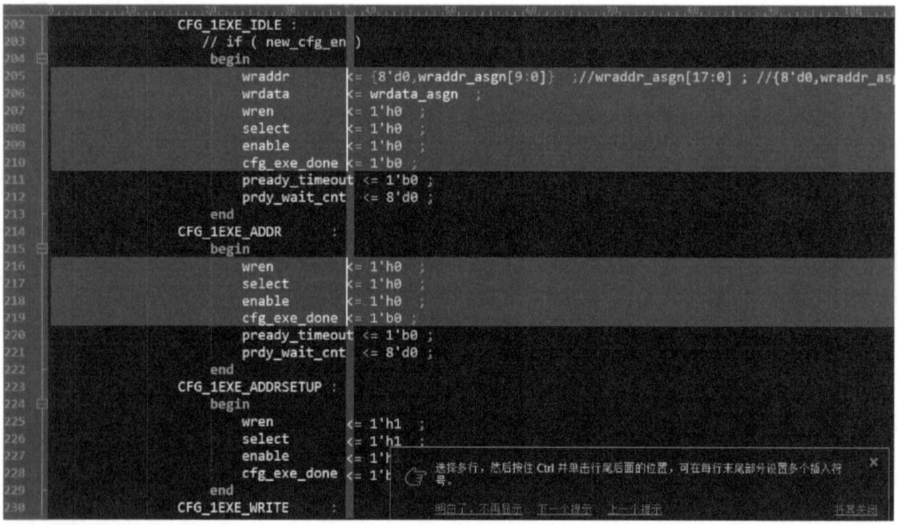

图 7-4

松开Ctrl键，键入空格，即可在选中的全部行的对应位置加入空格。

UE的帮助系统，设置了智能帮助的功能，即在不同的地方按F1键，可能会弹出不同的帮助信息。同样，UE的提示消息系统也设置了智能显示功能。在上述操作中，按住Ctrl键单击了一定行后，UE可能会自动弹出图7-4中右下角所示的"提示"。

关于图7-4，需要补充说明以下几点。

• 图中选择了各行的相同列位置。在实际操作中，可以选择不同行的不同列位置。

• 在同一行，也可以选择多个列位置。

- 被选择的列位置，光标会出现闪烁进行提示，图中给出的是闪烁过程中显示为白色的状态。

- 图中显示的效果是UE已经设置了所选列位置高亮显示的模式。如果没有设置该高亮模式，图中就不会有纵向的颜色条显示。设置列位置高亮显示的菜单的进入方式是：【视图】菜单→【显示】命令→【活动列高亮】复选框，如图7-5所示。

图 7-5

当鼠标指针在工具栏区域滑动时，UE会自动弹出对应的工具设置的概括说明。

- 列位置高亮显示条的位置，会随着所选择位置的变化而变化。图7-4所示是选择多行同一列的效果示意图。

- 按照图7-4中弹出的提示进行操作的效果，可以参见图7-6。

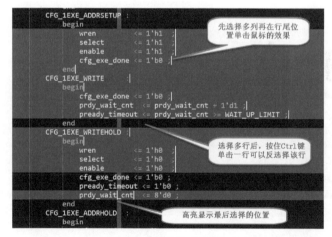

图 7-6

一、列编辑模式

前述内容是在多行的不同列位置进行相同编辑时的操作。

UE还支持列编辑模式。在列编辑模式下，可以选择连续多行，在相同的列位置同时进行相同的操作，比如同时添加/粘贴相同的内容、删除相同位置的字符等。

进入列编辑模式的方式:【编辑】菜单→【列/块模式】→【列模式】，如图7-7所示，或者将鼠标指针移动到编辑区域，然后单击，再按Alt+C键，即可切换到列编辑模式。可以为列编辑模式和行编辑模式设置不同的显示字体大小，这样就能直观体现当前是否列编辑模式。

图 7-7

二、在多行插入"等差数列"

利用列编辑模式，可以方便地在多行插入"等差数列"，也就是每一行的值都比上一行大或小某一固定值，如图7-8所示，是在②位置的多行显示⑥处示例的效果。这在逻辑设计编码过程中，对于特定编码非常有用，比如地址编解码、case语句增量分支、数组地址增量切换操作等。

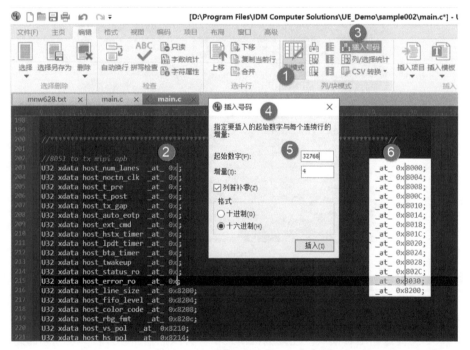

图 7-8

图7-8中分5步说明了如何操作。

①在【编辑】→【列/块模式】中激活【列模式】。快捷键是Alt+C。

②选中需要插入数字序列的多行。在列编辑模式下，只能选中连续的多行。

在列模式下选择多行后，可以在多行快速地插入相同的内容，也可以同时删除多行对应列的内容。

③在【编辑】→【列/块模式】中单击【插入号码】。

④在弹出的【插入号码】对话框中，根据需要设置插入的数字序列的特性。

⑤注意【格式】这个选项，设置的是最后插入数字的显示格式是十进制还是十六进制。

但是【起始数字】【增量】这两个地方，输入的数字却比较灵活。

• 如果只出现0~9等阿拉伯数字，则当作十进制数处理。

• 如果出现了A~F等十六进制数用到的字母，则当作十六进制数处理。

• 如果输入的数字加了0x前缀，也当作十六进制数处理。

比如，要实现图7-8中32768值的输入，还可以使用0x8000的方式。如果要从32767开始，则直接输入7FFF或7fff即可。

【增量】这个字段，设置的是与上一行数值的差值：正数表示比上一行大，负数表示比上一行小。

当然，没必要在这个对话框中设置【增量】值为0。因为设置【增量】值为0，就是希望在多行的相同列位置，插入相同的数值——这样的话，在②处选择多行后，直接输入需要的数值即可。

需要注意，⑥是在⑤操作完成后单击【插入】按钮，在②处插入的值序列的效果示意图（在UE软件界面，无法在⑥这个位置显示不同底色的内容）。

7.2.2 多行查找和替换功能

多行查找和替换，是指对文件中跨多行的内容进行查找，或者将其替换为新的内容。

在4.3节介绍利用FPGA对DDIC进行初始化配置时，设计了一个ROM模块存放发送的数据包内容。ROM的存储内容，就是DDIC的各个寄存器地址及各个寄存器内容的值。DDIC厂家提供这些内容时，很少以Verilog HDL或VHDL文件的格式提供，往往会以文本的方式提供，比如图7-9所示的内容。设计者需要把这些内容转化为Verilog HDL或VHDL文件内容。

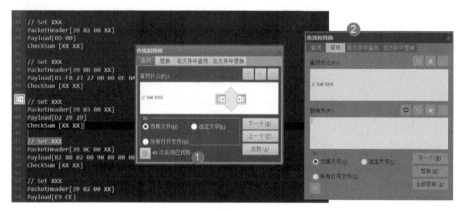

图7-9

为了把这些内容添加到Verilog HDL文件中，且修改方便，需要把文件中多处出现的"// Set xxx"内容全部删除，并且把它之前的空行也删除。

UE提供行删除的快捷方式，使用Crtl+E键，能够把光标所在行的内容删除，连换行/回车符也删除。当已经选择多行后，再使用Crtl+E键，则可以把选择的多行内容全部一次性删除。

但在图7-9所示的文本中，需要删除的多行之间，还存在别的内容，利用UE的多行查找和替换功能，能更快地完成前述需要的操作。

在UE中进行内容查找时，如果没有跨行，在编辑区中选择适当的内容后，直接按F3键，UE就可以将光标跳转到下一个内容匹配的地方；按Ctrl+F3键则快速跳转到上一个内容匹配的地方。这时，用快捷键Ctrl+F，UE会弹出简洁查找窗口，该窗口中自动显示在编辑区中选择的内容；再次按Ctrl+F键，则可以弹出查找详细条件窗口。

但是选择跨行内容后，按Ctrl+F键无法在弹出的简洁查找窗口编辑区中显示选择的内容。这时可以连续按两次Ctrl+F键，参照图7-9所示的方式，把多行内容复制到【查找什么】编辑区内。单击【总数】按钮，UE统计当前文件、当前选定内容，或者当前全部打开文件中与该内容匹配的内容的总数。如图7-9中①处显示，当前文件中一共有43个匹配的地方。

在【查找和替换】对话框中切换到【替换】选项卡，在【替换为】编辑区内，输入替换后的新内容，单击【全部替换】按钮，就可以完成【当前文件】中被匹配的全部43处内容的替换。

7.2.3 ▶ 多行内容级联到同一行

与多行替换类似，在很多文本编辑过程中，需要将原本多行的内容全部转移到同一行，类似于很多高级语言中的"字符串级联操作"。为实现这样的操作，可以删除每行末尾原本的回车符。显然，当需要操作的行非常多时，这也是一个比较烦琐且容易出现错误的操作。

在UE中，可以用Ctrl+J键的快捷操作实现该功能。如图7-10所示，首先在文本区域选择需要处理的多行内容，然后按Ctrl+J键即可。

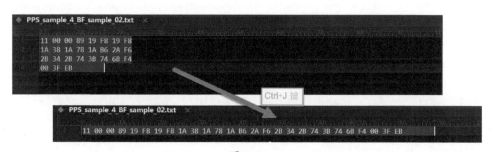

图 7-10

7.2.4 ▶ 制表符转换为空格

在逻辑设计的编码风格中，有一条要求是"尽量不要使用制表符（Tab键）来作为行缩进和对齐方式，应该尽量使用空格"。这是因为，Tab键输入后，外观形式和空格看上去并没有什么两样，但是制表符与空格最大的不同点在于，制表符是把连续的多个空格当作一个整体来处理，因此有一些综合工具会对Tab键进行不同处理。使用Tab键会在一定程度上影响设计代码的可移植性。

在UE的【格式】菜单下，提供了制表符与空格的互转换功能。先在文档中选择一段内容，如图7-11所示，然后在其中①处直接单击，将把所选内容中的全部制表符转换为空格；如果没有在文档中选择任何内容，则会将文档中全部的制表符转换为空格。

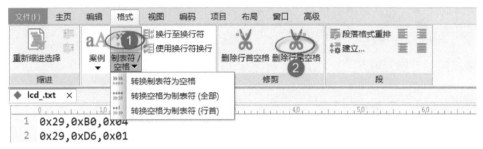

图 7-11

UE还支持将空格转换为制表符。

> UE中可以设置Tab键占用多少个空格。如何设置？
>
> 选择【高级】→【设置】→【编辑器】→【自动换行/制表符设置】命令
> 可以进入设置界面。

在进行逻辑设计的编码时，笔者还经常使用的一个功能是图7-11中②所示的
【删除行尾空格】。在编码过程中，对代码进行多次改动后，很多行的末尾会有数量
不定的空格。使用这样的操作，可以将文件中位于行尾的空格一次性全部删除。

7.2.5 布局和主题模板

UE自带了一些显示布局设置和显示主题模板。不同布局可以设置UE图形界面
一些显示要素是否显示。

UE自带了4种布局模板：多窗口、平衡、简洁、精简，如图7-12所示。图中右侧
是【简洁】布局显示效果。在UE中单击【布局】按钮后，弹出的面板中设置了UE
图形界面各种显示要素的复选框，比如【文件标签】【文件视图】【函数列表】【输
出窗口】等，用户可以根据自己的偏好进行选择。

本章之前所截取的UE界面，都是UE的【多窗口】布局的显示效果。这种布
局下，在工作区之上有一个区域显示对应菜单的快捷按钮。图7-12右侧所示为【简
洁】布局示意图，可以看到，工作区之上就只有菜单栏。如果设置为【平衡】布局，
在工作区的左侧还会显示【文件视图】，如图7-13所示。

图 7-12

图 7-13

　　不同的主题模板可以提供不同的背景色、字体及文字颜色等。图7-14所示是相同的显示布局/内容在不同主题下的显示效果，位于上方的设置的是纯银（Sterling）主题，下方选择的是咖啡（Espresso）主题。在不同的工作环境下可以用不同的主题，比如在夜晚使用UE，可以选用"Midnight"主题，背景是深黑色，与咖啡主题效果相比，能减少对眼睛的伤害。

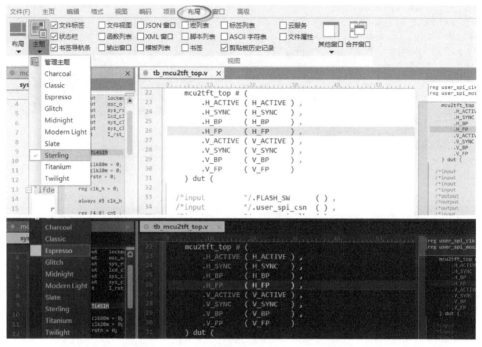

图 7-14

7.2.6 自动着色

UE 吸引程序员的另外一个特色是支持灵活的自动着色方案。

基于 UE 的语言语法高亮文件（wordfile，后缀为 .uew），可以在使用 UE 打开各种源代码文件时，自动匹配文件类型，甚至还可以根据文件名，对该文件内容自动着色、高亮显示。UE 官方网站提供近 500 种语言的高亮显示文件！由于 UE 使用文本文件方式提供这些文件，所以用户还可以参考其语法编写自己的语法高亮文件。

图 7-15 所示是打开 UE 提供的 verilog2001.uew 文件的内容显示界面，用户可以根据其"语法结构"，编写自己的 wordfile。

如果一个文件没有匹配到合适的语法高亮文件，在软件底部的状态栏中会显示【不高亮】的状态提示。单击其右侧的下拉箭头，可在弹出的可供选择的高亮语法列表中选择合适的高亮语法文件，如图 7-15 所示，可以选择【Verilog】的语法高亮方式。

也可以在【编码】菜单的【语言类型查看方式】下拉列表中选择合适的语法高亮文件。

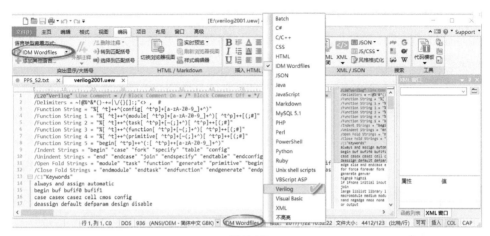

图 7-15

如果在下拉列表中没有适合的语法高亮文件，可以按照图 7-16 所示的操作步骤，将新的语法高亮文件加入 UE 指定的目录中。图中标注的⑤处，是 UE 软件安装时默认的语法高亮文件存放目录。用户可以根据自己的需要，设置一个指定的目录，将自己需要的语法高亮文件复制到该目录下。

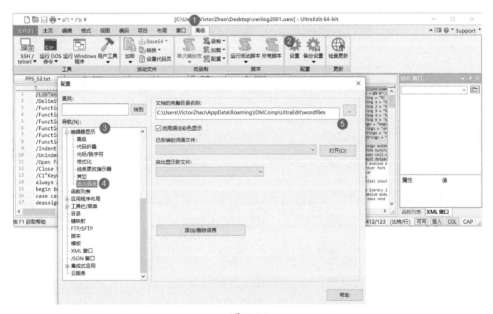

图 7-16

在"颜色方案"上，笔者基本上是直接使用UE提供的模板和着色方案。在颜色方面有很高造诣的读者，结合UE的显示主题模板，完全可以设计出有自己独特风格的显示界面。

7.2.7 工作区域文件视图排列

UE的整个工作区可以只显示一个文件的内容，这时在工作区的顶部是打开的各个文件信息的【文件标签】显示栏。需要切换不同文件到工作区显示时，在【文件标签】中单击对应的文件名即可。

当打开的文件比较多时，【文件标签】有3种常见的停靠显示方式，方便有着不同习惯的用户设置自己喜欢的方式。

在【文件标签】中的任意文件名上单击鼠标右键，在弹出的快捷菜单中的【文件页签】里可以进行相应设置，如图7-17所示。设置为【单列－可卷动】时，【文件标签】只显示一行，利用首尾的箭头指示实现多文件的显示。顾名思义，【单列－下拉式文件清单】就是在最右侧通过下拉菜单方式显示完整的文件清单；【多行表】是用"平铺"的方式，在【文件标签】中显示全部打开的文件名信息。

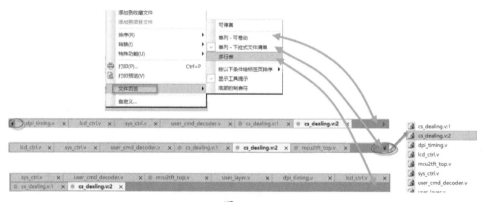

图 7-17

在逻辑设计中，经常需要查看同一个文件中不同位置的代码情况。在UE中，可以将同一个文件"打开两次"，即在【文件标签】中，同一个文件出现两次，相当于把同一个文件当作两个文件对待。这可以通过在【窗口】菜单中选择【复制窗口】命令来实现。如图7-18所示，复制窗口后，cs_dealing.v文件在【文件标签】中有两个副件，用后缀【:1】【:2】区分。

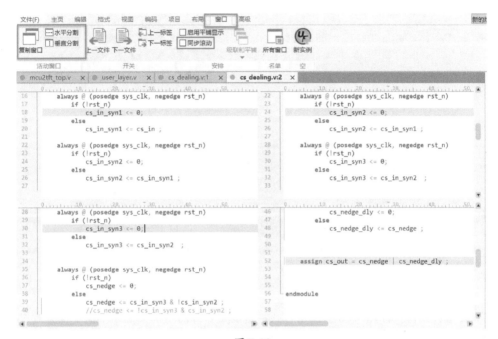

图 7-18

为了方便查看同一个文件中不同位置的设计代码，还可以使用【水平分割】【垂直分割】功能。

图7-18所示是对文件【cs_dealing.v:2】先进行垂直分割，再进行水平分割操作后的显示效果。这样的操作把同一个文件分成了4个显示区域，在每个显示区域，都可以移动光标到不同的位置。勾选【窗口】菜单中的【同步滚动】复选框，多个视图会同步滚动显示。

7.2.8 ▶ 打开UE多个GUI界面

有时需要比较两个文件内容的差异，这可以使用UltraEdit提供的文件比较工具UltraCompare，但是有些文件内容很简单，可以用几种更简单的方式。

第一种方式是使用【层叠】功能，图7-19所示是其操作方法及显示效果。

不使用【层叠】功能，文本编辑区只能显示当前选择的活动文件的内容，使用【层叠】功能后，可以在工作区显示多个文件的内容。选择【窗口】→【级联和平

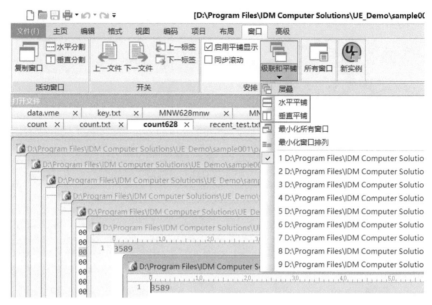

图 7-19

铺】→【水平平铺】【垂直平铺】方式，还能把打开的全部文件用不同平铺方式在工作区中显示，这样就可以方便比较内容简单的两个文件的差异了。

第二种方式是再打开一个UE图形界面。在【窗口】菜单中单击【新实例】图标，如图7-20所示，就可以再打开一个UE图形界面。

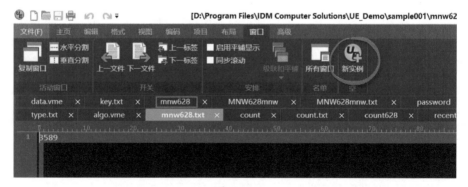

图 7-20

操作过程中，UE可能会弹出智能提示："将文件选项卡拖到应用程序外部，可使用所拖动的文件创建新实例。"显然，这种方式比菜单操作更快捷！

UE的多个图形界面独立工作，可以设置各自的主题、布局等，如图 7-21 所示。

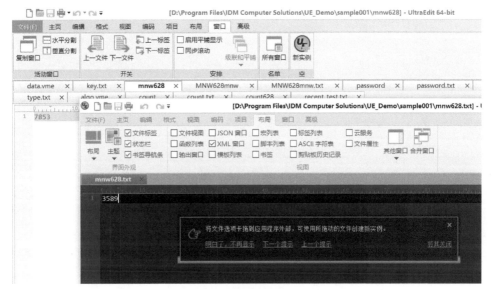

图 7-21

7.3 小结

设计代码的编写对逻辑设计非常重要，减少编码输入错误，对于提高设计效率的影响不言而喻。在多年的逻辑设计经历中，笔者见过很多编程高手，用着炫酷也很高效的编辑器愉悦地进行着编码；也见过很多设计者，还在使用NotePad进行程序编写。每见到这种情况，笔者就会产生一种莫名的痛苦和可惜的感觉。如本章开篇写的一样，"工欲善其事，必先利其器"，这是笔者要在本书最后一章介绍UE编辑器的主要原因。

后记

又把书稿详细地通读了一遍，笔者心里很忐忑，总是担心书中还有很多错误。最后也只好拿类似于对亚稳态认识的想法来给自己找借口。如书中所言，亚稳态永远无法消除，只能尽可能降低其发生的概率，或者减少其状态在系统中传播的可能。同样，错误也无法完全避免。认识到这一点，才能将注意力集中到如何降低错误发生的概率，以及出现错误后，如何快速、准确地定位到错误出现的地方，还有如何避免错误的重复出现。

最早构思本书时，笔者想到的是另外一个书名——"那些年我们一起写错的逻辑"。由于笔者多年来都是在进行FPGA设计，所以就想以笔者多年所遇到的各种FPGA设计问题的定位过程为索引，介绍逻辑设计常见的一些错误。这个想法的源头，是据说学霸们都有一本"错题集"。但是后来一想，逻辑设计这个职业群体，在芸芸众生中真的只是沧海一粟。很多人对这个行业可能并不了解，就像很多人总是认为FPGA设计很高深莫测一样。这样的书名有可能带来某种负面效应：原来你们做FPGA设计的竟然会犯这种错误啊！那你的这个设计中是不是也还有这些类似的问题？这显然对广大逻辑设计者不公。加上后来成书内容也以MIPI应用和FPGA结合为主题，所以才改成了现在的书名。

作为一种平台化的产品，FPGA只有和具体应用相结合，才能体现其价值，才能在竞争越发激烈的市场环境下保持旺盛的生命力。纵观各种技术的发展历程不难发现，很多技术都经历了先军用再民用的过程。而从地域上看，则是先以欧美为主导，然后逐步发展为以国产为主导。在目前的国产化大潮中，在庞大的国产FPGA生力军中，京微齐力科技有限公司以MIPI应用为突破点，集中力量在MIPI应用中深耕，无疑找准了时代的节奏点。打个形象的比方，目前的市场环境中，不管各个行业再如何细分，都已经处于充分竞争的状态。这就好像每一个行业都被盖上了一大块幕布，要想在一个行业长足发展，一个企业即使已经拥有拳头产品，用拳头的力量击打在这块大幕布上，估计也只能让这块幕布泛起一点小波浪而已，要想突破这块幕布，谈何容易。唯有用自己的全部力量，形成一股尖锐如锥子般的力量，才有可能最终将这块幕布刺穿。如本书序言所述，FPGA也是所有芯片领域中很难打破格局的产品之一，现存的4家美国FPGA厂家就仿佛这一块大幕布，国产FPGA要想在这个市场获得长足发展，寻找自己的锥子无疑至关重要。

FPGA是集成电路数字芯片发展的一个重要分支。从原理上看，任何数字系统的处理，都可以使用FPGA产品来实现。这可以解决很多人的一个疑惑：FPGA到底是什么？当然，MCU也符合"任何数字系统的处理都可以使用"的说法，因此业界才总是对两者进行比较。与MCU不同，FPGA还经常被拿来和ASIC进行比较。通常来说，在一个特定行业应用中，芯片用量小于一定规模时，会偏向于选择用FPGA产品；而一旦芯片用量超过特定规模，FPGA就必然会被ASIC取代，这是市场选择的必然结果。这是在视频监控、工业控制等多个领域都已经得到验证的结论。因此，可以认为FPGA在一个行业的最佳应用时间，是该行业从萌芽到完全稳定的这一段市场探索的时期。而MIPI行业目前正好处于这一段时期，这从MIPI联盟会员近年的新增趋势就可见端倪。在这个生态环境中，MIPI联盟的贡献者成员掌握了行业的发展趋势，而使用者成员中，有很多则针对其中的技术点，开发相应的IP模块。随着技术的成熟和稳定，这些IP必然从软核形式转化为硬核形式。伴随IP形式过渡的，还有FPGA在这个行业的应用。可以预见的是，在后续FPGA逐步被ASIC替代后，这些IP供应商自然而然会处在ASIC生态链的上层；在行业完全稳定之前的这段时间，就是FPGA发展的黄金时间。所以京微齐力及时将MIPI D-PHY集成到其大力神系列产品中，在MIPI应用中获得了一席之地，也带动了这个行业的发展。

本书在成书过程中，也得到了京微齐力的大力支持，在此笔者表示诚挚的感谢。笔者也以此希望各位逻辑设计者，跟我国的FPGA产业一样，精益求精，为最终突破压在我们头上的行业大幕积蓄力量！

赵延宾

2021年9月